RAZ HEIFERMAN × YESHA SIVAN × MICHAEL ZHANG

數位躍升力

建立敏捷組織與商業創新的數位新戰略

拉茲・海飛門 × 習移山 × 張曉泉

目錄

PART 1　思維篇

◇CHAPTER 1
數位化變革簡介　040

PART 2 理論篇

PART 3 實踐篇

● RECOMMENDATION

推薦語

　　組織迅應外境的效能，取決於領導者對數位化系統的認知統整及更新能力，以確保決策的務實性與競爭力。同時，組織建構信賴機制中，投注培育員工人機協作所需的各類素養，也將左右任務完善的準確度。本書是組織領導者迭代數位化的引導明燈，更是職場新世代必讀的大道心法，可由此探窺數位化推進的輪軸方向。特別仰慕作者專業器宇文字外，卓高藝術性的插圖畫，為本書畫龍點睛。

陳嫦芬教授／台灣大學財金系兼任、前匯豐銀行詹金寶證券集團
總經理、前雷曼兄弟投資集團亞洲區副總裁

　　本書作者張曉泉教授曾應《CIO IT 經理人雜誌》的邀請，三次來台發表演講，每次都能帶給台灣 CIO 們新的想法與衝擊。《數位躍升力》這本書將數位化轉型理論與如何實踐到商業組織中做了詳細的闡述及有效的結合，數位化轉型不是機器跟人的競爭，也不是專案投資報酬率的計算，應該是作者在書中提出的，如同微觀量子世界中的量子躍遷（quantum leap）一樣，能把資訊技術與商業運作做完善的結合，為組織注入跳躍式發展的能量，才算是真的具備數位轉型力。

　　我要特別一提的是，如果自認是企業 IT 人或數位人的你，本書的第 12 章：「IT 不再重要？」更是不容錯過，作者們除了分析卡爾

的論點外並闡述解釋他們的反駁意見，分析內容都在關鍵點上，相信讀完後會令你熱血沸騰！

林振輝／CIO Taiwan 社群、台灣 CIO 雜誌總經理、
台灣資訊長協進會祕書長

人類生活中永遠不變的恆量就是變，而網際網路將變的速度，影響力和覆蓋面提升到永無止境。張曉泉教授在《數位躍升力》這本書啟發如何能在數位世界裡的急速萬變之中取得制高點，穿梭於顛覆工商業的創新，以數位化的思維掌握數位生活中的變。放鬆自己，忘卻傳統思路，讓作者引導你進入全新的數位未來。

姚忠佑／香港 Nest 創新加速器董事
前富士康工業互聯網首席策略長

創新一直需要領導力、創造力和運氣等多種因素的綜合。張曉泉教授、習移山教授和海飛門先生合著的《數位躍升力》這本書突出了「數位化」這一個因素，數位變革既是創新的原因也是它的推動器。

丹尼爾・謝赫特（Dan Shechtman）／2011 年諾貝爾獎得主
以色列理工學院（Technion Israel）榮退教授

網際網路的發明讓人類接近了數位世界，智慧手機的出現則讓現實世界和數位世界完全合為一體。在數位化時代，人們的每一項活動──交流、購物、餐飲、求醫、娛樂、理財、學習，甚至思維──都深深地打上了數位的烙印。企業如果沒有數位世界裡的存在，它在現實世界裡的日子也屈指可數了。如果你的企業還在數位世界之外，那就不要再徘徊，從本書豐富的理論和案例汲取能量，讓作者帶領你完成從現實世界到數位世界的穿越！

周林／香港中文大學商學院院長

　　數位化時代，對商業模式產生翻天覆地衝擊，在不同領域上，數位化帶來創新，顛覆傳統行業。處於這個年代，企業要免於淘汰，必須具備數位化能力，擁有數位化思維，突破傳統企業框架，創造新的商業生態。本書探討數位戰略變革，分析企業面對數位變革要考慮的各種場景，及如何以數位化思維解決種種問題。作者引領我們走入數位之旅，不斷變化及學習，帶來無限想像，令人雀躍。

陳家樂／香港中文大學偉倫金融講座教授
香港中文大學商學院前院長

　　《數位躍升力》是思想與實踐結合的範例。本書是思想者對數位化歷史大勢的梳理以及數位化終極目標的反思，也是創新實踐者對數位化領導力的再定義。本書作者提出的一系列新觀點——例如 AI 是人（類）和工（具）的結合——像橄欖一樣越嚼越有味。我也很欣賞本書作者在工作中品味美、追求不斷變化的美好未來的生活態度，這是一本值得讀者細讀和玩味的好書。

徐心／清華大學經管學院副院長

　　2020 年肆虐全球的新冠病毒疫情加速了各行業數位化變革的步伐，曉泉教授合著的這本《數位躍升力》論述了數位化變革的戰略思維和戰術方法，恰逢其時。正如書中所言，在不確定性激增的時代，你能擁有的唯一可持續優勢就是敏捷性，而這本書正是向數位化躍升的各類組織的行動寶典。

路江湧／北京大學光華管理學院教授
著有《共演戰略》

　　本書直擊數位化時代最關鍵的一大問題，即如何看待資訊技術創新和商業管理之間的連接。深入、詳盡而又十分有趣，為我們如何應對時代的這一挑戰帶來了一場及時雨。

劉明康／前中國銀監會主席
曾任中國銀行董事長、行長及中國光大（集團）總公司董事長

　　本書提出一個非常重要的觀點：數位化時代的戰略目標是動態變化的。「躍升」這個詞意味著組織需要思考如何透過數位化變革跳入全新的跑道。數位之旅實際上是一個與時俱進、沒有預設目的地的旅程。隨著環境變化而不斷學習、不斷躍升，是每一個領導者都要具備的能力。

何東／國際貨幣基金組織（IMF）
貨幣及資本市場部副主任

　　數位化變革，就是讓企業在決策所依賴的資訊量暴漲的時代，如何快速創新，以適應新的生存環境的變化，用小數據牽引大數據。這本書從理論到實踐，讓我們重新審視數位化時代企業的變革與創新的模式、路徑、速度和決策力，非常值得推薦！

李日學／奢侈品服務平台
寺庫 SECOO 董事長兼 CEO

　　數位化變革的大潮正在席捲全世界，我們該如何理解這場巨變並迎接這場變革帶來的各種挑戰？作者們基於深刻的理論洞察和豐富實踐經驗為我們帶來了精彩的闡述：如果說基於流程改善的 Six Sigma 在上個時代曾是一個商業管理的核心戰略，在數位化的時代我們更需要敏捷的組織來不斷創新。數位化時代人工智慧在學界和工業界都大放異彩，但是如何能超越今天的人工智慧？和經濟學因果分析方法的結合可能是一條通向未來之路。數位化創新將為企業和社會發展提供核心動力，但如何能解決「創新者困境」的問題，讓成熟公司不斷找到成長的第二曲線？我們又如何在實際中用領導力推動這個變革？這本書不僅提供了學以致用的實踐指導，更會給您帶來深思和啟迪，幫

助您去尋找和探索自己的數位化之路。

漆遠／螞蟻金服副總裁、首席 AI 科學家
達摩院金融智能實驗室負責人

當前，人工智慧在飛速的發展中，也面臨如何落地的考驗？其中一個重要的議題，是很多企業的人工智慧化並沒有做足數位化的準備，而如何將一個傳統企業數位化、智慧化，是一個企業普遍面臨的難題。《數位躍升力》這本書，替我們打開了一個思索這個問題的獨特視角。書中告訴我們，企業的數位化絕不是建立一個 IT 部門就了事的，而是一個完整的「蛻變」。這個歷程會經歷一段曲折的過程。書中總結的三個階段是：流程的計算機化，產品和客戶關係的數位化及數位化帶來的量子飛躍。而數位化的過程，有一個好的商業戰略是極其重要的。書中案例詳實，觀點鮮明。我相信，學生、學者和企業家們都會受益於本書。我強力推薦給關心未來企業的數位化趨勢的人們。

楊強／微眾銀行首席人工智慧官
香港科技大學講座教授
國際人工智慧聯合會（前）理事長

敏捷組織、智慧經營、精準把控，是數位經濟時代產業界孜孜以求的新的「護城河」。張曉泉教授與以色列著名學者合作的著作，帶領我們在數位的星系裡翱翔，幫助我們在組織及個人的躍升中，在「護城河」的建設中，規劃好戰略路徑，設計好戰術打法，重塑好領導力。

盛瑞生／中國平安集團董事會祕書兼品牌總監

數位變革，當下對於傳統製造企業有著致命的誘惑。企業如何在這個技術高速更新，需求快速迭代的時代，搭上潮流完成自我的組

織、流程和人才的成功升級，面臨超級挑戰與巨大風險。《數位躍升力》一書從數位變革的永久動態本質之始，到數位變革的敏捷組織之終，闡述了數位思維的轉變、數位理論的演化，再到數位實踐的鮮活案例的完整架構，對於企業的管理者規劃其數位轉型之路，規避長期風險有很大助力。

蔡力挺／雲智匯科技公司 CEO

讀到本書時，正值我和同事在如火如荼地優化提升團隊的研發效能，雖然我們是一直身處在網際網路戰場的團隊，但優化提效的過程中碰到很多困難，深刻體會「敏捷」二字的不易，也從書中的章節捕獲不少靈感和反思。張曉泉教授和以色列著名學者的這本書，深入淺出的闡釋了敏捷的組織和能力在越來越短平快的商業戰爭中的關鍵性，書中講述的系統架構雲端化、小項目拆解思路、人工智慧在創新產品的應用等，無論對於現行企業中調整優化組織活力應對市場競爭，抑或初創團隊在快速試錯中皆有很強的借鑑意義。

何毅進／騰訊影片產品技術負責人

數位化給我們現實生活帶來了各種變化，也終將徹底改變我們工作的模式，數位化轉型是我們無法迴避的。組織變革從來都不是自然發生的，變革會帶來威脅和挑戰，而且很少能讓員工從中看到對他們自己有什麼好處。本書作者的指導使我們的管理和銷售團隊深受啟發，讓我們邁出了數位化轉型敏捷方法的第一步。作為一家跨國公司中國業務的管理者，我很容易看到中國的市場和工作方式與全球需求和管理模式之間的文化鴻溝。正如《數位躍升力》中所述，數位流程能夠填補許多文化間的差別，並最終改善我們的工作體驗和營運效率。

文樂（Ram Weingarten）／
以色列伯爾梅特（Bermad）中國公司總經理

組織在完成基礎數位化建設之後，將面臨更加困難的部分——實現業務和員工的真正轉型，我們稱之為後數位時代。《數位躍升力》一書提供了大量的理論和實踐模式幫助您完成這個轉型。

西蒙·艾爾卡貝茲（Shimon Elkabetz）／
埃森哲（以色列）首席執行長

當公司在全球業務中考慮長期成長戰略時，我們認識到公司的未來與數位化轉型有很強的關係。這一理念的實施是一個漫長的過程，需要花費數年時間。而由於數位化的本質，數位化轉型的策略建設將會是公司的常態。作者在《數位躍升力》中闡述的思想為我們提供了非常有成效的指導。

米彥·達甘／（Miyan Dagan）Filtersafe 首席執行長

踏出數位轉型之旅成功的第一步

研華科技前總經理、執行董事／何春盛

接到張曉泉教授（Michael Zhang）電話，邀請我為他與兩位以色列籍教授共同著作的新書《數位躍升力》寫一段推薦序，我非常興奮，雖然時間非常倉促，但我很爽快就答應了！

初識 Michael 是三年前在香港的 EMBA 課堂上，之後又見了幾次面，兩年前他也蒞臨研華科技在林口的物聯網園區參觀過，也聽過他的科技創新課程，也曾共同探討有關 BlockChain、AI、Data Analytics 等科技工具應用與趨勢，對他的科技素養留下深刻的印象。來自北京清華大學，留學於 MIT，教學於香港，既是具有洞見的科技專家，也是具有繪畫專才的藝術青年，是不折不扣的跨領域人才。

數位變革已經是目前企業管理領域的顯學，坊間也有許多有關這個領域的書，我個人在任職研華科技總經理期間，也在公司推動數位轉型，也研讀許多相關書籍與論文，對這個議題個人並不陌生，我很快地瀏覽了《數位躍升力》一書，我發覺這本書既有科技進程的縱深又有企業管理的理論與實踐，列舉了近二十年來數位工具的演化，企業數位化成功與失敗的案例，非常值得企業的 CIO、CDO、CEO 仔細研讀，相信對於推動企業的數位轉型，一定可以從中得到許多寶貴

的觀點與洞見，進而推動企業的數位轉型之旅。

　　著者以「量子躍進」形容企業之數位轉型，是非常貼切之論述，因為數位轉型並不盡然只是著眼於企業經營之日常改善，而是上台階之大躍進！本書中的「數位化時代的達爾文主義」觀點，也是值得企業經營者深思，在數位化時代，企業競爭存活的關鍵就是數位轉型！

　　藉此機會，我想分享一些對於數位變革個人的觀點，我認為數位轉型有三個層次，分別是數位賦能（Empowerment）、數位優化（Optimization）、數位轉型（Transformation），數位轉型是最困難的一項，大部份企業都以為數位優化就是數位轉型，如果只是引進數位工具如 ERP、CRM、MES……等軟體稱不上是數位轉型；如果沒有配合業務模式的改變，只能說是數位優化。企業要達到數位轉型，達到量子躍進，必須做到下列幾項事情：一、盤點企業之數位資產，將數位資產變成產品或服務。二、將產品數位化智慧化，讓產品與客戶時時產生連結（Connected）。三、設計新的收費模式，以訂閱經濟模式，產生長期 Revenue Stream。四、打造產業平台模式，串接供需雙方，產生新的價值。

　　本書的 14 章，著者論述了數位領導力，特別值得企業的管理階層仔細研讀體會，對於有心推動企業數位轉型的企業家們，只要按著者的建議步驟，一定可以踏出數位轉型之旅成功的第一步！

兼具理論高度和實踐意義的指南

哈佛大學商學院教授／朱峰

　　非常高興收到張曉泉教授的邀請為本書作序。我們是長期的研究合作夥伴，一起合作發表了不少學術論文，非常開心張教授和兩位以色列的合著者能把對數位化變革的理論和實踐的心得寫下來，分享給讀者。

　　收到這本書的時候，我正好在家裡工作。受到新冠病毒的影響，一周前我的學校，哈佛大學，決定開始線上教學，讓學生和老師都回家了。在家裡雖然還是需要上課，事情還是少了不少，正好有時間可以讀一下這本書。這本書主要講的是數位戰略的變革，這也是我教學和研究的方向。新冠病毒讓我更深刻感受到數位化技術帶來的好處和它的重要性。幾年前我一直不認為哈佛商學院的案例教學模式可以搬到網上。但是現在 80～90 個學生可以從世界各地都透過視訊會議進行一個 80 分鐘的實時案例討論。數位化的進展使得這樣的線上教學成為了一種可能。可以預見的是那些營運模式更數位化的公司受到新冠病毒的影響相對會小一點。等新冠病毒的這場風波過去之後，也會有更多的企業會加速他們數位化變革。這本書包含了學界和業界對數位化變革最新的思考，它對任何想要進行數位化轉型和創新的企業都有借鑑和指導意義。比起其他講數位化技術的書，我尤其喜歡本書裡

的三個亮點。

　　首先，這本書注重於透過對數位技術背後的理論框架的探討，幫助企業提高它們的動態競爭能力。數位技術是在不斷演變的。拿音樂市場為例，數位化第一步是從磁帶轉變為 CD，從類比（analogue）的訊號轉變成數位（digital）的訊號。CD 接著又轉成了 MP3──從實體形式變成了一個全數位化的形式，使音樂可以在網上廣泛傳播。然後我們又有了音樂平台比如 QQ 音樂，把所有的音樂都聚集在一起，還能夠根據用戶的行為進行一些個性化的推薦。在每一次的演變中，它給企業提供了不同的機遇和挑戰。可以想像的是今後我們接觸音樂的方式會繼續改變。因此只有掌握了理論和思維框架，企業才可以在新的技術出現時預見這些技術可能帶來的變化，妥善把握機遇。

　　第二，今天能夠成功進行數位化轉型的公司，往往需要對企業的組織架構、企業文化、人力資源以及企業的領導力進行重新的構建。這和 90 年代我們剛剛有了電腦和網路的時候很不一樣，那個時候企業往往可以透過組建一個單獨的 IT 部門來提供企業所需要的技術支持。今天，企業的數位化戰略和企業的商業戰略密不可分。這對很多傳統企業來說，將會是一個相當大的挑戰。本書系統介紹企業數位化的步驟，指導企業如何衡量它數位化的程度。

　　第三，數位技術除了讓企業的營運模式更加高效、低成本，也會為企業帶來創新的機會。比如說 WeatherChannel，一家提供天氣資訊的公司，利用數據挖掘，根據天氣情況給零售商提供如何推銷產品的建議，現在已經轉型成一家大數據公司。本書提供了很多具體的案例來講解企業如何利用數位技術來進行商業模式創新，以及各種創新的模式。這些案例以及講解對很多企業都會大有啟發。

　　對政府、企業、各類機構和個人來說，未來數位化變革的步伐是不可阻擋的。如何在變革的浪潮中找到正確的方法論，展開富有成效的躍升，並進入全新的軌道？本書提供了一個既有理論高度又具實踐意義的指南，我推薦給每一個在認真思考未來組織戰略的管理者。

● **推薦序**

抓住巨變時代的轉型本源

微軟（中國）首席技術長／韋青

　　這些年業界流行發明新詞，以顯示技術或理念的先進性，但本書的作者卻反其道而行之，把關注的目標集中在了一個看似簡單，卻非常基本的要點上，這就是「數位化」。

　　以我個人對於中國社會數位化進程的觀察與體驗來看，這樣的立意非常精確的切中了時代的命脈。尤其是過去這幾個月，隨著一場突如其來的疫情，全國上下，無論是企業還是政府部門，無論是醫院還是學校，無論是單位還是個人，都主動或被動的進入一種需要依靠數位化技術來支撐的工作與生活方式，使得這場疫情有意無意的成為了一個非常真實的數位化轉型「投入／產出比」試金石，其結果大概只能用「冷暖自知」來形容了。

　　當我有幸讀到從張曉泉教授處收到的本書時，馬上就被其平實的文風與深厚的行業積澱所吸引，並且產生了認真向讀者介紹一下本書的動力。依我來看，這本書不是一本高高在上、向讀者宣講神奇理念的時髦書籍。這本書的最大特點，恰恰是抓住了在這個巨變的時代的轉型本源，就是如何幫助政府、企業與個人提高數位化的能力。

　　本書從思想先行，再跟進以理論介紹，最後從實踐的角度來向讀者介紹為什麼以及如何實現數位化轉型。正在經歷數位化轉型的人們都應該有深刻的體會，數位化轉型絕對沒有所謂百搭的「靈丹妙藥」，也沒有一蹴而就，更沒有「面子工程」。它是一個複雜的系統方法，需要因地、因時、因事、因人、因勢制宜。我個人尤其喜歡本書關於「數位化成熟度」的章節，以我的實際體會，國內有很多數位化轉型項目，其立意不可謂不弘大，其目標不可謂不高遠，其決心不可謂不堅定；但在實施的過程中，卻常常因為對於相關的政府部門、企業、員工以及社會與民眾的數位化成熟度的判斷偏差，造成轉型力度與步驟選擇的失誤，使得明明正確的轉型方案，卻產生令人失望的結果。

　　本書的另一個特點，是幾位作者都身兼科研與實踐的背景，使得這本書既不是一本教科書，也不是一本純粹的經驗之談，它同時涵蓋了理論與實踐。另外，我想也可能是由於作者的學術背景，讓他們有時間和精力廣泛吸取各類前端學術期刊和作品的養分，並將他們的理解總結成不同的框架與讀者進行分享。根據他們的知識和經驗，幫讀者們做一個選擇，讓大家不僅僅能夠讀到這一本書，還可以透過這一本書接觸到整個業界對於數位化轉型及其相關理念與技術的研究成果，使得本書能夠進一步幫助讀者構建具備自身特點的數位化轉型計劃與實施能力。

　　以我個人在國內的數位化實踐經歷而言，一個非常深刻的體會就是市場上新名詞的發明速度，常常大過數位化轉型的實際落地步伐。有時人們會誤以名詞的進步來代替實際技術與實踐的進步。本書的寫作方式，使用的都是讀者常見的詞彙，但談的全是跟數位化轉型相關的深刻話題。它的深度和廣度，不是靠詞彙的堆砌，而是靠洞察與實踐。我曾經跟我的很多朋友交流過，在這麼一個巨變的時代，從不缺

新名詞和新理念，缺的是腳踏實地的實踐。評判一部好作品，很重要一點就是看這部作品是以新名詞取勝還是以新的洞察力取勝。很高興看到本書的作者正是本著這種洞察力的風格在向讀者們介紹數位化轉型旅程上的各種風景、挑戰、機遇和陷阱。

經過這段疫情的洗禮，越來越多的企業與個人認識到數位化轉型再也不能只是停留在 PPT 的層面，能否具備真正的數位化能力，成為數位時代「原住民」，將是未來生存與發展的基本保障。這個時候，能夠有這麼一本書將數位化轉型的前因後果娓娓道來，不誇張、不修飾也不弱化，一步一步的把數位化轉型的方法、步驟、力度、次序逐步介紹出來，對每一位真正想在數位化轉型道路上前進的政府官員、企業主管或者個人，都有莫大的好處。當然，就像這個世上不會有包治百病的神藥一樣，這本書也不可能解答每一個人的每一個數位化轉型的問題。能夠為讀者打開一扇新的窗口，指出一條原來沒有看到的道路，幫助讀者在本書的基礎上繼續深入的學習和探索，我相信這也是本書作者的初衷吧。

轉型為敏捷組織是企業必經之路

度小滿金融首席財務官／葛新

讀好書是愉快的。好友張曉泉教授邀請我給他的新書《數位躍升力》寫序，我欣然答應。

此時正值世界人民被年初的一場突如其來的疫情所困，人們不得不改變生活行為軌跡，適應新的線上工作學習方式。一方面，「宅生活」、「雲端工作」給傳統的商業獲客及管理提出了挑戰，更凸顯了數位化變革和數位化經營能力的重要性；另一方面，宏觀下行和外部衝擊的雙重疊加，讓我們面臨著一個全新的充滿不確定性的環境，而這種不確定性很可能成為我們未來需要應對的新常態。

在這樣的背景下閱讀本書，特別具有現實的借鑑意義。

我們今天的時代正在被人工智慧、物聯網、雲端計算、行動技術以及許多其他技術創新相互作用，不斷融合，深刻地影響著。數位化在衝擊和改變每個行業，區別只在於規模和速度。本書的三位作者從數位化變革的背景出發，幫助我們梳理了「為什麼」（思維篇），再對下一步數位化的方法論「做什麼」（理論篇）和實踐中該「怎麼做」（實踐篇）進行了系統性的說明。就我個人在國內服務企業及在企業

營運管理過程中的一些經驗和觀察而言，數位化變革不僅僅是技術和IT，它需要與之匹配的理念、架構、方法和工具，是一套比較複雜的體系。對於一些傳統企業，甚至關乎企業的整體轉型，需要重新定義客戶價值，改變員工思維和工作方式，創建新的企業文化。而這些正是書中幫助讀者構建的「數位化經營能力」。曉泉教授善於總結，把這一能力深入淺出、多維度、多案例地展現給讀者，相信能幫助企業和個人更有信心去擁抱變革。

我們今天的時代還處在一個動盪、複雜、模糊、充滿不確定性的環境，我們要更習慣於應對「黑天鵝」事件。在寫序的這段時間裡，美股熔斷了四次，連股神巴菲特都說「活久見」。不管是黑天鵝，還是灰犀牛，我們都要學會把不確定性當作常態來應對。那麼，數位化的時代我們該怎麼做呢？書中第三章明確提到數位化的終極目標是敏捷的組織；敏捷組織的概念比較早就有了，但把敏捷組織作為終極目標的提法旗幟鮮明，說明作者對此的認可和對這個重要性的判斷，讓人耳目一新。在我看來，向敏捷組織的轉型是應對數位化時代競爭和挑戰的必經之路。書中分享的六個步驟提供了一個很好的執行框架，和對多方作用力影響的理解。

最後，不得不提的是書中的多幅手繪黑白插圖。熟悉曉泉教授的人都知道他的鋼筆手繪圖堪稱一流，圖畫栩栩如生，又輕鬆活潑，是閱讀本書最好的甜點。希望讀者也能像我一樣喜歡它，從中獲取目標和信心，擁抱數位化的變革。

● 推薦序

顛覆現有的格局，成為未來終極贏家

脫單大學校長，百合網聯合創始人／慕岩

張曉泉教授（他的朋友都因為他英文名字 Michael 而稱呼他為麥教授）和我是在清華讀書時認識的，這些年來，他一直在做非常頂尖的數位化相關研究，我非常開心可以為他的書寫序言。

馬雲在湖畔大學講過，他每年精心選擇要讀的書，堅持每年讀……一本書。我深以為然。如果今年湖畔大學圖書館讓學員每人推薦一本書，我會推薦麥教授合著的這本書，因為它帶給我對數位經濟的深刻認知，啟發了如下關於直播電商（也就是書中所述的那些數位化原住民）的探討：

一、最新興起的帶貨主播的發展將延續流量為王、內容為王、文化為王的三個階段。

二、直播電商的內容是以供應鏈優勢為基礎的綜合藝術。

三、抖音、快手、拼多多會輪番登上直播電商 GMV 王座，因為：

抖音，是游牧文明；

快手，是農耕文明；

拼多多，是工業文明；

抖音目前是流量為王的贏家。快手，作為不急功近利做內容

收穫鐵粉的高度去中心化的生態網絡，會是內容為王的贏家。拼多多改進供應鏈，將來甚至可以透過生產現場直播，進而促進生產過程升級改造提升「顏值」，這個能量是更加巨大的。

四、終極贏家會是 B 站，因為它從二次元的理想主義和網遊的集體主義精神開始，成為 95 ／ 00 後心中唯一能代表他們「精神文明」內核的平台，會是文化為王的贏家。

五、以短片訊息流吸引的十數倍於圖文電商的每日活躍用戶，加上直播電商數倍於圖文電商的銷售轉化率，將創造幾十萬億人民幣的電商 GMV 增量，因為這是一個個全新的數位商業綜合體，首次實現了「逛」的個性化體驗，刺激消費，創造財富，還會帶動消費金融和商業空間的升級改造。

六、直播電商才是 5G 最大應用場景，因為可以對商品和場景多路多角度同時直播，用戶無縫切換，自由交互。手機的超距拍攝能力，給圍觀直播的用戶提供了更加細緻入微的「毫米級」觀察商品細節的能力，這讓電商首次超越了實體店的看貨體驗，意義非同小可！

　　書中當然對非數位化原住民也給出了非常多的理論框架和實踐指導，如果你的行業還沒有完全數位化，每天看到新興的商業模式只有「吃瓜」的份，那麼你需要仔細學習書中的戰略和戰術，顛覆你的行業現有的格局，成為未來的終極贏家。今年，只讀這一本書。

● **PREFACE** 前言

善於管理變革者，制之而不受制於之

凡戰者，以正合，以奇勝。故善出奇者，無窮如天地，不竭如
江海。終而復始，日月是也。
——《孫子兵法》

　　技術創新很多時候是跳躍式的，電燈的發明不是從對油燈的優化而來，對馬車的優化也很難帶來汽車的發明。同樣的，組織在漸進發展的基礎上必然也需要有跳躍式的改變才能進入全新的軌道。

　　21 世紀給人類帶來了新的變化速度。新的力量正在全球範圍內擴散，塑造人類文化，改變我們之前熟悉的方法、趨勢和觀點。這些力量，以數位力量為首，定下了一個時代的基調。我們發現組織的跳躍式發展和量子躍遷（quantum leap）有諸多相通之處。在微觀的量子世界裡，電子是在固定的軌道上繞著原子旋轉的，當接收到光子帶來的能量之後，電子會躍遷到更高的軌道上。而在宏觀的人類世界裡，給組織帶來能量的就是數位的力量。透過數位化轉型，組織也可以透過躍遷到新的軌道而實現偉大的變革。

　　這股數位力量讓很多傳統組織成功躍遷成為時代的寵兒，同時讓很多國家和企業的未來前途未卜。以 ABCD（A：人工智慧 Artificial Intelltgence, AI；B：區塊鏈 Blockchain；C：雲端運算 Cloud Com 儿 puting；D：數據分析 Data Analytics）為首字母的數位化在各種組織中擴張，並改變和征服了我們生活中的各個領域。

　　數位化給我們帶來了無窮的想像空間。無論是組織還是個人，都想在這個浪潮中躍遷進入新的軌道。隨此而來的，每個人都需要面對的則是如何找到令組織和個人躍遷的能量。本書提供了對這一重要商業變革的一種解讀，並從戰略和戰術層面給組織和個人指出如何應對這次變革。我們都是這次變革道路上的漫遊者，必須自己掌控命運的車輪。在此背景下，在個人、組織和國家的層面上，到底如何展開我們的數位旅程呢？

　　我們三個作者很早以前便開始了在數位星系的個人旅程。我們每

個人都在與電腦、資訊技術、經濟管理學等不同的領域進行學習、工作、研究和教學：拉茲·海飛門擔任奧寶科技（Optrotech）、貝澤克（Bezeq）、直接保險（Direct Insurance）和以色列政府資訊電信技術管理局等組織的 IT 部門經理；習移山教授作為特拉維夫大學、以色列理工學院和香港中文大學的研究員和教授以及 i8 Ventures 的創始人和執行長；張曉泉教授在美國和中國都有創業經歷，是香港中文大學商學院的終身教授和副院長，是麻省理工學院數位經濟研究中心和歐洲經濟研究中心的研究員和北京大學光華管理學院的特聘教授，並擔任招商證券的顧問和寺庫公司的獨立董事。

商業戰略、創新和數位技術之間日益緊密的聯繫令我們心馳神往，促成了我們富有成效和令人愉快的長期合作。我們共同開發了一門商學院的課程：「創新技術的戰略價值」（Strategic Value of Innovation Technology, SVIT）。我們在以色列、香港和中國大陸的許多高等院校給 EMBA、MBA、金融財務工商管理碩士和高管研習班開設了這門課程，包括巴伊蘭大學的工商管理研究生院、以色列理工學院的工業工程與管理學院、特拉維夫大學的管理學院、Ruppin 學術中心和 Ono 學院、香港中文大學、香港科技大學、清華大學經管學院、上海高級金融學院、深圳高等金融研究院等。

我們希望和讀者一起來探討「數位戰略變革」這一令人著迷的現象。我們總結了組織和個人面臨數位變革時應該考慮的各種場景，並給出了最新的思維典範用以指導數位化過程中面臨的種種問題。管理者如何能跟得上技術的發展而不落後？當他們瞭解了競爭對手怎麼使用人工智慧的時候，他們如何知道自己是不是需要也在類似技術上投資？即便他們投入資源之後，管理者又如何知道他們的技術革新明天不會過時呢？這本書總結了行之有效的一些能夠指導實踐的行動框架，集中探討了學術界和業界最新的思考和實踐。雖然技術層出不

窮，讓人眼花繚亂，但是管理者其實是有非常強大的一套理論和實踐
體系來應變的。每個管理者首先要熟悉數位力量，然後學習如何控制
它。透過這種方式，管理者可以幫助其所在組織在其獨特的數位化旅
程中選擇正確的步驟而實現數位躍升力。在我們看來，實現數位戰略
變革的正確途徑是將其視為一段旅程，旅程的目標是讓組織的基因適
應數位時代。在這個旅程中，組織將利用數位技術來實現以下各方面
的目標：加強業務流程和決策過程，改變經營方式和管理客戶關係的
方式，在相關管道提升客戶體驗，實施創新的商業模式，過渡到靈活
和敏捷的工作方法，最終戰勝競爭對手。

　　撰寫本書的過程中出現的一個基本的洞察是：在一個不斷變化的
時代，目標本身是動態的。因此，數位之旅實際上是一個不斷變化、
學習和與時俱進的旅程，是一個沒有預設目的地的旅程。透過不斷的
數位躍升力，在經歷了一段段碩果累累的旅程之後，你個人和你所在
的組織也會擁有一個迷人的、充滿活力的、而不斷變化的美好未來。

　　　　　　　　　　　　　拉茲・海飛門（Raz Heiferman）
　　　　　　　　　　　　　習移山教授（Prof. Yesha Sivan）
　　　　　　　　　　　　　張曉泉教授（Prof. Michael Zhang）
　　　　　　　　　　　　　2020 年 1 月完稿於特拉維夫和香港

　　　　　　　　　　　　　張曉泉教授的微信公眾號

　　　　　·本書所有圖片均為張曉泉教授手繪。

● 章節簡介

⊙ 第一篇　思維篇

本篇包括五章，它們共同提供理解數位化變革所需的背景知識。

CHAPTER 1 數位化變革簡介

這一章解釋了數位化技術的廣泛影響，尤其是數位化變革的複雜背景。儘管之前業界對「數位化變革」有了廣泛的討論，但是大家對該術語的基本定義尚未達成共識。所以，我們在這裡定義了基本概念，為本書的其餘部分奠定了基礎。這章討論的主要概念和事件包括：第四次工業革命；數位達爾文主義；數位化變革：這一概念的產生及其加速，數位化變革的九種影響；策略轉折點；數位化組織的主要特徵以及數位化變革對政府的影響。

CHAPTER 2 數位化技術：歷史回顧

這一章簡要的回顧了數位化時代的三個時期，特別是推動當代數位世界的數位化技術創新。這些技術構成了數位化變革的重要組成部分。

CHAPTER 3 數位化的終極目標：敏捷的組織

這個章節涉及到現代化數位業務中最重要的管理主題之一——

敏捷的組織。由於數位化技術，商業環境變得混亂而活躍。不久之前，組織還在做年度戰略計畫流程並確定未來五年的預期競爭優勢，但現代化商業環境使得其對五年規劃週期的預測幾乎成為不可能。組織必須經歷基礎性變革並且需要變得敏捷。本章描述了組織在敏捷化過程中應採取的幾個步驟。

CHAPTER 4 領導數位化變革的六種方式

這一章介紹了六種類型的數位化變革。在我們看來，數位化的領導者和管理者都應該理解和掌握這些方式，以便在數位時代成功地指導他們的組織。六種變革中的三個是外部的，原子到比特，產品服務化，從實體位置到虛擬空間；另外三個是內部的，涉及商業戰略，組織的商業模式以及應該採用的創新流程。這六種變革不應是獨立的技術或商業模式，它們應被視為是一個數位化技術和商業戰略的結合體。

CHAPTER 5 數位化商業模式

這個章節回顧了商業模式的概念，並強調了它在數位化時代的重要性。數位化變革是推動創新商業模式和改變所有行業和商業領域遊戲規則的強大力量之一。組織中的每個利益相關者（董事會成員、高級管理層和數位化領導者）都應該理解現有的商業模式，並且學習如何為數位化時代建構新的商業模式。

⊙第二篇　理論篇

本書的這個部分介紹了幾種模式和理論，以便為理解和實施數位化旅程提供及奠定基礎。在這部分的六個章節裡定義了數位世界的支柱，並引導讀者們對其階段和概念融會貫通。

CHAPTER 6 數據：數位化時代的石油

這個章節專注於數據，它一直是一項重要的組織資源，也是任何資訊系統的關鍵要素。在數位化時代裡，數據已經成為組織中最有價值的資產之一，幾乎與其核心的產品或服務一樣重要。所有數位化應用程式都毫無例外地處理和管理著數據，很難想像一個沒有數據分析元件的數位化應用程式。

CHAPTER 7 人與機器的角逐

因果關係和過度擬合是人工智慧目前面臨的兩大挑戰。我們透過三個故事來回顧過去一百年間人與機器展開過的很多次角逐，電腦科學家在機器學習方面對模型的預測能力做出了巨大貢獻，而與此同時，經濟學家在因果分析方面對模型的解釋能力做出了巨大貢獻。我們認為兩個學科應該結合起來，讓經濟學的模式幫助我們解決人工智慧中的因果關係和過度擬合兩個問題。在我們看來，人工智慧就是人（人類）和工（工具）一起才能產生的智慧。

CHAPTER 8 數位化時代下的商業創新

這個章節描述了在數位化時代中，創新在每個組織中戰略上的重要性。我們從競爭優勢的角度解釋了成本領先和差異化的基本經典概

念，以及創新對於產生競爭優勢的重要性。本章定義了 S 曲線，它代表了任何一項技術的生命週期：從第一步開始直到另一種技術或者新想法取代它。我們還分析了由哈佛大學商學院的克里斯汀生教授創造的顛覆性創新這一概念。

CHAPTER 9 技術推動創新的五個角度

　　組織如何創造價值創新？在這一章中，我們詳細說明了數位化技術是如何從不同角度為創新做出獨特的貢獻。技術提供了刺激創新的巨大可能，瞭解數位技術如何推動創新，對於明智而審慎地解決數位化時代每個組織的戰略性問題至關重要。

CHAPTER 10 數位渦漩

　　這個章節從不同的行業角度來討論數位渦漩模型。按照這個模型，數位化時代正在席捲每個行業，一個接一個地捲入風眼，在那裡他們進行著數位化變革。我們舉了一些行業中的例子，分析它們是如何在應用了數位化技術之後發生轉變的。

CHAPTER 11 數位化成熟度

　　這章介紹了組織的數位化成熟度的概念，並且探究了對於數位化變革成功至關重要的一些方面。數位化成熟度可以被視為衡量一個組織是否已準備好，在諸如戰略、人員、流程、文化和 IT 等方面做轉型的程度。我們呈現了幾種由全球諮詢公司和學術界研究者開發出來的數位成熟度模型。

CHAPTER 12 IT 不再重要？

　　這一章的內容是關於連接商業戰略與資訊技術之間最具創新性的文章之一。透過一篇在《哈佛商業評論》（Harvard Business Review）上發表的文章，作者尼古拉斯·卡爾（Nicholas Carr）試圖證明數位化技術不再是組織競爭優勢中的唯一貢獻，因為它們「現在」是一種無差異化商品（commodity），只要有錢就能買到了。在我們看來，分析卡爾的論點並理解我們的反駁意見，對於掌握商業戰略和數位化技術之間不斷演變的連接至關重要。

⊙第三篇　實踐篇

　　本書的這個部分提出了數位化變革的實踐環節，包括四個章節：

CHAPTER 13 如何實施數位化變革

　　數位化變革造成了一項對組織的挑戰：它不是一個快速或者一次性的過程。這一章強調了數位化變革作為長期和持續性的組織和業務變革的方法論。為了取得成功，組織必須施行一系列經過計算和精心規劃的步驟，以實施數位化的商業戰略。本章描述了組織必須經歷的幾個階段以及每個階段應該著眼處理的主要問題。

CHAPTER 14 數位化領導力

　　這個章節討論了數位化領導者的角色，數位化領導者是負責組織數位化變革的人。一些組織指定一名數位長（Chief Digital Officer, CDO）來填補這一角色，在另外一些組織聲稱擁有這個頭銜的人並

不一定全面負責領導組織數位化變革。例如，某些數位長只負責數位行銷管道和廣告。本章討論了定義數位長的多種方式。我們接著討論了數位化變革對資訊長（Chief Information Officer, CIO）這個角色的影響，並且提出了每個資訊長都應該是數位化專家。這需要重新審視人們對他這個角色的看法，並且調整他的管理風格，以便在其數位化旅程中最佳的領導變革。

CHAPTER 15 數位化變革案例研究

這章著重介紹了幾個行業數位化的實施案例：連鎖飯店雅高酒店（Accor Hotels）、達美樂披薩、博柏利（Burberry）時裝，以色列超市連鎖店 Shufersal、智利國家銅礦公司（Codelco）、皇家馬德里俱樂部（RealMadrid），以及星巴克（Starbucks）。

CHAPTER 16 數位化旅程啟航前：提示和風險

這章提供了一個數位化旅程的摘要，提出了每個組織應該問自己的問題，以及組織的管理層在旅程開始之前就應該注意到的錯覺和風險。

PART 1

●

思維篇

● CHAPTER 1

數位化變革簡介

變，則改既往；革，則繼開來。
——坦枚・沃拉（Tanmay Vora），印度作家、著名部落客

引言

　　本章概述了數位化變革的基本概念，並描述了圍繞這一主題的劇變。事實證明，人們對於數位化變革的基本定義沒有形成廣泛的共識。有時，人們會同詞異義，抑或異詞同義。本章旨在減少混淆，並給出了我們自己對數位化變革的基本定義，並為接下來的章節提供概念框架。

　　數位化變革已經成為了企業界、學術界、諮詢公司和技術供應商間的一個熱門話題。已經有數十本書、數百篇文章和研究報告涉及到這個主題[1]：

　　例如，《經濟學人》（_The Economist_）研究部門在 2017 年 4 月對英國電信（British Telecom）進行的一項調查[2]，顯示了數位化變革在 CEO 的議程中的重要地位。對 13 個國家的 400 名跨國公司高級執行長進行的調查中，約 39% 的 CEO 認為，數位化變革是管理團隊的重要議程之一，另外有 34% 的 CEO 認為數位化變革儘管不是組織議程上的優先事項，但是一個很重要的議題。（圖 1-1）

　　世界經濟論壇（World Economic Forum, WEF）的一項研究調查

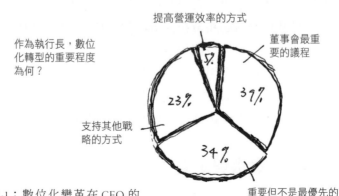

· 圖 1-1：數位化變革在 CEO 的議程中的重要地位

發現 [3]，在未來的十年，數位化對社會和企業的綜合經濟價值將增長到約 100 萬億美元。這項研究涉及到幾個問題，例如，無人駕駛汽車的經濟影響，它每年將減少交通事故死亡人數約 100 萬人。研究人員計算得出，透過智慧規劃來管理能源消耗和電力公司資源的數位化技術，將會降低空氣的污染水準，並可節省 8,670 億美元。

數位化變革本身並不是一項戰略或者目標，而是一種實現戰略目標的方法──即組織透過不斷創新來適應數位化時代，並持續壯大和盈利。

數位化變革不是一次性事件（像一個項目一樣），而是一趟「在路上」的旅程──隨著時間的推移漸漸展開，伴隨著一個未知、未得到定義的終點。隨著數位化進程的推進，組織動態地調整自身，以應對數位化時代下的機遇和挑戰。

想必你也經常聽說近年來的數位化變革，你甚至會在各種各樣的場合使用這個詞。儘管數位化變革很流行，但是你可能聽過各種它在不同的模型和實現方法下的不同定義。

數位化世界並不是伴隨著「數位化變革」這個詞的出現而誕生的。事實上，幾十年前，自從第一個數位電腦的出現並在組織和商業空間裡滲透開始，數位化世界就出現了。在這一章裡，我們認為**一個組織不應將數位化變革視為對現有情況的補充相加，而應看成為了適應在數位化時代中的活動和業務而做出的必要的變革**。重要的是，實施數位化並不意味著實現一個項目、升級一項技術、添加一個電子商務網站或一個新的行動應用程式。**實施數位化**意味著更新一個組織的業務策略、業務模式、組織文化並使其適應數位化時代。換句話說，**實施數位化意味著使組織適應 21 世紀的現代商業環境**。

數位化變革的動機與定義

為了應對數位環境，組織不得不改變自己的一些最基本的經營管理

念和思維狀態去適應一個全新的商業視角。這種巨大的變化被稱作**典範轉移**（paradigm shift），即具有根本性和深遠意義的劇烈變化，而不是本質上相同特徵的漸進式變化。學術界、先進的諮詢公司和許多組織都清楚，「數位化」一詞完全不同於一般意義上說的「技術」或者商業環境中的新的「IT 功能」。他們建議組織將「數位化」這個概念與新的商業經營方式、新世界的機遇與挑戰聯繫起來。有些組織認為「數位化」只是對現狀的另一次簡單相加（例如「我們也應該有一個電子商務網站了」、「我們開發行動應用程式吧」等決策），卻忽略了這一變化的實質。數位化的概念觸及到了一個組織所做所想的最深層的本質和核心。因此，應該用以**數位化為核心**來強調這種變化的關鍵。組織必須考慮其核心業務，並考慮如何改變來適應數位化時代。

　　我們的結論是：一個組織首先要從**技術**的角度與**數位化**的力量聯繫起來，然後更為重要的是，必須再從**商業**的角度使用**數位化**的力量。這是關於組織**如何在數位化時代開展業務的綜合方法**。組織必須重新檢查其當前的商業營運方式，並清楚它必須開啟一段變革之旅，即商業變革。這是數位化技術帶來的新功能及其新機遇與挑戰的共同結果。

　　以下是瑞士 IMD 商學院全球商業轉型中心（Global Center for Business Transformation from IMD）和思科（Cisco）聯合研究中心的一項更為流行的定義：[4]

> **數位化變革**
>
> 　　是一個組織透過借助數位化技術和數位業務讓商業模式發生重大變化的過程，其目標是提高企業的績效。

　　數位化變革是一個重要而且持續的變化過程，要求組織採取新的和不同於當前立場的方法。這不是一種簡單的、漸進的改變，而是一

種具有深遠意義的改變，對此重新思考各種各樣的問題，包括：

· 如何將組織變得更加敏捷，使其能夠快速靈活地應對競爭機遇
  與挑戰。
· 如何將其業務流程轉變得高效而且智慧。
· 如何提供獨特而且高品質的客戶體驗和客戶之旅，確保每一位
  客戶都能夠獲得獨特而量身訂做的體驗。
· 如何採用創新的理念，確保其在組織內部的實現，讓創新成為
  組織 DNA 的一部分。
· 如何實現創新的商業模式。
· 如何擴展和增強客戶的價值主張。
· 如何發現和接觸新的客戶群體。
· 如何成為一個客戶至上的組織。
· 如何將數據作為一種資產來加以利用。
· 如何做出明智的、數據驅動的決策。
· 如何明智地利用共享經濟和 API（應用程式設計發展介面）。

　　數位化組織就是這樣，會有很多機遇、挑戰和風險，也會有很多
工作。

　　那些清楚變革之力的組織在幾年前就已經啟動了一系列數位化變
革過程，來尋求競爭優勢；與此同時，保護自己免受被新競爭者顛覆
的風險。

　　麻省理工學院斯隆管理學院（MIT Sloan School of Management）
數位經濟研究中心（Initiative of Digital Economy）的首席研究科學家
喬治·韋斯特曼博士（Dr. George Westerman）是《引領數位化》一
書的三位作者之一，他說：

　　　數位化戰略是公司透過技術改變其經營方式的方法。不幸

的是，許多公司更注重數位化而不是戰略。他們在公司的不同部門做了很多的數位產品，而沒有做到協調各部門和提前做好計畫。數位戰略不一定要做到完全統一，但是要有一些共同的願景，而成功的關鍵則是協調互動[5]。

數位化意味著組織採用一種通常被稱為「數位首選」（Digital by Default）的方法或者思維方式。這樣的組織傾向於在任何地方、任何問題上都使用數位化技術。當然，這是可行而且合乎邏輯的。數位化是解決方案的首選途徑。

> **數位首選**
> 　　在組織和管理理念中，優先考慮透過數位化技術來解決工作流程和決策中面對的商業挑戰。

一些組織將「數位化」一詞解釋為擁有一系列互相獨立的專案，例如，需要一個新的電子商務網站，或者在服務中心添加聊天、電子郵件、機器人客服等功能，或者開發一個新的智慧行動應用程式APP。這些都是重要的步驟，但是它們只是「數位化」道路上的步驟而已。而實際意義上，「數位化」要求組織重新思考現階段所有的基本假設，研究數位化時代的新機遇和風險，重新定義本身和做好營運計畫，以及如何在數位化時代為客戶創造價值。

許多組織主要從流程支援的角度來考慮數位化變革，而沒有花時間重新考慮自己的產品和服務，當然也沒有考慮到業務流程。這遠遠不夠，數位化變革還涉及到組織的核心和本質。以**數位化為核心**是描述它最好的術語，這個術語取自加特納公司（Gartner）的兩位顧問撰寫的《以數位化為核心》[6]一書。換句話說，組織必須考慮數位化技術是如何改變組織本身、產品、服務、流程以及**如何重塑業務**的，而**不僅僅是如何支援組織**的工作。

隨著數位化密度的提高，數位化元件的智慧設備越來越多，數位化變革的力量也在不斷增強。數位化變革的推進提升正以不可思議的速度發展。而我們人人佩戴可穿戴式裝置（手錶、手環），家家擁有 3D 列印的憧憬將不再是遙不可及。在更遙遠的未來，我們在醫療決策時將擁有高水準的諮詢系統（例如，IBM 正投入大量的精力開發從事癌症研究和治療的系統）；或者我們叫車時，將乘坐無人駕駛汽車，這正是當今主要汽車製造商以及特斯拉（Tesla）、谷歌（Google）、蘋果（Apple）和百度投入大量資源開發的東西。就連「天空便是極限」這個概念如今也面臨考驗。Google 正在進行一項大型試驗，即讓氣球在很高的高度飛行，讓人們無論身處何處都可以連接到網際網路。2014 年，麻省理工學院的兩位研究人員埃里克·布林約爾森（Erik Brynjolfsson）教授（他是本書作者張曉泉教授讀博士時的導師）和研究科學家安德魯·麥克菲博士（Dr.Andrew McAfee）共同出版了一本名為《第二次機器時代：輝煌技術時代的工作、進步和繁榮》[7]的書。這本非常吸引人的書中描述了新時代技術發展的驚人現象。作者研究了在各種場景下，這些發展對人們在組織中的角色和他們的工作所造成的衝擊。

數位化時代的達爾文主義

組織並不是一成不變的，而商業活動的變動導致了各個行業中曾經卓越的商業組織不斷發生更替。在數位化時代，商業環境的變化不斷加劇以及一些非常重要的組織的消失，促使研究人員和顧問將這種現象描述為**數位化時代的達爾文主義**。事實證明，達爾文的進化論思想除了解釋自然界現象的發展之外，在商業世界中也是適用的。如果一個組織不能迅速地適應不斷變化的商業環境並不斷提升自己以應對數位化技術帶來的劇變，它將無法長期生存下去而註定被淘汰。

圖 1-2 指出了技術和組織的不同發展步伐。技術以指數形式發

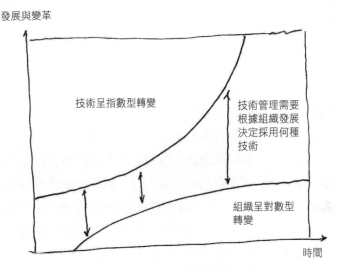

·圖 1-2：技術和組織的不同發展步伐

展，而組織在最優的情況下以對數形式發展。它們之間發展速度的差距正在擴大，而無法縮小差距的組織註定要被淘汰。

　　奧特米特集團（Altimeter Group）的布萊恩·索利斯（Brian Solis）是數位化變革領域的傑出顧問，他是最早使用「數位化時代的達爾文主義」這個術語的人之一 [8]。

數位化時代的達爾文主義
　　是一個技術和社會發展快於組織發展的過程。這是一個逐漸發生的選擇過程，對成功適應數位化時代的組織與無法在數位化時代生存、停止營運或被其他組織收購的組織進行選擇。

　　數位化時代的達爾文主義現象在標準普爾（Standard & Poor's）指數中表現得很明顯。標準普爾是紐約證交所（NYSE）和納斯達克

（NASDAQ）市值最高的 500 家公司的指數。該指數所列出的組織的平均壽命從 1965 年的 33 年降到了 1990 年的 20 年左右，預計到 2026 年將下降到 14 年。標準普爾研究表明，目前標準普爾 500 指數中大約一半的上市公司將會被取代。換句話說，組織的存活時間將會縮短。令人驚訝的是，當人類的預期壽命隨著醫學的進步而不斷增加時，**商業組織的壽命卻隨著技術的發展而不斷縮短**。圖 1-3 顯示了標準普爾 500 指數成分公司的平均壽命的持續下降。[9]

有關市場動態的進一步證據，我們可以參考世界五百強，即在世界經濟中最強大的 500 家企業。在這方面，標準普爾榜單也反映了同樣的明顯趨勢──企業正漸漸被取代。從 1955 年到 1975 年，平均每年有 11 個組織從這個名單中消失。1976 年至 1995 年期間，這個數字上升至 15 個。從 1996 年到 2013 年，這個數字再次上升，達到每年 21 個組織。人們對於榜單的不斷變化，以及越來越多組織從榜單中消失有不同的解釋，如管理失敗、併購、分拆成較小組織等等。

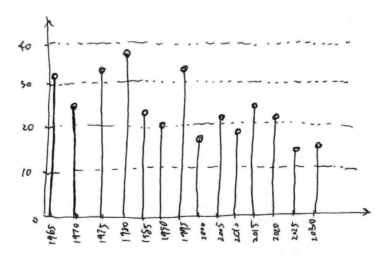

・圖 1-3：標準普爾 500 指數涵蓋的公司平均壽命（7 年浮動均值）

然而，現在有一種解釋更加引人注目：**數位化顛覆**。隨著那些成功地利用數位化技術並創造性地使用它的組織迅速成長，許多組織退出了這個榜單。據專家預測，這一趨勢在未來幾年內可能會加劇，將會無一倖免。

柯達（Kodak）、百視達（Blockbuster）、Borders、摩托羅拉（Motorola）、諾基亞（Nokia）、黑莓（Blackberry）等公司很明顯都是數位化時代的達爾文主義發揮作用的例子。除了這些典型例子（經常被當做經歷了商業模式數位化顛覆的組織）之外，其中有一些甚至涉及到行業運作的中止，我們還可以列舉一些其他有指標意義的案例：

- **大英百科全書，著名的百科全書製造商。** 大英百科全書已經經營了 240 年，經歷了兩次世界大戰和大英帝國的解體後尚能存活，卻在 2012 年被迫停止生產和出版百科全書。在維基百科（Wikipedia）這樣的數位化和開源式的競爭對手出現後，大英百科全書無法在原始形式下生存，不得不改變商業模式，轉向生產數位化產品，從而改變了商業模式，挽救了公司並使公司在合理的利潤下繼續營運。類似的，微軟（Microsoft）停止了從 1992 開始在 CD 上發佈的數位化百科全書，並在 2009 年關閉了 MSN Encarta 網站，這無疑是新的數位化產品，即維基百科的另一個受害者。
- **蘭德・麥克納利（Rand McNally），地圖的出版商。** 從前，在美國和世界各地，幾乎每輛車內都有蘭得・麥克納利的地圖。這個品牌的地圖以可靠性和精確性聞名，以至於一提到地圖馬上會聯想到它。但隨著 GPS 技術、導航工具和軟體以及行動技術的發展，它面臨著一場危機，不得不調整和改變自身的商業模式。
- **美國郵政服務。**（值得注意的是，數位化力量也會影響公共

服務，淘汰過時的服務並督促改進。）美國郵政服務為了在
數位化時代中準確定位並生存下去，苦苦掙扎了好幾年。隨
著電子郵件和無紙化電子帳單的普及，美國郵政處理的信件
數量大幅下降了35%，其他國家的郵局也出現了類似的情況。
電子商務不可思議的發展，則又可能挽救了郵政機構，並將
使工作重心從郵件派送轉變為包裹派送。

　　即使在自己領域中處於領導地位的大型組織也不能免於數位化時
代的達爾文主義影響。圖1-4顯示了自1917年以來，美國最大的10
家公司名單的演變。在1917年，最大的公司主要來自能源和鋼鐵行
業。而在半個世紀後的1967年，儘管IBM已經位居榜首，但是榜單
上的大多數公司仍然來自能源行業。50年後的2017年，全球最大的
5家公司都來自數位化技術行業。

· 圖 1-4：100 年來美國最大的 10 家公司的變遷

目前的研究（例如本書中的數位渦漩模型）表明，沒有一個行業可以免於數位化顛覆的影響。然而，仍然存在一個問題，即數位化的顛覆將在何時出現在你的行業，以及你的組織將多快實現數位化。你的組織能否及時做出回應，成為一個敏捷的數位化組織，以適應其所在行業所發生的變化？抑或你的組織為了改變商業模式，而被迫後退，甚至要面對最壞的後果——破產。

數位化變革是一個策略轉折點

策略轉折點一詞是有英特爾（Intel）傳奇執行長安迪．葛洛夫提出來的。這個詞借用了數學概念，意思是曲線改變方向的點。他在著名的《十倍速時代：唯偏執狂得以倖存》這本書中使用了這個詞。[10] 讓我們來看看這個詞在我們的語境中是如何定義的：

> **策略轉折點**
> 　　對於一個組織在其所處的競爭環境中發生重大變化時的時間點。變化的來源可以是新技術的引入、法規的變更、客戶價值或期望的變更或者是其他變化。即使變化本身可能是為人熟知的，但是它通常趕上了組織的執行管理層尚未準備好進行關鍵性業務策略調整的時候，而這可能會導致組織業務狀況惡化。

公司經營環境發生重大變化的原因可能包括：

· **法規：** 法規的變化可以會涉及到諸如開放行動網路市場的競爭、改變養老金市場的規則、新競爭者進入公共交通市場、開放醫療服務市場的競爭、政府開始監管某些之前開放的行業等。
· **不斷變化的公眾品味：** 文化偏好和公眾的品味不時發生變化。

例如，消費者對付費收聽音樂和收看影音作品的接受程度，公眾對環境保護的敏銳和對污染環境的公司的懲罰問題；偏向無糖產品；公眾對虐待動物敏銳；反對童工；偏好對地球可持續發展破壞性較小的產品等。

· 商業環境的改變：組織所處的商業環境的重大變化可能包括了：全球經濟危機，中美貿易戰，需要各國政府和中央銀行干預的全球經濟金融系統；世界貿易急劇下降導致海上運輸能力過剩；能源價格的下降或者上升；農業用水短缺；改用天然氣代替柴油或煤等等。

· **技術變革：**新技術的出現可能會對現有公司的商業模式造成嚴重的打擊。當 iPhone 問世時，對 Nokia 和 Blackberry 等生產商造成了很大的損害；數位攝影技術壓倒了 Kodak；策略轉折點的出現對印刷商、出版商和連鎖書店都是毀滅性的打擊。iTunes 的出現對於各類音樂製作人和發行商來說都是一個打擊；優步（Uber）和滴滴打車的出現為個人提供了租車服務；愛彼迎（Airbnb）的出現讓一般人可以出租自己的房子、公寓，甚至是一個房間；亞馬遜（Amazon）和阿里巴巴（以及其他網站）在電子商務領域的成功，重創了西爾斯（Sears）等許多零售連鎖企業，並迫使沃爾瑪（Walmart）大舉進入電子商務領域。這樣的例子不勝枚舉。

策略轉折點是一個時間點（或者一個時期），在這個時間點中，一個組織的命運可以從原先的領先、繁榮、成功和盈利進入到減速階段（下降曲線），並開始失去市場份額，與此同時，收入和利潤也遭到侵蝕，最終可能會走向破產。圖 1-5 展示了葛洛夫關於策略轉折點的看法。

對於執行管理層來說，最大的挑戰是**判明**策略轉折點並下定決心**付諸行動**。應對策略轉折點需要對業務策略進行重大的改變，而

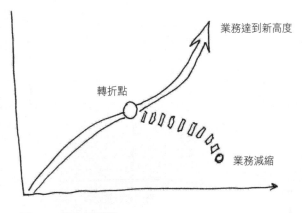

・圖 1-5：策略轉折點

這種變化對於任何管理團隊來說都是具有挑戰性的。許多管理團隊的自然傾向是忽略轉折點並推測「一切都會好起來的」。換言之，選擇把頭埋在沙子裡，堅持現有的，這個一路走來使該組織成功的商業模式。策略轉折點的想法有點像克雷頓・克里斯汀生（Clayton Christensen）教授提出的顛覆性創新。Intel 執行長安迪・葛洛夫深受克里斯汀生研究的影響，而策略轉折點的概念是他自己對顛覆性創新理論的解讀。

　　我們認為，對於許多組織來說，數位化變革 2.0 是策略轉折點出現的原因和回應。理解和採納這種觀點，並據此進行部署的組織，未來才會取得成功。錯過轉折點的組織很可能會進入一個或長或短的衰退階段，最終甚至可能透過併購或者是破產從商業舞台上消失。

為什麼現在需要數位化變革？

　　如前所述，數位化技術的發展已經進行了幾十年。圖 1-6 摘自加特納的兩位顧問馬克・拉斯基諾（Mark Raskino）和格雷厄姆・沃勒

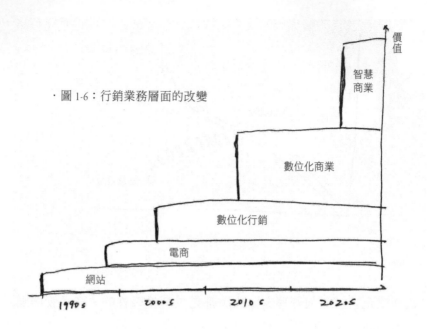

· 圖 1-6：行銷業務層面的改變

（Graham Waller）的《以數位為核心》[11]。

　　此圖顯示了網際網路和其他技術的發展，這些技術的發展促使行銷業務層面發生了巨大改變。讓我們重點強調一下這幾個主要階段：

· **網站：**第一個階段始於 20 世紀 90 年代，網際網路出現。隨著 HTML、瀏覽器和 HTTP 協議的發展，網際網路時代開始了。大量的網站浮出水面，每個組織都急於確保自己在數位化時代的地位。在早期，這些網站是靜態的，主要的功能是為公司的客戶提供資訊，而客戶本身卻無法在網站上進行任何交流。

· **電子商務：**2000 年，商業網站的出現，使客戶能夠進行操作、諮詢和接收定製的資訊。這個時代見證了組織和客戶之間的電子商務（B2C）以及組織間的電子商務（B2B）的出現。顯

而易見的好處在於，它不僅改善了服務、降低了服務費用，還加快了交易速度等。

· **數位化行銷**：隨著網際網路使用範圍的擴大，客戶漸漸習慣了在網站上進行電子商務。而隨著社群媒體的流行和行動網路的興起，組織意識到需要對不斷變化的網際網路做出必要的回應。他們不得不將注意力和行銷資源從熟悉的媒體（報紙、廣播、電視、看板等）轉移到新媒體，如社交媒體、數位新聞媒體、手機和商業網站等。

· **數位化商業**：網際網路的擴展促進了全數位產品的出現，如音樂、新聞、書籍、電影和地圖等。創新的數位平台使得 Airbnb、Uber、Apple、eBay、淘寶等公司建立起了客戶對客戶或者點對點（C2C 或 P2P）的直接聯繫。數位平台商業模式的迅速發展，數位業務範圍的不斷擴大，可能是以實體業務為代價的。今天，我們看到了批發和零售連鎖店在與 Amazon、阿里巴巴等電子商務巨頭的較量中面臨著嚴峻的挑戰。商場和網上的生意出現了此消彼長。

· **智慧商業**：從現今至未來，我們可能會看到越來越多的企業實現智慧經營：工廠在沒有人工干預的情況下工作；在自動化倉庫裡，一堆機器人在倉庫裡跑來跑去、儲存或提取產品；無人看管的自動化停車場。不久的將來，我們就會看到無人駕駛汽車、無人機、僅由少數工人操作的雲端伺服器群等等。我們正朝著自動化的未來邁進。除了這些功能以外，這些系統還可以相互學習、自動優化和互通互聯。過去我們只能在科幻電影中看到的這些神奇的事情，如今就發生在我們眼前。

那麼，為什麼數位化變革的概念最近這幾年才出現呢？自從第一台電腦出現在商業環境中以來，組織經歷了幾十年的數位化變革。任何資訊系統進入到一個組織都會促進發生改變，或者變革——有時甚

至是非常深刻的改變和劇烈的變革。例如，在一個組織實行企業資源管理系統（ERP，即企業資源規劃）是一項重大事件。這需要改變業務流程和部分員工的工作；為成百上千的員工提供培訓和指導；升級數據庫和提升數據收集能力以便收集以前沒有收集過的數據；有時還需要對組織進行重組。再比如，安裝新的計費系統對於一個地方政府部門來說是一件大事，需要更改相當一部分工作流程，包括從居民徵收所得稅和其他費用。家長透過網際網路和行動電話來為孩子登記入學，而不是到學校辦公室。一方面，這些變化達到了便民的效果；另一方面，也促進了公部門辦公業務流程發生改變。我們稱之為數位化變革 1.0。數位化變革 1.0 階段涉及到組織多年來所做的兩類主要變化：

- **主要業務變革：**這些是在引入新的數位化技術之後，業務流程發生重大改變。例如，啟動自動化倉庫將需要對組織的物流進行更改；在電信公司實施新的計費系統將導致工作流程的巨大變化；前面提到的，實施一個新的 ERP 系統需要在不同層面上做出改變等。
- **次要業務變革：**這些是在業務實踐中時時發生並日積月累的改變。例如，改進公司的網站，使網站實現行動端訪問並集成業務流程中的各種變化等。

圖 1-7 展示了以上變化的過程。組織多年來實現了這兩類變革。

那麼，現在又如何呢？為什麼幾年前，數位化變革這個詞突然出現並變得如此流行？這是由於這次變化的強度和速度與以往不同。我們決定將這一變革的第二波，也是相對較新的浪潮稱為數位化變革 2.0。我們可以將過去幾年中數位化變革 2.0 風起雲湧的緣由，分為四個主要類別：

① **技術：**我們正目睹著一波新的數位化技術浪潮，我們現在擁

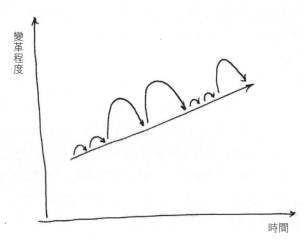

· 圖 17：兩類業務變革

有的技術，有許多是最近幾年才出現的。這些技術（AI、5G、IoT、3D 列印、虛擬實境、行動支付等等）在不久前還被認為是只會出現在科幻電影中的天方夜譚，而現在它們存在於現實中，**觸手可及**，任何組織都可以獲得並使用它們。它們使組織能夠開發創新型產品和服務，並實現創新的業務思想和模式。這在不久以前是根本不可能實現的。事實上，目前的情況表明，這波浪潮不會很快結束。

② **商業模式：** 新的數位化技術掀起了商業模式的創新浪潮。Uber、滴滴和 Airbnb 加快了共享經濟的發展。透過貸款俱樂部（Lending Club）、eLoan 和 Zopa 等公司發起網上集資。透過 Coursera、EdX、Khan Academy、Udacity、Future Learning 等網站開設大規模網路免費公開課程（Massive Open Online Course, MOOC），傳播學術知識的新模式已經出現。線上學習系統的功能也在改變許多傳統高校的教學模式。越來越多的課程開始使用所謂的「**翻轉**」學習，即學生在家裡而不是教室完成線上學習，並利用課堂時間與同學一起做練習和合作完成項目——而這以前都是放學後在家裡完成的。

許多課程已經開始使用混合教學的方法,將課堂授課和線上教學結合起來。書籍常以電子書的形式出版;音樂則多以數位音樂來製作和發行,並以每月訂閱量或收聽次數為基礎進行銷售;無線電臺透過網際網路進行廣播,使用按月付費或按次付費的模式。數位化技術使業務領域之間的界線變得模糊,導致像 Apple 這樣的公司從個人電腦製造商變成了其他領域的領導者,如提供音樂、營運應用程式商店、銷售手機和智慧手錶、放送電視節目、線上支付等。Amazon 是另外一個例子,它從一家圖書電子商務公司轉型為雲端服務等領域的領導者,並成為 Kindle 和 Echo 揚聲器等先進電子設備的生產商,Echo 揚聲器包括 Alexa 語音辨識和運行智慧家居的許多介面。該公司還生產能在多種作業系統上運行的 Kindle 電子書應用程式。這是一種全新的商業模式,正在廣泛影響整個商業環境,乃至整個經濟。

③ **客戶:**客戶步入數位化。他們樂於接受改變,並尋求娛樂、便利和高品質。他們期望無論何時、何地、在何種設備上(桌上型電腦、筆記型電腦、智慧手機或智慧手錶),所有類型的組織都能透過任何可能的管道(網際網路、電子郵件、社群媒體等)向他們提供數位化服務。由於在對服務或價格不滿意的情況下,客戶可以隨時更換供應商,所以他們對於品牌和組織的忠誠度要低得多。組織必須提升全方位的客戶體驗,否則將面臨被客戶拋棄而競爭對手取而代之的風險。可以說,現在掌握權力的是客戶。

④ **中斷的風險。**我們之前探討的數位化時代的達爾文主義現象,已經重創了那些沒有適應新環境的組織。Kodak、Nokia、Motorola、Blockbuster、寶麗來(Polaroid)、美國線上(AOL)等「一切照舊」的企業,被迫將舞台讓給了新一代的創新性數位化組織。而採取措施進行調整和適應的傳統組織,包括那些重新規劃業務方式和修改業務模式的組織,則繼續在新環境下前行。成功實現數位化變革的組織有 Starbucks、雀巢(Nestle)、Burberry、Codelco、思科(Cisco)、微軟和達美樂披薩等。包括(Walmart、麥當勞)和 Intel 在內的許多公

司，仍在為商業生存而奮鬥，試圖在新數位化時代取得成功。於此同時，像 Tesla 這樣的新興公司已經開始滲透進市場，它們的自動和數位化技術正對汽車行業的知名巨頭構成威脅。

所有這些重大的變化促使了「數位化變革」概念的出現。我們可以將現階段視為第二波數位化變革。歡迎來到數位化變革 2.0！

圖 1-8 展示了當今組織所處的轉折點。是選擇繼續進行數位化變革 1.0，還是選擇認真研究商業的新技術新方式，並開啟新浪潮——數位化變革 2.0，是你目前要做的選擇。

新一波的創新和數位化技術要求組織迅速做出調整，否則，將面臨淘汰。數位化時代的達爾文主義對那些無法調整自身以適應新時代的組織來說，是一個嚴峻的挑戰。顯然，數位化變革 2.0 是勢在必行的，而不僅僅是個看起來不錯的選擇。

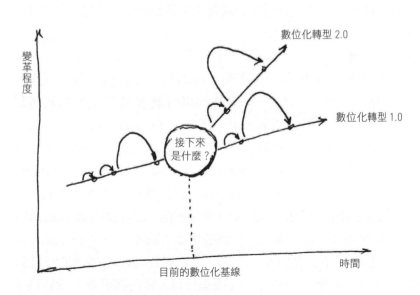

· 圖 1-8：數位化變革與轉捩點

案例：保險行業的數位化變革 2.0

為了闡明數位化變革的第二波浪潮，讓我們來看一個熟悉的行業：保險業。保險業被視為是一個保守的行業，它的運作系統和發展理念是多年來發展起來的。這個行業將風險轉化為精算科學。它的業務是銷售在風險發生時提供補償的保單，包括產險（車險、房屋險和商業保險等）、人壽保險、健康保險、個人人身意外傷害保險、職業責任保險和旅遊平安保險等。保險行業在多年前經歷了第一次數位化變革，所有的保險公司對所有業務實施了數位化技術後實行了新的業務流程：銷售政策——透過代理商或直接與客戶對接；理賠——保持與汽修廠、各領域專家、再保險公司的聯繫；基於大數據的智慧精算管理等等。

看起來，這些公司可以按照多年來習慣的方式進行數位化變革。然而，隨著第二波數位化變革的臨近，保險行業將不得不再次做出改變。我們將簡要介紹保險行業的幾個預期發展方向，而這些保險公司則應該即刻做好準備：

- **無人汽車**：許多研究表明，再過幾年（五到十年），全球將有約 1000 萬輛無人駕駛汽車行駛在公路上。包括通用（GM）、豐田（Toyota）、賓士（Mercedes-Benz）、BMW、富豪（Volvo）、奧迪（Audi）、比亞迪、吉利、蔚來等相當多的汽車製造商都在這一領域投入了巨額資金。而電動汽車領域的領先者——Tesla 則已經實現了自動駕駛。在 2017 年 11 月，Tesla 還推出了新一代電動卡車，充電一次可以行駛 750 公里，並實現了高度自動化。科技公司如 Google、Apple、Uber、來福車（Lyft）也加入了競爭行列。NuTonomy 是麻省理工學院（MIT）旗下一家初創的技術公司，專門開發無人駕駛汽車和移動機器人的軟體。該公司最初是在新加坡市中心營運無

人駕駛計程車服務的。Volvo 與 Uber 建立起了夥伴關係，他們在美國匹茲堡開展了一項實驗，探索無人駕駛汽車是否能在沒有司機的情況下搭載乘客。Volvo 的執行長在 2015 年表示，無人駕駛汽車製造商將不得不為其汽車可能造成的損害承擔責任 [12]。從保險行業的角度來看，這意味著什麼呢？傳統上，保險行業的風險計算是基於投保人的理賠歷史和駕駛紀錄。減少了人為犯錯的可能性，這很可能意味著更少的事故、更少的傷亡、更少的修車、更少的拖車、更少的用油和更少的污染，而這些只是無人駕駛汽車帶來的一小部分影響。

· **按需的短期保險：**一個意外因素在保險行業出現意味著短期財產保險的需求。Trov 是一家位於澳大利亞的公司，依照需求為吉他、昂貴的自行車、價值不菲的照相機、筆記型電腦等單件物品提供為期特定天數的保險。保險的開始和結束都是透過智慧手機來完成。一家名為 Slice Insurance 的美國公司為公寓、拼車和網路風險提供即時保險。客戶可以為在 Airbnb 上租賃的公寓進行投保，以彌補租戶可能造成的損失。客戶透過使用該公司的智慧手機應用程式，決定保險的開始日期與結束日期。每晚的費用從 4 美元到 7 美元不等，覆蓋的範圍比 Airbnb 的保單更廣，並且理賠也是透過數位化處理的方式。一家名為 Lemonade 的公司使用創新的數位模式提供零文書的家庭保險。Next Insurance 為小型企業提供保險，並透過數位化方式根據客戶的特定業務類型定製不同的保險，簽訂合約。所有這些保險技術公司都很好的補充並有可能顛覆現有保險公司的商業模式。

· **「基於使用」的保險：**一些保險公司為車輛提供基於使用情況的保險，也稱為「為你的駕駛買單」（Pay How You Drive 或者 Pay as You Drive）。保險公司的保險是基於車輛上的一個設備，該設備會向保險公司的電腦（主要是在雲端上）即

時發送車輛行駛的數據。該公司採用先進的數據分析管理系統對數據進行管理和分析，並給謹慎駕駛的司機提供很大的折扣。Progressive 公司使用一個名為 Snapshot 的程式來為不同的駕駛員的駕駛特徵提供不同的保單保費。而 State Farm 公司提供了一個名為 Safe & Save 的程式。前者是基於一個特殊的裝置，連接到汽車的數據適配器並直接上傳數據，而後者是基於安裝在汽車的信標（beacon）裝置，透過智慧手機藍牙連接，上傳行駛時間、行駛里程和行駛速度等數據。美國國際集團（AIG）在一些市場中提供了使用了類似程式的保險。

· **目標追蹤：** TrackR 和 Tile 兩個公司都開發出了一種硬幣大小的設備，可以附著在任何物體上面（汽車、鑰匙、手提箱、筆記型電腦、自行車、手袋或公事包等），並且可以透過行動裝置快速輕鬆地定位目標物體。隨著時間的推移，保險公司將透過給客戶提供折扣的方式鼓勵他們使用這些設備。

· **可穿戴式智慧裝置：** 許多客戶已經開始使用可穿戴式裝置（手鐲、手錶、運動鞋等），這些設備可以傳遞穿戴者的即時活動和健康狀態的數據。據推測，公司可以利用這些數據來鼓勵客戶改善並檢測自身的健康狀況。

· **網路：** 網路風險變得越來越重要。駭客造成的影響、網路服務中斷、雲端運算故障等都會給使用者造成巨大損失。除了保險公司需要進行自我保護之外，這個問題也可被看做是保險公司的一個商業機會。一些保險公司已經開始提供保險來應對網路風險。

· **大數據：** 處理和分析多樣化海量數據的能力，將使保險公司能夠對風險進行智慧分析，並制定出更智慧的保險產品和費率。

　　簡而言之，第二波數據變革正在逼近保險行業。公司必須學習、準備和組織新的商業技術和模式。那些不這樣做的公司可能會後悔不及。這只是一個行業的例子，我們也可以舉出許多其他行業的例子，如教育、衛生、零售、工業、採礦、航運、航空等。第二波浪潮不會放過任何一個行業。**正可謂「長江後浪推前浪」──因循守舊必將自取滅亡。**

　　技術創新浪潮的興起帶來了好消息、不太好的消息，也帶來了非常糟糕的消息：

- **好消息：**創新的數位化技術創造了各種新的商業機會，促使組織能夠接觸到世界各地的客戶，從而提供具備升級能力的創新產品（例如，客戶即使已經購買了 Tesla 汽車，也可以透過汽車軟體的無線升級，加入附加元件），為客戶提供優質的服務體驗；降低產品和服務成本；制定靈活、高效和智慧的業務流程；發展創新的商業模式，並對這些技術產生的巨數據分析庫進行創新利用，從而提升決策流程，提高業務洞察能力，甚至創造新的收入流。
- **不太好的消息：**組織為了從這些新的技術創新中獲益，必須改變一些最基本的經營理念，並使其適應新時代。組織必須成為數位化的核心，重新定義自己的經營方式，即密切關注自身的競爭優勢；研究和調整商業模式；重新制定和更新競爭戰略；適應並改變組織結構；調整與管理所有者利益相關者關係，即客戶、員工、商業夥伴、管理層和董事會之間的關係。換句話說，為了從新的技術創新中獲益，做出實質性的改變和適應是有必要的。眾所周知，沒有一個組織喜歡變化，因此，這些消息對一些組織來說是不容易消化的。
- **非常糟糕的消息：**數位化技術使敏捷的競爭對手，有時甚至是新成立的組織，完全瓦解現有的商業模式並迅速搶走客戶。

Uber、Airbnb、 位 智（Waze）、Netflix、Kindle、Amazon，
這些是我們前面提到過的例子。客戶可以在數位世界的競爭
對手之間快速切換。在大多數國家中可以發現，一旦法規允
許行動電話客戶攜碼更換供應商時，切換則變得簡單、快速
並受歡迎。

數位化組織的五種能力是什麼呢？ 5S 模式

組織應該追求什麼？當我們走向數位化的時候，會有什麼樣的
組織呢？針對這些問題，我們提出了數位化能力的 5S 模式。該模式
是兩項研究的結合，即 IMD 商學院和思科（Cisco）合辦的全球商業
轉型中心 [13]（Global Center for Business Transformation）的研究和波
士頓大學奎斯特羅姆商學院（Boston University Questrom School of
Business）的文卡特・文卡特拉曼（Venkat Venkatraman）教授在其著
作《數位矩陣》[14] 中的研究。該模式包含了五種特質，而所有特質的
名稱都以 S 開頭（作為與「麥肯錫（McKinsey）7S 模式」的呼應）。

① 敏銳（Sensing）：組織必須對商業環境的近期發展保持敏銳
和關注。組織必須即時監控自己所處的業務環境、進入或者準備進入
市場的新競爭者、組織中將要實現的新技術和潛在的技術，以及市場
中新出現的商業模式。組織在現代數位商業環境中不能滿足於現有的
成就，必須始終對正在發生的事件保持敏銳和關注。動態商業環境要
求組織迅速做出回應。

② 悟性（Savvy）——即做決定的能力：這意味著組織需要根據
資訊（即使只有部分資訊）做出決定，同時承擔一定的風險。組織必
須開發其在智慧應用和數據智慧分析領域的人才和能力，以便能夠在
高級業務分析的幫助下做出決策。這需要實現一種組織文化，這種文
化可以支持並鼓勵基於該分析的數據分析和決策（數據驅動下的決
策）。過去為人稱道的直覺與經驗已經無法應對數位化時代的挑戰。

③ **規模化**（Scale）——即形成規模化效應的能力：數位化組織能夠快速、高效地發展，並且毫不費力就能夠服務大量客戶。像 Google 這樣的公司由於能夠高效地處理查詢搜索而迅速發展。在 1999 年，它一年內處理了 10 億次查詢；而到了 2014 年，這個數字達到了 1 萬億次。Uber 剛開始時只有少數司機與其合作，並服務少數客戶。但該公司以驚人的速度發展，到了 2015 年，其每年服務數量超過了 10 億次。在之後六個多月的時間裡，此數字達到了 20 億次。2015 年底，Amazon 的活躍用戶達到了 3.04 億。而一個傳統組織是難以在如此短的時間內以如此的速度發展的。

④ **視野和焦點**（Scope and focus）：數位化組織能夠利用自身建立起來的數位化平台迅速擴展，並超越自身原有的領域。Amazon 快速從一個只專注於透過電子商務網站銷售圖書的組織轉變為一個在銷售領域無處不在的大組織；並且進入了更多領域，如雲端服務（AWS）、電子書（Kindle）、人工智慧的音箱等。Apple 能夠迅速開發出成功的數位產品，並透過 Apple Store 迅速轉型為音樂和應用程式領域的巨頭，而且還進入電子支付（Apple Pay）、智慧手錶（Apple Watch）和車載娛樂作業系統（CarPlay）領域。平安集團除了做與其傳統業務相關的保險方面的技術之外，也迅速進入了金融科技、物聯網等領域。與傳統組織一般透過緩慢擴張進入相似領域不同的是，數位化組織行動迅速，並將其視野範圍擴展到全新的、不同的和創新的領域。

⑤ **速度**（Speed）：基於軟體的數位化組織能夠做出快速的回應，並以最快的速度擴展業務。他們與數以百萬計的客戶聯繫在一起，清楚客戶對什麼感興趣，反應速度非常快。Tesla 開發了一款由各種軟體構成的電動汽車，該公司可以透過直接發送到汽車上的軟體進行升級（雲端下載技術），迅速為其汽車增添附加組件。安卓（Android）作業系統和 Apple 的 iOS 作業系統都可以透過給正在運行其軟體的智慧手機添加新功能實現升級換代。一個沒有基於軟體產品的組織，不

可能擁有那種靈活性和速度進行更新，有時甚至根本無法更新。組織必須培養快速決策的能力。一般情況下，專案在提供一個產品兩三年後將不再適合數位化時代。組織必須分階段地思考問題，必須在產品完全成型之前發佈一些產品（最小可行性產品 Minimum Viable Product），並且要有迅速的發展速度和對相關內容的持續關注。有些人稱之為「快速失敗機制」（Fail Fast）。組織如果發現先前計畫不成功，必須學會馬上放棄它們，因為創新常常會有失敗。

當像 Netflix、Airbnb、Uber、阿里巴巴、Amazon、臉書（Facebook）、微軟、Apple、Google、平安、騰訊、頭條這樣原生的數位化公司出現時，傳統公司正在傳統、文化、現有市場和資產等的重壓下苦苦呻吟。而這正是許多一流組織需要面對的挑戰。

受數位化變革影響的領域

認識到數位化變革影響領域的多樣性是理解數位化變革現象的一個重要方面。顯而易見，數位化變革已經並且應該對客戶體驗產生影響。但是，這是唯一或主要受到影響的領域嗎？答案當然是否定的，數位化變革影響的領域非常廣。

每個組織在制定其數位化路線時，必須進行系統的檢查，不要分心在所有方向上。問題在於需要一個檢查清單，使組織能夠系統地檢查所受到的影響，接著做出明智的決定，需要去檢查哪些領域，而哪些領域與此無關。圖 1-9 展示的模型可以用作檢查清單。

麻省理工學院數位商業中心（MIT Center for Digital Business）與凱捷管理顧問（Capgemini Consulting）聯合開展了一項名為「數位化變革：十億美元的企業路線圖」[15] 的研究。這個模型也在喬治‧韋斯特曼、迪迪埃‧邦尼特（Didier Bonnet）和安德魯‧麥克菲的一篇題為「數位化變革的九要素」[16] 的文章中出現，該文章於 2014 年在《斯隆管理評論》（*Sloan Management Review*）上發表。這篇文章

提出了三類影響領域，並在九個標題下加以闡述。我們把這個模型簡稱為影響領域的韋斯特曼模型（The Westerman Model of Areas of Impact）。

　　該研究發現了九個主要的影響領域，研究人員將其分為三類，每一類都列出三個主要的影響領域。圖 1-9 展示了麻省理工學院開發的模型。

　　我們將簡要地回顧這三種主要類別中的每一種，以及它們所列出的三種影響領域。

使用者體驗	營運過程	業務模式
用戶理解 ・基於分析的細分 ・成立社群提供服務支援	**流程數據化** ・績效改進 ・新特點	**數位調整業務** ・產品／服務細分 ・由實體層面向數位化過渡 ・數位包裝
頂線增長 ・強化數位銷售 ・預測行銷 ・簡化顧客流程	**員工使能** ・任何時間地點都能工作 ・交流更廣泛、更快速 ・社區知識共享	**新的數位化業務** ・數位化產品 ・重塑組織邊界
消費者接觸點 ・顧客服務 ・跨通路一致性 ・自助服務	**績效管理** ・營運透明 ・數據驅動的決策制定	**數位全球化** ・企業整合 ・重新分配決策制定權 ・共享數位化服務
整合數據＆過程 分析能力	數位化能力	資訊技術整合 ＆解決方案交付

・圖 1-9：影響領域的韋斯特曼模型

使用者體驗

本類別討論的是數位化變革對組織與其客戶之間的關係以及客戶體驗的影響。這是企業開啟數位化之旅的主要領域之一。這方面的三個主要領域是：

① **瞭解客戶**：數位化技術使組織能夠更瞭解客戶群，並從地理位置和客戶類型兩個方面清楚地瞭解服務的客戶群體。商業分析是瞭解客戶、做出預測、分析趨勢和創建目標行銷活動的主要引擎。一些組織使用分析工具來檢查在不同情境下，不同部門的客戶首選的溝通管道。例如，他們會針對不同的情況（如天氣、一天中的時間等）來考查價格的敏銳性。組織使用社群網路，並根據客戶的興趣創建不同領域的客戶社團。他們將這些社團作為一個平台，可以為人們提供建議和支援，並且建立客戶之間的交互關係。

② **頂線增長**：組織使用數位化工具幫助其銷售人員管理客戶關係；提高從潛在客戶發展到銷售物件的轉化率；提高交叉銷售和增銷的數量。為了給每一個客戶量身打造個性化的客戶體驗，他們使用推薦引擎，根據客戶的個人數據和最近的購買行為生成個性化的推薦。這一領域的創造力是無限的，人們可以看到組織對這些數位化應用程式的使用與提高銷售額、收入和利潤之間的直接聯繫。

③ **客戶接觸點**：組織與客戶之間的聯繫可以透過使用數位化技術提供的各種新管道來改善。例如，組織可以開通一個推特（Twitter）、微博或微信帳號來應對客戶的投訴；使用社群網路來瞭解人們新的思想動態；每次有一個相關事件發生時，透過短信或者 WhatsApp ／ 微信的方式給客戶發資訊（如當客戶的交易帳戶超過指定金額時）；並讓客戶在桌上型電腦、筆記型電腦、智慧手機或平板電腦上可以查詢自己的帳戶。豐富的管道使組織能夠根據每個人的需求創造出良好的客戶體驗。

營運過程

　　這一類別透過使用數位化技術處理營運流程和組織價值鏈的變革，這些技術為每一個業務流程提供了關鍵的基礎設施。這類影響的三個主要領域是：

　　① **流程的數位化：**數位化技術使大多數業務流程實現自動化，促使員工能夠完成更有價值的任務。向數位化業務流程轉換通常會帶來更高的效率、更快和更好的表現、更低的成本，並在流程轉換方面更具靈活性。數位化過程產生的大量數據，透過使用分析工具，可以用來分析營運行為並使其更加有效。圖 1-10 展示了數位化過程中的業務流程是如何進行分析和提升的。對於數位化技術支援的數位化流程，性能會隨著時間的推移而提高。組織學會以數位化的方式來執行流程，就可以相對輕鬆地進行更改和改進。相反的是，手動執行的業務流程通常會隨著涉及到的人員數量的增加而惡化，變得不那麼靈活和多變。

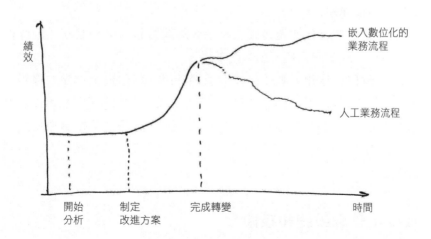

· 圖 1-10：數位化與手工業務流程的表現對比

② **給員工賦能**：數位化技術（例如中文的語雀、ONES；英文的 slack 甚至 github 等）透過支持更大的協作、更強的連續性、更快和更有效的組織知識管理和傳播，以及知識管理系統和組織或部門門戶和維基百科等協作工具的實現，來賦予員工能力。由於員工和管理者之間協作能力的提高，所以這些都可以極大地提高組織的生產力。

③ **績效管理**：數位化技術使組織能夠連續和有效地創建並改進即時運行的關鍵績效指標，以及基於這些指標的決策過程。數位化技術可以創建管理儀表板，進而使管理人員能夠監控性能並即時對異常情況做出反應。

商業模式的變革

這一類別討論了數位化技術改變組織商業模式的潛力。這類影響的三個主要領域是：

① **數位化改良後的商業模式**：組織可以使用數位化技術改進和提高其產品、服務和商業模式的性能。數位化技術可以集成到商業模式的所有構建模組中。

② **新的數位化商業模式**：除了允許開發新產品和服務，數位化技術還可以成為商業模式創新的基礎。

③ **數位全球化**：數位化技術透過利用全球化擴大組織的邊界，使組織能夠進入新的市場。如今，任何一個城市的小企業都可以透過網際網路將產品銷售到世界各地，並透過物流公司（如聯邦快遞、UPS 或順豐）將產品發送給客戶。這樣，客戶第二天就可以在家收到該產品。

數位化基礎設施和技術

數位化變革的所有潛力及其九個組成部分在很大程度上取決於組

織的數位化技術和基礎設施。這些技術必須在以下若干領域中得到展現：

①　**整合的流程和數據：**數據變革的關鍵基礎設施使在業務中的各個單位實現了統一的業務流程，並以共用的、整合的和高品質的數據為基礎。大型組織通常會使用模組化的穀倉結構（silo structure）進行運作，每一個單位執行不同的流程；而他們都是以自己的數據來開展工作，這樣可能會與其他業務單位所使用的數據形成矛盾。而客戶的資訊有時分佈在不同的應用程式和系統之間，在某些情況下會增大矛盾。數據的整合和優化處理是成功進行數位變革的必要條件。在不同的業務單位之間劃分的數據很可能會成為數位化變革的障礙，組織在這個領域的投資是很有必要的。

②　**解決方案的交付：**許多組織的 IT 部門都使用經過驗證的軟體發展方法來進行操作，這些方法是相對穩定和緩慢的（瀑布開發模式）。為了在數位化時代取得成功，這些部門必須使用快速而靈活的方法和操作過程（例如「敏捷」和 DevOps 的開發方法）。有些 IT 部門採用的是一種混合的方法：一部分系統使用比較舊的開發方法；而那些涉及到前端應用程式的系統，特別是處理客戶管道的系統，則使用「敏捷」的方法開發。加特納將這種方法稱為雙模態 IT（Bimodal IT）開發方法。

③　**分析功能：**在數位化時代，組織分析處理數據（包括內部數據和外部數據）的能力已經成為獲取成功的關鍵能力之一。組織必須加強這些能力，以便能夠快速地將數據轉換為有價值的資訊和見解。

④　**業務／IT 的集成：**數位化變革需要各個業務部門和 IT 部門之間的集成和強大而又高質的合作。沒有這方面的深入、密切的合作，將難以應對數位化變革的挑戰和推進數位化變革。組織必須投資開發這種集成，並且創建聯合工作團隊，使用高級而且透明的需求管理系統、清晰而透明的性能指標和服務水準協定（Service Level Agreement, SLA）等等。

綜上所述，韋斯特曼模型的影響領域描述了透過數位化技術進行商業改進而出現的各種問題和機遇。而且顯而易見的是，這種巨大的改變涵蓋了非常廣泛的領域。組織在制定數位化路線圖之前，必須瞭解這種潛力。瞭解這種潛力，也將使它能夠為其實施和計畫分階段工作確定優先次序。

組織應對數位化時代的準備水準

顯而易見，即便數位化變革並不是什麼新鮮事，即便許多組織早在幾年前就已經開始了數位化之旅，但是依然有許多組織沒有準備好進入數位化時代。麻省理工學院資訊系統研究中心（MIT Center for Information Systems Research）進行了一項研究[17]。

他們的研究試圖闡明企業對數位未來的準備程度。他們從兩個維度深入研究組織的準備情況：組織為客戶提供了什麼樣的數位體驗，以及公司的業務流程有多高效。

該研究將組織分為四個象限，突出了組織特徵是如何促進組織為數位化時代做好準備的。該研究負責人沃納（Woerner）和威爾（Weill）定義了四個象限中的關鍵屬性：

① **穀倉和複雜的：**這些組織的數位化系統不是整合在一起的，非常複雜，以至於有一種這些組織是以產品為中心而不是以客戶為中心的感覺；數據在不同系統之間進行分割，而且存在大量的重複數據；這些組織為了應對數位化時代的挑戰，不得不進行「英雄史詩般」非凡和非常複雜的開發活動。

② **工業化的：**這些組織能夠以模組化的方式開發產品和服務，並採用一種隨插即用的方式；他們的數據在不同的平台之間實現共用和集成。這些系統不夠靈活因此通常只有一種方法來執行給定的任務。

③ **完整的體驗：**儘管在後台，它們的業務流程非常複雜，而且並不總是有效的。但是這些組織提供了良好的、完整的客戶體驗。這

些公司還為客戶提供先進的行動應用。

④ **為未來作好了準備**：前瞻未來的組織已經為數位化時代做好了充分的準備；他們由於具有創造性和高效率，所以能夠以相對較低的價格提供產品和服務。他們是非常敏捷的組織，可以為客戶提供高品質、先進的數位化體驗。這些組織還很重視行動應用程式。他們將數據視為一種戰略資產，因此他們能夠使用一種集成的方法來很好地管理數據。

圖 1-11 總結了研究結果。每個象限的右上角顯示了調查企業在特定象限中的百分比。

值得注意的是，大多數組織（51%）處於非集成和複雜的象限中，這意味著這些組織還沒有為數位化時代做好準備。調查中，只有大約

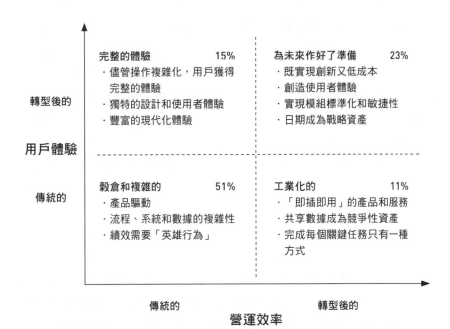

·圖 1-11：四個象限中的關鍵屬性

四分之一（23%）的組織做好了充分的準備。其餘的組織或多或少處於準備階段。儘管大多數組織的管理層都在討論數位化變革的問題，很多組織完全沒有做好應對數位化挑戰的準備。

　　該研究還討論了這些尚未做好充分準備的組織需要採取的步驟，以便為未來做好準備：

　　① **路徑** 1：首先進行標準化。一種可能性是這些組織投入大量的資源，然後將其系統轉換為標準系統；繼而相應地更改業務流程；對數據的標準化進行投資（消除重複、提高數據品質，並將其轉換為所有應用程式的共用數據）。這條道路的意義是：首先過渡到「工業化的」的象限，然後是「為未來作好了準備」的象限。這是一條漫長、複雜且代價高昂的道路，甚至有時候，組織中的這些系統將會進入無法繼續使用的狀態，進而無法支援先進的數位流程和解決方案。

　　② **路徑** 2：首先提升客戶體驗。另一種可能是這些組織投入大量資源來提升並實現集成的用戶體驗，並在這一點的基礎上過渡到「為未來做好準備」的狀態。這些組織可以將資源投入到開發應用程式來改善客戶體驗和行動應用程式，並建立客戶客服中心和開發工具來加強客戶管理。儘管在業務流程和非集成數據中存在困難和挑戰，但是他們可以優先提高客戶體驗。他們可以逐漸轉換核心系統，並最終過渡到面向未來的狀態。

　　③ **路徑** 3：集成步驟。這些組織的第三種可能是採取適度的向前和向後的步伐，改進某些業務流程，然後改進客戶體驗等等。這條路徑由於需要更改核心系統，所以也是資源和風險密集的，因為要改變核心系統，並立刻開放給客戶。執行這些集成的過程最終將使組織更接近於「為未來作好了準備」這個象限。

　　④ **路徑** 4：建立一個新的組織。有時候，新系統替換現有系統的挑戰過於巨大和昂貴，以至於組織必須選擇一種不同的路徑。他們可以選擇建立一個新的組織，在新舊系統並行的情況下優化和使用新的系統。這樣就可以有創新的商業實踐，並快速提供高品質的客戶體驗。

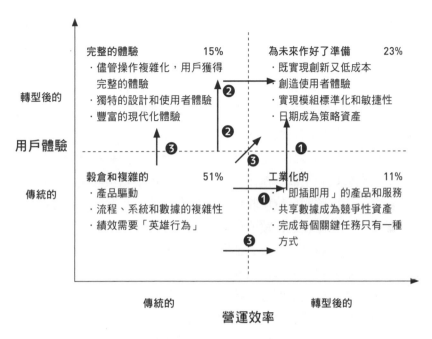

· 圖 1-12：二個轉移路徑

圖 1-12 描述了前三個轉移路徑。

　　組織的管理層必須檢查這些替代方案，並決定使組織從當前定位轉換成「為未來作好了準備」的狀態。總之，特別是對大型、客戶密集型、資源密集型和產品密集型的組織來說，轉換是複雜和具有挑戰性的，會涉及到許多風險。這對於組織來說是一個策略考量，因此它必須仔細考慮每種選擇的意義，並做出最終決策。

　　顯而易見，之所以大約一半的組織仍然沒有為數位時代做好充分準備，是因為組織需要應對調整業務系統和流程的挑戰。組織越大，面臨的挑戰就越大。

案例：公共部門

多年來，我們遇到的一個比較特殊的問題就是：公共部門（政府、地方部門、非盈利組織等）是否也必須進行數位化變革。該行業不參與競爭，這樣也就不存在數位化顛覆的風險。由於政府部門或地方單位在自己的領域是壟斷的，所以沒有任何商業組織能夠威脅到他們的存在。人口和移民的主管機構將繼續發行身分證和護照；稅務機關將繼續從公民和組織那裡徵稅；地方政府則繼續徵收個人所得稅、負責教育、街道照明、垃圾收集、提供自來水。那麼，為什麼公共部門還必須投入資源去進行數位化變革呢？

我們的基本觀點是：公共部門也必須經歷一場數位化變革。市民期望中央和地方政府能為他們提供高品質的服務，並達到類似於企業所提供的水準。公共部門必須始終朝著精簡和高效的方向努力，數位化變革可以幫助它們實現這個目標。

忽視這一行業的獨特挑戰將是錯誤的，這些挑戰會放慢數位化變革的速度，使其變得更複雜。數位化變革有一些過程非常複雜，在某種情況下會涉及到多個政府部門或者當局。想像一下一個新企業獲取營業執照的過程，根據所在國家，可能需要獲取經濟部門的許可，並根據業務類型，還可能需要衛生部、警察局、消防局、地方當局等的許可。這裡還有另一個例子：取得建築許可證的程序，這會涉及到內政部、營建署、地方地區規劃委員會、環保署、交通部門等。

需要注意的另一個點是，公共部門的一個特點就是會有很多層級（有許多委員會等），因此公共部門的首長必須與其員工合作進行改革，以解決計畫中的改革會對雇員產生的任何影響。除此之外，由於有許多關於投標和招標的法律，所以採購會更加緩慢和複雜，也會涉及到與採購委員會和監管委員會等之間的很多官僚流程和繁文縟節。害怕失敗的文化，以及擔心來自政府監管實體的潛在負面報告，「承擔風險」一詞在這些組織中沒有任何話語市場。在公共部門中，招聘

會比較緩慢，也涉及到強制性的職位招聘和公務員續約委員會的指導。在這一部門進行組織改革需要得到管制機構的授權並與他們進行討論（例如，財政部、公務員事務委員會，甚至很可能是中央政府一級的決策或立法修正）。

　　儘管存在上述的挑戰（我們後面還會看到更多的挑戰），公共組織也必須經歷數位化變革，並應該將其視為一個改善公民服務的機會。讓我們簡單回顧一下主要原因：

　　① **更方便的服務與更少的官僚作風**：人們已經習慣了從企業組織那裡獲得高品質、高效率的服務。很難向別人解釋為什麼只需要打開筆記型電腦或智慧手機就可以得到各類銀行服務（醫療服務或其他服務），而不是必須親自前往政府部門，接著排很長的隊伍才能得到他們所需的服務。許多公部門的服務處可能甚至缺乏智慧排隊管理系統，迫使人們為了排隊而像沙丁魚一樣擠在一起。為什麼普通公民不能以高品質、順利、有效和迅速的數位化方式獲得公共部門提供的各種服務呢？公眾希望政府部門所提供的服務水準能夠與企業齊平。

　　② **提供服務的成本**：政府部門有義務為公眾提供服務，但是這種服務的成本可能太高了。辦公大樓的租金和眾多員工的薪資提高了面對面服務的成本。以英國政府數位化服務 GDS 為例，該機構詳細研究了各種管道向公眾提供服務的成本。他們發現透過電話客服中心提供同樣的服務成本是數位化服務的 20 倍，郵政服務成本則是數位化服務的 30 倍，而實體辦公室接待時間是數位化服務的 50 倍。其他國家和地區也有類似的情況。香港特區各級政府部門在技術完全可以實現無紙化的前提下，仍然在很多時候堅持用傳統的紙質郵件辦公，因為這樣顯得更加正式。這清楚地告訴我們：將公共服務轉為數位化服務可以節省大量成本，這樣可以更加明智地使用納稅人的錢。

　　③ **關注公民個體**：數位服務可能可以突破現有各個政府部門之間的壁壘。目前，在許多情況下，一個公民會為了得到一個完整的服務而被迫穿梭在各個政府部門之間。公民必須帶著文件夾去往多個辦

事處，有時還需要填寫各種表格，「化身」為各個辦事處之間的「整合者」。而數位化能從服務接受者的角度創建整個透明的工作流程，這樣一來，接受者甚至不需要知道哪個部門正在處理他們的請求。這體現了以公民為中心的理念，一些政府實體在發展數位化服務時就採用了這一理念。英國的一個新網站 gov.uk 將這種方法作為基礎架構並囊括了所有政府服務。公民並不需要知道哪個部門或當局提供服務。該網站允許個人請求服務，並在許多情況下以數位化和透明的方式接受端對端服務。香港政府也允許辦理了數位認證電子簽名的使用者在網上提交諸如更新駕照、註冊公司等的業務，使得公民能在一個網站直接和十幾個政府部門對接。

④ **縮小社會差距**：透過數位化服務這個管道，可以縮小社會差距並確保為所有市民提供同等水準的服務。無論地理位置（中心或者周邊）、宗教、族群，或居住地與某一特定政府部門的辦事處相距有多遠，服務品質也是相同的。

⑤ **面向公眾的先進數位化產品**：數位化變革不僅僅涉及到數位化服務。它還可能極大地改變公共部門向公民提供的許多產品，包括教育、衛生、福利等等。例如，教育系統中的兒童可以從教室中的先進數位化內容中受益（數位圖書儲存在一個特殊的教育雲端服務中，兒童可以在任何地方閱讀）。公共衛生系統可以提供遠端醫療服務，如諮詢專家或傳遞檢測結果或處方，而患者不必親自前往診所或醫院就診。

許多政府已經認識到在公共部門推進數位化問題的重要性和必要性，並設立了負責國家一級數位化變革的特別辦事處。你可以在英國、美國、加拿大、澳大利亞、紐西蘭、愛沙尼亞、韓國等國家找到這些新的政府組織。

你的組織需要的不是數位化戰略

　　麻省理工學院的韋斯特曼博士在《麻省理工斯隆管理評論》上發表了一篇文章，題目是「你的組織不需要數位化戰略」[18]。韋斯特曼認為，組織需要的不是**數位化戰略**，而是適應數位化時代的**商業戰略**，我們想強調一下這一點。許多組織在開始處理數位化變革問題時，過於強調數位化（即技術），而對變革（即與組織和業務相關的變更部分）重視程度不夠。這是一個錯誤，如果它促使組織專注於錯誤的事情，可能會給組織帶來巨大的損失。**數位化變革的最大挑戰是組織本身必須經歷的變革**。技術本身並不能給組織帶來價值。只有當組織因新技術而改變其商業模式時，技術才能帶來價值。這一點很重要，應在定義數位化變革的期望和目標時加以考慮。

　　在這篇文章中，韋斯特曼博士提供了幾個組織例子。這些組織清楚這一原則，並將技術作為新的商業流程和模式的基礎，並專注於為客戶帶來價值。為確保數位化變革的正確實施，他提出了一些組織應該注意的問題：

　　① **組織必須避免對技術或組織結構的局限性思考（穀倉思維 silo thinking）**。組織不應該從移動戰略、分析戰略、數據分析戰略等方面進行思考。這種思維是碎片化的、技術決定論的。組織應該考慮到在新的行動技術能力下，如何改善商業模式；以及在新的數位化和分析能力下，如何改善客戶的服務並提高價值。

　　② **組織應該避免步子邁得太大太快**。數位化變革並不一定意味著鼓勵組織使用最具創新性的新技術，或者進入尚未累積足夠經驗的新領域。人們很容易想到無人駕駛汽車、基於人工智慧的自動自助服務等等。組織可以在改進更簡單、風險更小的事情中發現很多價值。

　　③ **不要讓技術經理獨自領導數位化變革**。數位化變革是一個組織和業務變化的過程。只有非常瞭解業務方面並且對技術創新持開放態度的經理才能領導這些變化過程。這並不意味著 IT 部門經理沒有

資格領導這個過程，如果這個經理有很強的商業思維，並且熟悉商業和商務流程；那麼他或她就可以領導這個過程。他們必須學會與各個業務部門密切合作。為了更深入地探討這個問題，我們將在後面章節進行專門的討論。

④ **組織必須培養管理者的領導能力，而不僅僅是技術能力**。因為在新技術能力的使用下，數位化變革首先在於組織和業務變化；所以，更重要的是，高級管理人員首先需要有創新和領導能力，特別是領導重大變革的能力，其次才是強大的技術能力。

結論：數位化

在這一章中，我們試圖回答經常遇到的問題，如「數位化意味著什麼？」。從我們的講述中可以發現，**實施數位化**的意義非常廣泛，幾乎涉及到一個組織的所有活動。例如，組織提供的產品或者服務、內部業務流程的執行、決策過程和商業模式。

在任何情況下，我們都不能僅僅關注技術問題。討論必須是廣泛的，並從組織的角度考慮許多問題，如流程、業務處理方式、決策的制定、變更流程本身以及組織的人力資本。

組織要實現數位化，必須做好準備，並願意踏上重大變革之旅。每個組織的數位化之旅都需要計畫和聚焦，保證資源配置、準備大量的預算以及決心、從最高層領導數位化的貫徹執行。隨著時間的推移，一個組織必須解決轉變為數位化組織時遇到的挑戰。這不是一個爆炸性的事件，它也許會伴隨著許多異議，但最終是必須成功的。

數位變革在不同組織裡的不同特性來自於組織運作的大環境和特定的行業，其可支配的資源，所面臨的挑戰以及數位化旅程的獨特起點。

每個組織都必須踏上這段獨一無二的旅程。

● CHAPTER 2

數位化技術：歷史回顧

自從 2000 年以來，數位化技術成為超過一半世界五百強企業破
產的罪魁禍首。
——南佩得（Pierre Nanterme），森哲諮詢公司的執行長

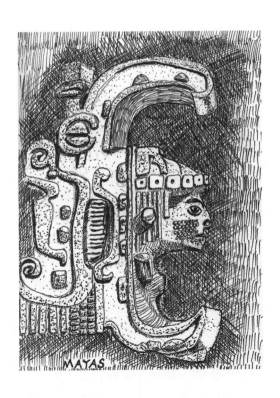

引言

本章簡要回顧了 20 世紀 50 年代中期商界數位化技術的發展（電腦技術在更早的時候出現在學術和軍事領域）。

商界數位化技術的發展印證了 Intel 創始人之一的戈登・摩爾博士（Dr. Gordon Moore）的預測。1965 年，他在接受一家電子雜誌採訪時預測道，積體電路（電腦中央處理器的核心）中可容納的電晶體的數量將以每 1.5 年翻倍的速度增長 [1]。後來，這個預測被稱為摩爾定律（Moore's Law），它得到證實並體現在我們今天所瞭解的電腦中。在我們周圍的所有非數位化技術中，沒有任何一項技術的發展速度可以超越積體電路的發展速度。

數位化技術是從大型而相對昂貴的電腦發展起來的。後來，隨著軟體的微型化發展，數位化技術漸漸滲透到數十億人的個人生活，並產生了巨大影響。

麻省理工學院媒體實驗室的創始人尼古拉斯・尼葛洛龐帝（Nicholas Negroponte）出版了他的權威著作《數位化生存》[2]。這本書探討了數位化技術對我們社會生活、工作和商業的影響；強調了比特和原子之間的差異；在數位化時代下，人類的生活不再受制於時間和地點；以及人與人之間的非同步通信（電子郵件、電子語音郵件和手機簡訊）的轉變。尼葛洛龐帝將網際網路看做重要的社會基礎設施，並討論了數位生活將如何改變人們的學習、購物和消費方式。他預測，人與電腦之間的接觸面將轉向觸控和語音辨識系統。2007 年，iPhone 推出了觸控介面，證實了他的猜想。隨後又推出了語音辨識系統，例如 Apple 的 Siri、微軟的 Cortana、Google 的 Google Now、Amazon 的 Alexa 等個人助理，以及 IBM 的 Watson 認知計算平台等。

尼葛洛龐帝 1996 年的預言在如今的世界裡不斷成為現實。我們想一想年輕人現在生活、學習、休閒、消費、駕駛以及人際交流的世界。這個世界是他們唯一知道的世界，他們的青春期幾乎都是

在這一個數位的虛擬世界裡，被 Facebook、Instagram、WhatsApp、Google、Twitter、維基百科、Snapchat、領英（LinkedIn）、Waze、微信、抖音、優酷、知乎、小紅書等包圍著。他們在 Amazon、阿里巴巴、eBay 和京東、拼多多等電子商務網站上購物；在 YouTube、優酷、騰訊影片、愛奇藝和 Netflix 上看電影；在 Spotify、Apple Music、Pandora、騰訊音樂、網易音樂等平台上聽音樂；在 TuneIn Radio、喜馬拉雅、蜻蜓等應用程式上收聽廣播，這類應用程式可以透過網際網路播放世界各地的音樂和廣播電台。年輕人們透過 Kindle 和 iBooks 來閱讀書籍，並透過智慧手機和平板電腦上的應用程式瞭解新聞。小學一年級的學生已經開始透過線上學習系統來做作業。

除了數位化時代的優勢之外，尼葛洛龐帝還提出了這個時代面臨的挑戰：智慧財產權的不恰當使用、侵犯隱私、數據破壞、間諜活動等等。不幸的是，這些風險是當今數位化的一個組成部分，組織需要在應對數位化環境下的網路挑戰上投入越來越多的資源。

數位化技術不僅滲透到我們的個人生活，而且還在商業環境中迅速傳播，並從根本上改變了商業環境。這些技術改變了組織開展業務和管理客戶關係的方式、產品數位化擴展的方式、組織與供應商和業務夥伴的合作方式、全球不同辦公地點之間的聯繫和溝通方式、組織生產產品和管理供應鏈的方式、商業模式以及組織獲取價值和收入的方式，決策也越來越受到數據的影響。

克勞斯・施瓦布（Klaus Schwab）教授恰當地描述了從體力到腦力的轉變，他是世界經濟論壇（WEF）的主席，而 WEF 是世界上最重要和最有影響力的論壇之一。施瓦布著有《第四次工業革命》[3] 一書，而 2016 年的達沃斯世界經濟論壇的主題就是第四次工業革命。論壇的嘉賓有各國的政治領導人、規模最大和最具創新力的企業執行長以及學術圈有影響力的學者等。第四次工業革命，即數位化革命，比前三次革命的影響力更大。第一次革命：蒸汽機、軋棉機和火車出現；第二次革命：帶來了大規模生產和電力網；第三次革命：是資訊

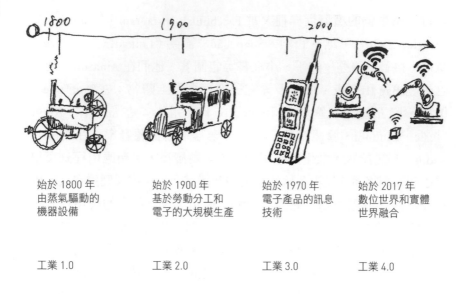

始於 1800 年 由蒸氣驅動的 機器設備	始於 1900 年 基於勞動分工和 電子的大規模生產	始於 1970 年 電子產品的訊息 技術	始於 2017 年 數位世界和實體 世界融合
工業 1.0	工業 2.0	工業 3.0	工業 4.0

· 圖 2-1：四次工業革命

技術、大型電腦、個人電腦、網際網路和行動裝置的革命。

施瓦布認為，**第四次革命，即數位化革命**，是集奈米技術、大腦研究和醫學、材料科學、3D 列印、無線電信網路、人工智慧和機器學習、數據分析、機器人技術以及日益增長的計算能力等多個領域的產物。第四次革命帶來的技術發展是前所未有的。這個世界上最負盛名的經濟論壇決定將討論重點放在數位革命上，就說明了這一點。（圖 2-1）

數十億人可以用上數位化技術，促進了人類歷史上前所未有的創造力和創新浪潮的出現。在數位革命下，包括公共機構政府部門在內的各行各業的商業模式都發生轉變，並將不斷實現重大轉型。

數位化技術發展的三個階段

在我們的數位漫遊之旅中，將數位化技術的發展分為以下三個階段。這個劃分是基於路易士・拉穆勒（Louis Lamoureux）的《實施正確的數位化》[4] 一書。

- **第一個數位化時代，涉及到了流程的電腦化，**大多數組織都實現了這一點。
- **第二個數位化時代，將新技術融入到產品和客戶關係中，**這一時期對組織的影響因人而異。
- **第三個數位化時代，技術的融合帶來了量子飛躍，**這一時期的影響力突出表現在 Google、微軟、Faccbook、騰訊和阿里巴巴這樣的商業巨頭上，以及那些試圖顛覆仍處於第一或第二個數位化時代組織的初創企業。

第一個數位化時代

這一時期開始於 20 世紀 50 年代中期，持續了大約 45 年，並在 20 世紀末網際網路開始普及為結束。第一個數位化時代是屬於 IBM、惠普（HP）、Digital、Intel、微軟和 Apple 等公司，這些公司發展速度很快。這個時代的數位化技術側重於商業組織，其效用主要是透過它們對商業效率的貢獻來衡量。第一個數位化時代的主要技術有：

- **大型主機和微型電腦：**大型主機進入商業環境和開發商業應用程式、程式設計語言（最顯著的是 COBOL）開啟了第一個數位化時代。在此期間，組織的開發主要涉及了相對簡單流程（會計、庫存、人事、工資等）自動化的商業應用程式。
- **個人電腦（PC）：**個人電腦將電腦化帶到了每一個家庭、辦

公室和桌面。個人電腦最初是為個人用戶提供生產力工具（文字處理、試算表、簡報軟體等）。後來，他們被連接到區域網路，然後是全球網路，促進了電子郵件和電子日曆等社群軟體的傳播。

- **區域網路**：從小組織到大群體，這些網路使個人電腦之間的連接和通信成為可能。

- **網際網路和 TCP/IP 協定**：全球的網際網路在標準協定下與不同類型的電腦連接，它是當今數位化革命的主要全球基礎框架。

第二個數位化時代

這一時期開始於 2000 年左右，並持續了大約 15 年。以 SMAC（社群、行動、分析、雲端）技術的出現為顯著特徵。

第二個數位化時代的重心從商業組織轉移到消費者和客戶，他們開始掌控著消費節奏和需求。在這一時期，消費者的消費期望急劇上升，促使組織開發人性化的應用程式，並可以滿足他們隨時隨地訪問的需求。第二個數位化時代的主要技術有：

- **社群媒體**（Social）：這些網路使人們和組織可以透過網際網路在虛擬環境中進行交流。Facebook、LinkedIn、Twitter、YouTube、Instagram、微信和 Snapchat 等應用程式很大程度上改變了我們在數位化時代的生活方式。

- **行動技術**（Mobile）：這些技術隨著第一代 Motorola 設備的引入而出現，這些行動裝置體積較大而且笨重，只能用於語音通話。後來，這些設備變得越來越小，而且更加容易使用。隨著簡訊服務（SMS）技術的出現，行動技術領域出現了突破，隨之而來的是有限和緩慢的網際網路瀏覽發展。無線瀏覽速度和網路寬頻在第四代網際網路技術的發展中得到了提

升，今天我們正一條腿邁進了第五代網際網路技術（5G）。

說到行動技術，我們不能不提到 Apple 的 iPhone。這款革命性的設備於 2007 年推出，預示著數位革命即將開啟下一個階段。它有一個創新的使用者介面——觸控式螢幕，並且，每個人可以擁有一台功能強大的微型電腦。如今，這台電腦（儘管人們繼續稱其為「智慧手機」）比美國太空總署 1969 年在阿波羅登月任務中使用的那台更加強大。智慧手機讓我們每個人何時何地都能使用各種各樣的應用程式和輕鬆瀏覽網站。後來，Apple 推出了 iPad 平板電腦，從桌上型電腦或筆記型電腦過渡到了平板電腦。

- **數據分析**（Analytics）：這些技術將儲存容量和運行結合起來，支援儲存和分析大量不同類型的數據（影片、語音、文本等）。與此同時，新的分析工具、**數據採擷技術**和驚人的視覺化工具可供人們在查詢大量數據後洞察到一些有用的資訊。
- **雲端運算**（Cloud）：頻寬和網際網路的發展帶動了雲端運算的發展，而雲端運算的發展為世界各地的大型伺服器叢集接入了網際網路（因此，人們習慣將這些伺服器叢集稱為雲端）。在雲端運算下，組織將其伺服器行動到虛擬和遠端為止，從而減輕了管理自己伺服器叢集的複雜又昂貴的工作負擔。這些伺服器叢集以一個特殊的雲端作業系統為基礎，該系統根據組織的計算需求提供虛擬伺服器和計算資源；也就是說，它可以自動增加或減少組織或特定應用程式的計算能力。因此，定價模式是基於資源的實際應用（基於應用的定價）。Amazon 是最早開發這種方法的公司之一，如今它的 Amazon Web Services（AWS）部門，包括 Amazon Elastic Compute Cloud（EC2）是世界上最大的雲端服務供應商。

Google 和微軟是另外的主要供應商。Salesforce 是最早開發基於雲端運算的 CRM 系統的公司之一，並且目前擁有大量透過雲端運算接受 CRM 服務的公司。事實上，世界上大多數公司更喜歡這種計算服務模式，主要的軟體公司（例如 Oracle 和 SAP）現在也提供雲端產品。

這四種技術的發展得益於電腦能力和速度的提高。多年來，我們目睹了電腦處理能力的不斷提高和大量並行技術的出現，促使了處理器之間連接成為一台超級電腦。

第三個數位化時代

這一時期就是當前，且沒有確切的開始日期，但 2015 年很明顯是新時代開始的一年。正如 SMAC 技術被視為點燃了第二個數位化時代的火花一樣，有一些技術也可以被視為第三個數位化時代的先驅。大多數技術已經存在很久了，只是在最近幾年，人們才意識到它們的力量。突然間，我們開始聽說無人駕駛汽車、執行以前只有人類才能完成的任務的先進機器人、用於國防和民用的無人船和無人機等等。此外，我們還看到了其他相關技術，如 3D 列印、虛擬實境和 AR。在第三個數位化時代，技術正以指數化的發展模式加速發展。其先進技術包括：

· **物聯網**（IoT）：處理器價格的下降和其與網際網路之間聯繫的密切促使了智慧事物的出現：事物總是與網際網路連接，因此提供了巨大的創新潛力。我們可以透過行動裝置控制家裡的空調、在逛超市的時候查看冰箱裡的東西、遠端打開或關閉相機、燈、空調等等。不僅家庭變得更加智慧，建築、校園和超市也是如此。我們正處於物聯網時代的開端，這一時代帶來了一波新的創新浪潮，同時也帶來了必須解決並找

到有效解決方案的網路風險。

- **認知計算**：其包括了人工智慧的各種元件——機器學習、自然語言處理、語音辨識、機器視覺等。這些計算技術是在能夠學習、識別語音、智慧回應系統的基礎上發展起來的。正如麻省理工學院的布林約爾森教授和麥克菲博士所指出的；「未來的十年，人工智慧不會取代管理者，但使用人工智慧的管理者將取代那些不使用的管理者。」

- **機器學習**：隨著機器學習概念的引入，人工智慧科學有了突破性進展。機器學習能夠根據在運行過程中所獲得的知識進行學習並做出改變。像神經網路這樣的技術已經產生了一種新的計算典範：程式師不開發演算法，而是設計出能夠基於數據和示例進行學習和適應的系統。該領域的著名系統有Watson、Siri、Cortana、Alexa、小艾、小雅等能夠聽懂語音並做出相應反應的軟體；還有一些能夠理解文本資訊的聊天機器人（如愛因互動公司開發的面對金融場景的聊天機器人）等等。

- **先進機器人技術**：這一種技術也在不斷更新。我們已經從工業機器人轉移到軍用機器人，再到清潔地板和窗戶、運送貨物和協助人類完成繁雜工作的機器人。與人類合作，並幫忙完成工作的機器人，被稱為協作機器人（Cobots）。例如，Walmart與機器人公司Bossa Nova合作開發了一種機器人，它可以在店內漫遊，而不會與人或購物車發生碰撞，並能夠掃描貨架，識別那些需要補貨的貨架。這些資訊會發送到負責補貨的員工手上。

- **3D列印**：這種設備可以列印各種各樣的3D物體，從人體骨骼到房屋組件。這些列印的工作原理是增材製造法，即一般情況下，將一層又一層的材料增添到另一層材料上，直到列印完成。這種創新的方法可以依需求少量生產（圖2-2）。例如，

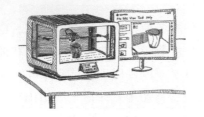
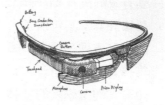

· 圖 2-2：3D 列印
· 圖 2-3：智慧眼鏡
· 圖 2-4：智慧手錶

中國開發了一種印表機，它能（一層一層地）列印房子的外殼。有些公司已經研發出可以列印披薩餅的 3D 列印。跨國玩具公司美泰兒（Mattel）研發了一款家用印表機，該印表機集成了一種能夠設計不同形狀玩具的應用程式，兒童可以設計和列印玩具的各個部分，並自行組裝。

· **可穿戴式裝置**：這涉及到我們身邊一直佩戴的電腦，比如手環、手錶、眼鏡、裝有可向行動裝置傳輸數據的鞋子等等。例如，Nike 研發了一系列結合數位化技術的產品。（圖 2-3、4）

· **無人機**：這些無人機可以攜帶感測器和攝影機，在人類難以進入的地方進行航拍或執行其他任務，而且還能進行監控。Amazon 正在研究用無人機直接將商品從倉庫運輸到客戶手中的可能性。達美樂披薩在紐西蘭的無人機披薩外賣測試已經進入到高級階段。許多公司正在研發無人機在農業上的應用，可以用於檢測大片農田、檢查作物狀況、進行灌溉等。（圖 2-5）

·圖 2-5：無人機
·圖 2-6：虛擬實境

· **虛擬實境（VR）**：電腦和智慧手機在計算功能和圖形功能上的巨大改進促進了這項技術的發展。它可以創建動態 3D 圖像，並隨著我們頭部和眼睛的移動而發生變化。這些技術包括 Samsung Gear VR、Oculus Rift、Microsoft Holo、HTC Hive、Sony PlayStation 等，為學習和商業、增強客戶體驗感、瀏覽世界各地的景點和飯店等領域的新應用提供了可能性。（圖 2-6）

· **擴增實境（AR）**：這項技術將數據庫的各種資訊導入到螢幕上。例如，當一名遊客透過智慧手機攝影機觀看倫敦聖保羅大教堂時，可以會出現一些資訊，如大教堂是哪一年建造的、建築材料是什麼、教堂的尺寸等等。另外一個例子是一個技術人員在執行維護工作時，他可以透過智慧手機檢查一個特定的元件，並在螢幕上接收到如何組裝或拆卸該元件的資訊，以及下一次更改該組件的時間等等。

· **語音操作介面**：語音辨識的進步促進了語音啟動設備的發展。專家們期望在大部分設備和應用程式中可以普遍存在語音介面。這種介面是非常自然的，並很容易融入我們的生活。智

慧手機為 Apple 的 Siri、微軟的 Cortana 和 Google 的 Assistant
等提供了個人語音輔助系統。2016 年，Amazon 在其 Alexa 語
音辨識技術的支援下推出了新的 Echo 智慧音箱，奠定了其在
這一領域的領先地位。Google 在 Google Home 智慧音箱的推
動下也邁進了這一領域。這些智慧音箱成為智慧家居的樞紐，
具有各種各樣的功能（關燈、開燈、開空調、控制室內溫度、
升降百葉窗等）。聲控設備在專家看來是推動物聯網發展的
最重要技術之一。許多公司正致力於將電子商務介面運用於
商業對話中（圖 2-7）。

· 圖 2-7：Amazon Echo 音箱

· **區塊鏈**：這是人們談論最多的技術之一，但在很大程度上也
是人們最不瞭解的技術之一。它本質上是一項技術，可以使
人與人之間（對等的關係）可以快速安全地轉移數位產品（金
錢、知識、合約等）。這種技術改變了事物處理的方式，並
很可能成為許多應用程式的基礎。它是一種記錄交易細節的
分散式帳本，同時可以自動添加以下資訊：發起交易的人、
預定接收交易的人、日期和時間。區塊鏈技術由於以分佈的
方式和加密演算法來記錄事物，所以無法更改資訊。這種技
術是比特幣和其他數位貨幣（加密貨幣）的基礎。

- **無人駕駛汽車：**最先進的數位化技術的表現之一是無人駕駛汽車。通常按照 1 到 5 來定義不同的自動化程度，其中 5 表示完全自動化。這些車輛可以在半自動化模式或完全自動化模式下行駛，而無需駕駛員的幫助。這項技術仍處於高級測試階段，但無人駕駛汽車的商業化正在迅速發展，許多汽車製造商（如 Volvo、奧迪、賓士、BMW、通用汽車、Toyota 和 Tesla）以及科技公司（如 Google、Uber 和百度）處於測試無人駕駛汽車的高級階段。2016 年被 Uber 收購的奧托（Otto）展示了其無人駕駛汽車技術：用一輛無人駕駛卡車將 5 萬罐啤酒從百威（Budweiser）工廠運往 120 公里外的客戶。在新加坡、匹茲堡和其他城市，已經出現了無人駕駛計程車（司機坐在車內，並在極端情況下進行干預）。（圖 2-8）

· 圖 2-8：無人駕駛汽車

案例：用微軟的雲端運算賦能內部員工

「協作對於數位行業的突破至關重要，Office 365 是促進協作的關鍵。對於客戶滿意度及新商業效率的影響是革命性的。」

——詹姆斯・福勒，奇異（GE）資訊長

「我們在 Office 365 上進行了標準化，因為它為我們提供了一整套彼此協作、高度安全且易用的功能，為員工和 IT 提供便利。」

——傑夫·蒙納科，GE 數位化工作平台技術長

自 1892 年由湯瑪斯·愛迪生等人創立以來，奇異公司（General Electric Company, GE）在 125 年的輝煌歷程中創造了一個又一個奇思妙想。今天，GE 擁有航空、電力、醫療保健、軟體及其他業務。公司在美國公司中持有的專利最多，並且其員工曾兩次獲得諾貝爾獎。

然而，GE 並沒有停留在過去的傳說中。這家公司充滿了好奇的人，他們渴望解決當今一系列令人頭痛的問題。為了完成這一任務，GE 正在從世界工業領袖轉變為數位工業的領導者。這需要為其飛機引擎、渦輪機、MRI 機器和其他產品提供軟體和感測器，並將即時機器數據與軟體輔助的見解相結合，以不斷改進其產品和服務。

在數位化產品以使其更有效運行的同時，GE 正在為其 30 萬名員工提供支援。「我們知道，產品效率和性能方面的小幅改進對我們的客戶及自身都具有巨大的價值，我們希望幫助員工達到類似的效率，這是我們最寶貴的資源，」GE 數位化工作平台技術長傑夫·蒙納科（Jeff Monaco）說，「當你每天給每位員工爭取到一分鐘的時間，同時你有 30 萬名員工時，你會看到巨大的生產力提升。我們可以從日常活動中消除的摩擦越多，員工們就越能專注於服務客戶及業績收入，並發揮巨大的整體作用。」

解鎖生產力收益

GE 用微軟的 Microsoft Office 365 和 Windows 10 企業版作為其全新數位效率驅動的關鍵元素。蒙納科說：「我們的工作人員過去一直都是自行尋找數位生產力工具，但這些工具不能一起工作，而且不

安全，支援費用也很昂貴。現在，我們在 Office 365 上進行了標準化，因為它為我們提供了一整套彼此協作、高度安全且易用的功能，為員工和 IT 提供便利。」

　　GE 轉而採用雲端模式，以求更快速地交付解決方案並獲得持續改進。公司透過為員工開通線上郵箱，開始 Office 365 的全面推行。透過電子郵件，GE 將 Microsoft Office 365 ProPlus 部署到工作中，讓員工可以在其工作和個人設備上訪問相同的、最新的，而且受保護的 Office 應用程式。每個人都可以在任何時間、任何地點和任何設備上使用熟悉的工具。

　　GE 並沒有簡單地升級作業系統，而是以整個生命週期去評估其資產，以確定如何最好地利用 Windows 10 的功能。「我們研究了 Windows 10 如何幫助我們妥善運行設備，使其保持更新並持續升級，」蒙納科說，「我們將升級到 Windows 10 這一舉動作為催化劑，來改變我們管理這些設備的方式。現代化配置及升級，是 GE 的重中之重。」

　　GE 推出了 Office 365 企業社群網路工具 Yammer，現在擁有一個充滿活力且活躍的員工社區，員工利用該工具在全球範圍內分享想法和公司的最新消息，以及進行眾包知識的傳播。今天，GE 的員工開始採用 Microsoft Teams 作為他們的高速協作工具。Teams 是 Office 365 團隊合作的中心，透過輕鬆訪問文件、即時消息、即席呼叫和其他通信選項來改進團隊協作。

　　使用 Skype for Business Online，員工可以「全天候參加會議」，正如蒙納科所說的那樣。「參加會議、進行跟進、邀請大家參加下一次會議，這些只是我們的員工透過 Skype 獲得的一部分收益。」他說。

高速溝通產生巨大回報

　　GE 正在使用 Office 365 來增強全公司的協作。「合作對於數位行業的突破非常重要，而 Office 365 是改善協作的關鍵，」GE 資訊

長詹姆斯‧福勒（James Fowler）說，對於「對於客戶滿意度及新商業效率的影響是革命性的。」

擁有現代化辦公工具也讓人感覺自己是當代勞動者的一員，這很重要。「我們在 GE 擁有多個世代的員工，從嬰兒潮一代到千禧一代，他們都有自己喜愛的工作方式，」福勒說，「藉助 Office 365，每個人都可以使用他們最喜歡的溝通方式更有效地協作，並更快做出決策。我們注意到，Teams 尤其受到需要迅速行動的團隊的歡迎，例如支援服務和營運中心，大家可以借助它分析關鍵問題。透過手機瀏覽 Teams 及所需的文件，人們可以獲得傳統辦公工具無法實現的速度。」

新員工也可以開始與同事快速合作。福勒說：「借助 Office 365 最好的部分之一，就是每個人都已經知道這些工具。不需要很多培訓就可以讓新員工加快速度，它是幫助員工更快開始工作的通用語言。」

內置的智慧安全

在任何時間，任何地點，任何設備協作時，GE 都不會犧牲安全性。Windows 10 企業版為所有 PC 和行動應用程式提供了深入的基礎安全性；Office 365 為數據、文檔、應用程式提供了數據中心等級的保護。

「我們非常感謝微軟所擁有的能力和解決方案，幫助我們保持資訊的安全，而不必讓嚴苛的流程來減緩員工的速度，」蒙納科說。「當你進入我們所在的行業時，會發現安全性很重要，」福勒補充道，「當你談論供電、航空旅行、水資源、食物供給和醫療保健時，一切都關乎於安全。使用 Windows 10，我們有能力管控安全，瞭解風險，並透過這些風險評分來確定我們自動實施的控制措施類型，以保護那些系統中的數據。這是我們電腦網路計畫的一部分，是今天我們在 GE 內部確保環境安全的一部分。」

GE 的員工在這種新的數位激勵文化中，在高速協作和個性化的

工作方式中獲得蓬勃的生產力。福勒說：「GE 未來的工作——包括我們創造新的、更高技能和更高品質工作的能力，正建立在我們以前無法想像的新技術空間之上。我相信我們正經歷下一次工業革命，一場數位工業革命。世界上仍有十五億人沒有供電，數億人無法獲得高品質的醫療保障。我們想解決這些問題，而且我們的員工充滿活力，比以往任何時候都更有能力去解決問題。」

總結：節奏正在加快

不斷湧現的創新數位化技術正在促進商業創新，而且勢頭越來越強。矽谷最著名、最成功的投資者之一，馬克·安德森（Marc Andersen）曾斷言：「軟體正在吞噬整個世界。」[5] 安德森是網景（Netscape）網路公司的創始人和開發者，在他看來，軟體與正確的聯網硬體相結合，確實能夠改變世界。

數位化技術在很短的時間內已經走過了漫長的道路，從始於 1959 年中期第一個數位化時代開始，出現了擅長處理數據的第一個大型電腦，將自動化業務流程簡單化；到從 2015 年開始的第三個數位化時代，無人駕駛汽車和機器學習出現了。這一切都發生在近 60 年內。

我們正處於第三個數位化時代的開端，就像他們所說的——我們還什麼都沒有看見呢！

● CHAPTER 3

數位化的終極目標：敏捷的組織

你能擁有的唯一可持續的優勢就是敏捷性；僅此而已。因為沒
有別的東西是可持續的，你創造的一切，其他人都能複製出來。
——傑夫‧貝佐斯（Jeff Bezos），Amazon 創始人

引言

　　組織計畫可持續的競爭優勢並制定出一個 5 年（甚至 3 年）的策略，這樣做的日子已經一去不復返了。商業環境變得越來越混亂、動態化並難以掌控。當今社會，一個機會常常在一年之內就會消失，一個目標也在幾個月之內就需要被實現，面向未來幾年的計畫應該怎麼做呢？

　　敏捷性，一種新能力，可以透過縮短計畫和執行週期來發展瞬態競爭優勢，成為未來組織生存必備技能之一。歡迎來到「敏捷化」的時代。

　　在開始介紹敏捷化如何做之前，這裡要指出的是，我們並不主張只看未來幾個月去做應對策略。一個好的企業當然應該有長線思維，思考 5 到 10 年公司、行業和社會的未來。這段時間裡，很多東西會變，一個好的企業在長線思考的時候，必須要為未來的社會、行業的環境以及公司目標的變化做好準備。**敏捷性恰恰是組織在長期變動環境中應對變化需要做的長線策略。**

　　在本章中，我們分享六個步驟，這些步驟適用於那些接到執行長（CEO）或高層管理人員的命令，被要求「讓我們的組織變得敏捷」的人員。

　　讓我們概述一下我們的初步假設（領導者—敏捷化—組織）：

　　（1）領導者：任何組織的奮鬥都需要一個領導者。變得敏捷意味著啟動、指引和協調組織內部的多重努力，以及解決來自這些行為的衝突。數位化是一種神經系統，允許組織計畫、實施和評估它的努力，例如增強客戶體驗和／或推廣新的創新商業模式。

　　（2）敏捷化：敏捷不是一個特定的目標。每個組織都有它自己的敏捷性，取決於它的歷史、文化、「股東」目標、市場和生態系統、不斷變化的內外部條件等等。敏捷像一塊肌肉，是可以被訓練和增強的。我們這章的焦點將在增強整個組織敏捷性的措施上。

（3）組織：具有敏捷性適用於每個組織——小型、中型和大型，無論你是 5 人公司還是擁有 50,000 人的企業集團、本地或全球、私人或公共、營利或非營利或是政府。

六個步驟

我們認為一個組織應該採用六個步驟，使其成為一個敏捷的組織。

第一步：勇敢面對敏捷性的心理挑戰

在敏捷度方面，存在一個巨大的普遍的心理挑戰。想一下標準建築物及其創建過程。數千年的經驗、圖像、構思模式、工具（數位和其他）、樣品合約、專業背景、人們的期望——都源於你以一種線性方式假設出的架構和創建。你分析需求、制定計劃、構建建築物，即使你將來可能只添加少數額外的東西，建築物也是一個固定的實體。至少可以說，任何試圖改變建築的嘗試——更不用說許多變化的設計——都要承擔巨大的內部外部壓力。

2019 年，著名建築師貝聿銘先生去世，這一年也是羅浮宮玻璃金字塔落成 30 周年，我們今天認為貝聿銘構建的玻璃金字塔是一個天才的創新，然而，它剛剛建成時備受爭議和批評。《法蘭西晚報》曾以「新的羅浮宮成為醜聞」作為標題報導，巴黎人憤怒的說這個玻璃垃圾把羅浮宮毀容了。時間告訴我們，這個非常有創意的設計，在沒有影響建築本來的特點和結構的情況下（新的入口因為是透明的，沒有喧賓奪主），起到了很好的採光和重新導流等作用，用一種非常「敏捷」的思維完美的解決了傳統和現代、藝術性和實用性、創意和功能等等問題之間的矛盾。

現代化的組織目標是不斷重塑自己。來達到用各種各樣的不同結構、流程及商業模式來滿足市場的需求。讓我們設想我們的組織

建築是可重塑的。攝影師維克多・恩瑞奇（Victor Enrich）用 Adobe Photoshop 展示了未來各種各樣的可能性，包括圖 3-1 所示的一些。

對敏捷建築理念的普遍反應是不冷不熱的，從「你瘋了」到「好主意但不實用」，或者，往好了說：「好主意，但是現在讓我們談談其他事情」。作為一個敏捷性領袖，你將在已建立的組織內收到類似的回應。回應可能不那麼直接，但固有的心理挑戰是一個艱巨的阻礙。長年以來的組織文化適用於固定系統，而不是敏捷系統。

第二步：建立和分享對於敏捷性的願景

打破敏捷性固有心理反對意見的一個好方法，就是從敏捷性有何能力和能完成怎樣的任務開始，以及組織擁有敏捷性時的感官體驗是如何的。

敏捷對不同的人來說意味的東西也不同，它本該如此。儘管這樣，重要的是生動地理解其各種意義，並讓組織瞭解這些含義，然後對它們進行優先排序。例如，一個敏捷性的組織將能夠執行以下操作：

・更快地發佈新版本（從一年一次到每季度一次，然後每月一

・圖 3-1：思考「柔性建築」而不是「固定建築」

次,然後每天一次)。

- · 更快地理解新產品線。
- · 剝離產品、部門或地域的限制(包括所有相關資訊技術的能力)。
- · 整合一家新的中小型企業(透過併購),保持兩個組織的優秀。
- · 剝離當前的中小型部門。
- · 快速轉變業務流程並將它們快速地複製到整個全球化組織去。
- · 引入新的和創新的商務模式。
- · **根據數據做出決策,透過做實驗對所作出的決策不斷進行修正。**
- · 淘汰並替換過時的舊系統(對終端用戶端造成最小的影響)。
- · 替換關鍵供應商。
- · 為產品和服務添加新語言和其他當地語系化措施。
- · 在特定人群中實驗推出新功能、服務、和定價模式等。
- · 獲取和/或扭轉「巨大」機會(例如,Amazon 進入雲端運算或 Slack 將一個內部工具轉變為它的產品)。
- · 隨時隨地敏捷地利用人力資源(例如,雇用兼職人員、實行在家工作策略、允許新手父親們為期兩年的每週工作三天)。

維持一個這樣的願景清單 —— 更新它並用它來提醒自己 —— 是一個極好的企業文化措施,它使得領導者能夠敏捷化地實施管理。

第三步:獲得實現願景的能力

日益敏捷化的主要價值在於讓組織能夠更快地實現其潛在願景、降低投資成本,並獲得更大的成功機會。要實現這些願景,必須具備非數位化和數位化的能力(圖 3-2)。非數位化能力(這不是本文的關注點)包括通用能力,如品牌、財務資源和穩定性、長期規劃、市

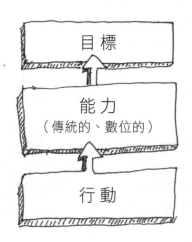

· 圖 3-2：願景、能
力、行動之間的
關係

場份額，以及行業特殊技能，如核心技術、專業流程、商業模式、合
夥網路等等。

　　數位化能力是實用資訊系統來實現敏捷性的能力。讓我們透過技
術、態度和方法的形式，用一個關鍵能力的列表來定義數位化能力。
我們應該採用這些能力來變得敏捷：

- · 雲端運算：**實施實驗和進行擴展的關鍵**。除了雲端運算的諸
  多優勢之外，雲端運算還具有敏捷性的直接價值，包括實施
  實驗，共享給全球範圍內的應用程式，以及擴展的能力。
- · 線上：轉向更多線上和事件驅動的方法，減少「批量」工作
  （例如，數據倉庫或用於分析的數據儲存可以替換成所有數
  據隨時在線上）。
- · 數據：從數據中捕獲、儲存、協調、分析和獲取商業價值。
  數據是現代化組織的石油。
- · 整合開發營運：透過整合開發與營運，允許更快的改變。

- 用戶：透過名字和身分證瞭解你的員工、虛擬員工、供應商、客戶、未來客戶和其他人，允許將數據連接到他們並幫助他們做數據分析來解決其面臨的挑戰。
- 實驗：允許對新功能進行 A/B 測試。
- 自動化測試：尋求快速測試系統的能力以便透過快速更改和部署實現高品質。
- 回饋：為多個介面（即網頁、電話、手錶、電視、語音）只做一次開發。
- 測量：測量人們如何使用你的系統，並分析這些行為（我們經常看到很多測量，但很少進行分析，結果就是這些測量很少變成行動）。
- 模組化：讓你系統中的模組（例如，基本系統、數據線路和客戶系統）分層。
- 生命週期：設計新系統的生命週期並規劃系統的生命終止和升級。
- 開放性：尋找可幫助完成任務的外部技術和工具。過去需要花費數千美元才能完成的工作現在幾乎可以透過向外尋求先進工具、外掛程式、開放軟體、雲端等免費完成。開源軟體、微服務、小程式、容器、APIs/Web 服務和事件驅動體系結構的使用，允許更快的發展、更大的敏捷性以及更迅速和多次的重新部署。

> 日益敏捷化的主要價值在於讓組織能夠更快地實現其潛在願景，降低投資成本，並獲得更大的成功機會。

第四步：達成願景的行動

應該使用特定的行動來準備諸如步驟 3（和圖 3-2）中所呈現的數位化能力。這些行動以專案、計畫和指令的形式構建系統、流程和

技能，並達成你希望的願景。

　　圍繞願景所做的努力，可以創造商業價值，也可以建立長期的能力。讓我們來看幾個例子：

- 協調網站的分析。確保你的所有網站都具備分析功能（例如，基於 Google 和百度的分析模組），並擁有一個從網頁流量中獲取商業價值的流程。這是構建數據能力和深入瞭解客戶體驗的一個良好開端。
- 將系統逐步移動到雲端（Cloud）中。先選擇一些內部系統和一些外部用戶端系統，遷移到雲端。這可以從對系統的調查開始，並尋找基於軟體即服務（SaaS）的解決方案。依據這些進一步瞭解雲端運算是否滿足這些業務場景。
- 使用敏捷方法培訓團隊（例如透過 SCRUM 這種敏捷軟體發展的方法論、持續集成、持續部署）。這是建立敏捷「人」方面的一條有用途徑。
- 啟動一兩個連接業務流程和 IT 的專案。讓業務和 IT 處於同一實體和虛擬空間中，並嘗試快速反覆運算。
- 培訓設計構思（design thinking）團隊，專門來創建和引進創新的產品和服務。
- 檢查你的系統和它的負責人們。這是推動當前架構升級到下一代架構的良好開端。
- 從事一些系統的全球化或本土化。這是創建一個標準基礎架構的好方法。

第五步：掌握領導力、文化、商業架構和數位架構之間的相互影響

　　我們發現，建立敏捷性需要掌控四個陣營之間的相互作用（圖 3-3）：

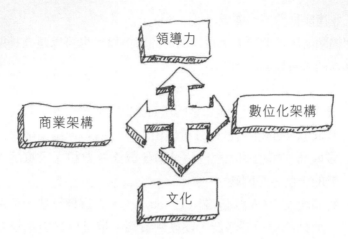

· 圖 3-3：四個陣營之間的相互作用

- **領導力**。敏捷必須從高層開始，主要是因為它需要不斷進行文化適應和解決爭端（主要表現在誰負責什麼）。領導者必須充分瞭解這個激動人心的旅程。領導者的決策必須要顯示出組織當前狀態與未來狀態之間，以及小與大、慢與快、價值與風險之間的正確平衡。如步驟 1 所闡述的那樣，反對敏捷的力量將會壯大，只有明智而果敢的領袖能夠造就所需的動力。
- **文化**。文化是組織行動的方式方法，最終取決於個人和團隊創造價值的能力。從某種意義上說，敏捷是文化的一個方面——因為我們希望每個部分、每個人都盡一切努力保持敏捷。由領導者及其助理透過解釋、展示，提供直接回饋，鼓勵實驗，推出最小可行性產品（MVP）以及組建適合敏捷的文化。
- **商業架構**。它定義了企業的當前、近期和遠期未來。它負責抓住短期機會；規劃下一個產品，商業模式或市場；並考慮

到進一步的長期價值。業務架構必須協調各方努力，以確保
實施實現願景所需的優先次序、計畫和推動（參見步驟 2）。

· **數位化架構。** 商業架構所對應的是數位化架構，它負責設置
適合公司不斷發展的技術架構。IT 體系結構的演變可以不斷
被應用而管理當前系統之間的關係、它們的成熟度、它們在
生命週期中的位置以及它們的未來。

這裡的關鍵字是「相互影響」。要提高敏捷性，你必須瞭解這四
種力量之間的制衡。透過協調它們相互的影響而推動組織發展進步，
有害的相互影響將連累組織，並將讓敏捷性的努力轉變為戰場。作為
敏捷化旅程的領導者，你需要根據組織的成熟度（詳見第 10 章）和
風格仔細地平衡這四個力量。

第六步：切換到由期限驅動的小型項目

如果有一個辦法可以推動組織實現敏捷性，那就是把大的專案切
割成由期限驅動的小型專案（圖 3-4）。簡而言之，我們建議確定較

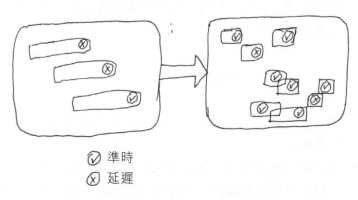

> ⊘ 準時
> ⊗ 延遲

· 圖 3-4：把大的專案切割成由期限驅動的小型專案

小的項目（可以相互關聯以構建更大的項目）並聚焦期限——而不僅僅是結果。這是專案管理技能的一部分，可以提高敏捷性。關鍵點是：這個月 90% 按進度完成要完勝於下個月拖過期限的 100% 完成。當然，必須選擇最小可行性產品並遵守關鍵路徑，例如食品及藥物管理局（FDA）法規、關鍵產品特徵等。

　　許多組織們已經在使用季度和年度規劃週期並聚焦於最後期限瞭解已知優勢。期限可以是年度、季度、月度、每週甚至每天。設定最後期限可以鼓勵直接規劃、風險分析和資源配置。在這種方法中，期限驅動意味著：

· 大型專案分成較小的部分，先定義短期目標，之後再定義長期目標。
· 聚焦於最後期限，而不僅僅是結果（「更喜歡部分準時的結果」）。
· 確保擁有所需的資源。
· 可以用具體的術語定義目標。
· 任何需要資源的任務都有一個確定的截止日期。
· 測試、回饋時間、移動等等都可以擁有最後期限。
· 敏捷的壓力來源於對被顛覆的恐懼和數位化世界所帶來的巨大機遇。
· 減少承諾且嘗試做更多。
· 接受錯過期限的可能性，並且知道自己沒有按時間表進行時，儘早宣佈無法按期限完成。
· 提前設置審核、測試和分享會（例如，整個季度）。
· 管理風險。
· 從一開始就使用針對數位化的設計方案（其中安全性、隱私和類似考量因素是初始設計的一部分），而不是在研發過程結束時。

・從「困難」的事情開始。例如，如果要開發一個演算法和一個使用者介面，就從演算法開始（這裡存在著根本沒有正確解決方案的風險）。選擇先執行可能會失敗的任務。

小項目的期限驅動價值（如「經常發佈」最小可能性產品的哲學）：

・可觀察到的結果。
・能夠更快地適應障礙及變化。
・使用者／客戶能夠逐步看到正在產生的價值，這使他們能夠調整他們的願望／期待（如果他們喜歡或痛恨某一個方面，他們可以很快給你回饋）。
・構建系統來產生改變（例如，代碼的重新使用、零部件更換、自動化測試）。

期限驅動並不意味著放棄雄心勃勃的目標。當我們按期限驅動時，我們只是選擇按時遞交 75% 的預期結果，而不是遲交 99%。75% 的結果通常是所需要產品功能的 90%。如果真的需要另外那 25%，那我們就來設定一個新的期限。

從長遠來看，對於較小規模的任務，期限驅動的最佳福利是學習。如此短暫的週期允許更多的勝利，和更多的失敗——鼓勵學習，這對於構建和發展一個敏捷文化至關重要。

案例：可持續性發展與敏捷技術

WaterForce 是紐西蘭一家灌溉和用水管理公司，它與施耐德電氣攜手透過微軟的 Azure IoT 平台一起開發了 SCADAfarm 系統。這個系統基於微軟 Azure 物聯網平台，正在透過遙控和先進分析技術來變

革農業生產，推動全球範圍內可持續性耕作的浪潮，從而達到保護自然資源的目的。農業生產使用全世界可用淡水的 70%，而淡水供應量正在不斷縮小，需求卻在不斷增大，這一需求預計將在今後 30 年增加 55%。SCADAfarm 不僅可以幫助使用者節約時間，而且可以減少用水和用電量、降低成本並提高產量。在大的可持續性發展的目標下面，這樣的基於雲端和行動技術的解決方案，可以讓農業這個傳統行業一下子變得很敏捷。

解決方案

SCADAfarm 可將數據儲存於 Azure 上，從而更方便使用者來分析灌溉計畫並按照報告規定來工作。如果出了問題，使用者會即時收到提醒。另外，該解決方案還能夠監測存水量、分析水的現貨價格，便於農場主知道自己需要用多少水，並根據現貨價格趨勢來判斷什麼時候需要抽更多的水。這個任務是自動執行的，而且可以在晚上電價便宜的時候進行優化。此外，農場主可以更深度地瞭解自己設備的運行情況，不管農場遇到風暴、乾旱、牛群受驚或是其他挑戰，都能按時交貨並實現贏利。在紐西蘭，這款解決方案將微軟 Azure IoT Hub 服務與施耐德電氣可靠的軟硬體相結合，後者包括雲端和行動技術、工業控制系統、軟啟動器和變速傳動裝置。農場主可將 SCADAfarm 與現有的灌溉機和水泵一起使用，使工業自動化和分析更容易實現。因為大部分農場都不適合安裝大型軟體系統，所以使用具有行動性的輕質、靈活的雲端解決方案一直是幫助這些農場獲得 IoT 益處的關鍵所在。施耐德電氣的 EcoStruxure 架構能幫助合作夥伴透過先進分析技術來惠及終端使用者，而 SCADAfarm 就是這一全面、可升級的決方案裡行之有效的方式之一。

收益

今天的布萊克本農場（Blackburn Farm）是一個充滿活力的地方，

透過現代數位化技術與傳統農業生產相結合的方法來管理 990 英畝的農場，這裡有 2100 頭牛和 800 隻羊，六個巨大的中樞噴灌機和大約 170 英畝的甘藍、用作飼料甜菜和其他作物，這些作物用來在紐西蘭的嚴冬餵養動物。從山上高位抽水來灌溉陡坡梯田，到追蹤用水情況以符合環境要求，營運這個農場需要進行大量的用水管理工作。透過 SCADAfarm，農場能夠遙控監測並操作灌溉機和水泵，針對不同作物、土壤類型和濕度水準來調整噴頭；同時整合農場上一個氣象站的即時數據，這些數據可幫助農場根據降雨、風力、熱度以及其他情況來快速調整灌溉操作。

對 WaterForce 公司來說，整個工作的目標就是幫助像布萊克本這樣的農場變得更加敏捷、高效，同時實現生態環保的未來。一個可信賴、全球性的雲端平台開發的 SCADAfarm，不僅是變革農業生產的重要途徑，也是 15 年來借助先進用水管理系統幫助客戶耕作這個歷程中的重要部分。全球能源管理和自動化專家施耐德電氣負責資訊、營運和資產管理的副總裁羅伯·麥格里比（Rob McGreevy）表示：「長期以來我們一直在幫助這個行業進行變革，可持續性耕作和水資源保護正是兌現我們對可持續發展承諾的方式。隨著時間推移，可持續性耕作會變得愈發重要，我們認為技術是幫助農場保持經營可持續發展，同時保證環境可持續發展的工具之一。」WaterForce 公司使用了施耐德電氣和微軟的技術使得農業生產同時實現了可持續性發展和敏捷性的雙重目標。

結論

敏捷是現代化組織的關鍵核心品質之一。如果你的組織尚未敏捷化，並且你所處的行業與已經敏捷的行業相鄰，那麼你面臨著一個更大的挑戰：如何快速變得敏捷且不會受到干擾。這是非常困難的抉擇，例如 Kodak 無法迅速變得敏捷，仍舊傾心於傳統光學相機，於是

在數位相機時代就被自己的發明淘汰了。本章闡述的六個步驟是用來幫助指導敏捷領導者的，特別是當他們在啟動敏捷化措施時：

（1）接受敏捷性的心理挑戰

（2）開發和分享敏捷性的願景

（3）獲得實現願景的能力

（4）啟動實現願景的行動

（5）掌握領導力、文化、商業架構和數位架構之間的相互影響

（6）把大型任務切割成由期限驅動的小型項目

敏捷組織的必要性與數位化力量直接相關。一方面，源於外部市場和客戶對數位化變革的期望，我們必須敏捷；另一方面，源於內部數位化技術，我們可以敏捷。最後，儘管困難重重，我們仍需記住敏捷化的好處：它讓工作變得非常有趣和不同。

● CHAPTER 4

領導數位化變革的六種方式

改革的祕訣是集中所有精力用於創造新事物而非打擊舊事物。
——一位在加油站通宵工作，名叫蘇格拉底（Socrates）的員工

引言

　　本章介紹了每個領導者應該融會貫通的六種數位化變革。本書作者曾以《數位化領導者——六種數位化變革的專家》[1]為題目將其發表在《商業技術戰略》雜誌上。本質上，六種數位化驅動的改革既不是技術也不是商業模式，而是定義了數位化技術和商業戰略之間千絲萬縷的關係。我們已將六種變革分為兩類：內部與外部。

　　三種外部變革：此類型包括了影響組織提供給消費者的產品和服務的變革。

　　三種內部變革：此類型包括了影響組織的策略及其運轉方式的變革。（圖 4-1）

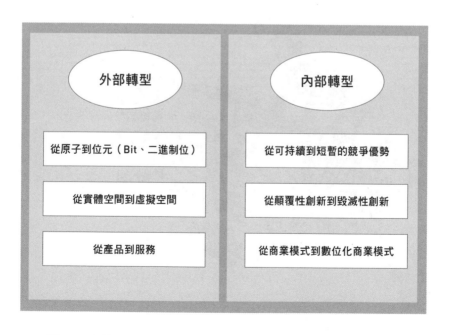

· 圖 4-1：六種數位化變革

三大外部變革

首先，我們將研究影響組織產品和服務的三大數位化變革，即對消費者所購買的實體產品以及消費者獲取產品價值的影響。我們強調的是這三大變革應被視為互為交融而非二元化的（比如原子和比特的二元對立）。一個公司應該選擇為其客戶提供實體產品或服務，此外還應提供數位產品和數位服務。這三大變革是互補且不互斥的關係。

從原子到比特（二進位資訊單位）

這個變革涉及到有形到無形的轉變。從以原子為基礎的產品到包含比特的產品再到完全以比特為基礎的產品。我們現在所使用的部分產品已經是純數位化的產品了，同時也有部分已變成半數位化的實體產品。

《數位化生存》一書的作者尼古拉斯・尼葛洛龐帝寫道「從原子到比特的轉變是不可逆轉和無法阻擋的。因為變化也是指數級的，即昨天的微小差異，明天就很可能產生令人震驚的結果。」

我們都很熟悉這些已經完全數位化的產品：

- 音樂已經從 CD 格式轉變為數位產品，可以透過 iTuncs 或其他數位音樂商店等音樂服務進行購買；也可以直接傳輸至我們的智慧手機或平板電腦上。
- 可以在 Kindle 和 Nook 等電子閱讀器上閱讀電子書。
- 取代或者補充傳統報紙的新聞網站。
- 我們可以在智慧手機或平板電腦上查看數位相冊。
- 以 WhatsApp 或微信發送資訊，而不是郵寄信件或者打電話。
- 數位化格式的雜誌。
- 像維基百科這樣的百科全書。

這些都是實體產品轉變為完全數位化產品的例子。這種向完全數位化產品的轉變極大地改變了其經濟性。生產的邊際成本、將產品分銷給百萬客戶的成本、倉庫成本等這些都可以忽略不計，甚至完全消失。客戶可以把產品帶到任何地方，並隨時選擇各種設備和手段使用它們。

這是一個良好的開端。數位化技術也擴大了各種實體產品的範圍。完全實體化的產品（汽車、飛機、火車、冰箱、電視）已經成為了集成了數位化部件的增強功能產品（數位化增強產品）。

（1）汽車，原先是一款完全實體性質的產品，並沒有一行軟體代碼；但現在卻成為了一款擁有豐富數位化技術的產品，包含了數百萬行軟體代碼。該軟體幾乎可以控制和幫助駕駛員完成每一個動作（當車輛距離另一個物體太近或者偏離車道時，會發出警告，並能夠自動剎車、控制引擎部件、在無人干預的情況下停車，以及連接行動網路播放音樂、進行導航等）。目前已經出現了一些無人駕駛汽車，比如奧迪（Audi）的 A8 車型，其特點是裝備了奧迪交通擁塞自動駕駛系統（the Audi Traffic Jam Pilot），最高時速可以達到 60 公里（無人駕駛汽車的第三級）；以及 Tesla 的軟體密集型汽車，每當發佈新的軟體時，這些汽車都會進行更新。

（2）飛機早就裝備了數位化技術，可以在大部分時間進行自動駕駛。

（3）新型冰箱採用了數位元件來控制溫度。三星新型家庭中心（Samsung's new Family Hub）機型在冰箱門上有一塊巨大的平板電腦螢幕，而在冰箱門內則有一個攝影鏡頭——它可以把儲存在冰箱裡的食品雜貨的照片發送到消費者的智慧手機上，以便其決定要去買什麼。

（4）iRobot 真空吸塵器是一種能夠獨立感知房間尺寸並自主操作的機器人。

（5）電視、電視機上盒的數位化，能夠實現節目的自動接收、

錄製和重播。

（6）由法國著名網球拍製造商 Babolat 生產的球拍，其網球拍的握把上裝有感測器，可以測量擊球次數、發球或接球速度和其他指標，使球員能夠分析自己的表現，並將數據傳送給教練或朋友等。

（7）大型組織的倉庫已經實現了自動化，並由跟蹤每個物品儲存位置的軟體控制。機器人或者自動起重機非常適合收集貨物。

每個組織必須決定如何在其產品中集成數位化技術，以便提供更為廣泛的功能並提升用戶體驗。擴大使用人工智慧和機器學習的趨勢，將所有事物連接到網際網路（物聯網）的能力，分析巨大數據庫（大數據）的能力，以及智慧語音或者識圖機器人的出現，所有這些技術都推進了這種變革。組織必須理解這些轉變，並選擇適合自身的變革。

從實體空間到虛擬空間

另一變革形式是從實體空間到數位與虛擬空間的轉變。市場、商店、銀行、企業服務辦公室、政府辦事處、學校和大學校園都是人們開展業務、購買商品、接受服務和學習的實體場所。如今，這些地方逐漸變得數位化和虛擬化。網站和手機應用是這些實體場所的延伸補充，並且在某些情況下，能完全替代這些實體場所。多管道及全管道客服中心，人規模針對公眾的開放課程，網站——這一切都是替代或者增強對應實體的。

這個將實體場所轉化成虛幻空間的想法出現在文章《地點至空間》[2]，該文由主持麻省理工學院資訊系統研究中心的彼得‧威爾（Peter Weill）教授和澳大利亞管理研究生院的麥可‧維塔勒（Michael Vitale）教授共同完成。

向數位化空間的變革使得組織能夠在任何時間透過不同的管道與方式接觸全球的顧客。有些組織僅在虛擬空間營運 —— 例如，Facebook、Amazon、阿里巴巴、eBay、愛奇藝、抖音。在其他組織

中，虛擬空間和實體空間能夠以一種協調融合的方式營運——例如，Apple 應用商店（App Store）、特易購商店（Tesco Store）和星巴克咖啡館（Starbucks），將傳統商店和數位購物體驗與商品的選取相結合的 Zara 新連鎖店，以及 Amazon 的無人結帳商店（Amazon Go Store，見圖 4-2），它使得購買商品無需排隊支付、點擊選擇以及其他繁瑣的步驟。一些銀行正朝著完全數位化銀行的模式發展，沒有分支機構，也沒有透過廣泛的虛擬服務來擴展分行體驗的銀行。一些先行數位化革命的組織如今能夠在這兩種空間中營運自如，並能決定自己在「數位—實體」連續體中的地位。這是一種幾乎影響每一行業中每一種類型組織的轉變——無論大與小、地方與全球、公營與私營。

· 圖 4-2：Amazon Go 無人超市

從產品到服務

數位化技術加速了另一種變革：將產品轉變為服務。許多組織開始利用數位化技術來改變它們的商業模式——即改變他們做生意和

創造營收的方式。許多製造商的商業模式是以出售產品換取特定金額的金錢為基礎的，現在正在開發基於其產品的服務，這促進了與顧客長期關係的發展。

噴氣發動機製造商，如普惠（Pratt & Whitney）、通用汽車（GM）和勞斯萊斯（Rolls Royce），開始提供發動機按小時付費使用的服務，並且透過租賃發動機和提供持續的發動機維護服務來創收。輪胎公司固特異和米其林將開始提供按每公里行程收取輪胎租賃費用。約翰迪爾（John Deere）開始提供一個全面的農場管理解決方案，將提供農場設備作為一種服務，而不只是作為一種產品出售。所有這些公司都從嵌入在其產品中的感測器接收源源不斷的數據流程，並利用這些數據提供維護服務，並在需要時更換零部件。這是一種基於使用的複雜操作租賃模式。這些組織正在向價值鏈的上游移動——例如，一家輪胎公司現在可以透過監測輪胎狀況和氣壓，提供減少輪胎損耗和節省汽油的服務專案。

共享單車、共享汽車、Airbnb 等共享住所都是產品服務化的例子。這場變革使得製造商變成了服務提供者，擴展了服務的種類並且增強了他們與顧客的聯繫——從購買者與銷售者的短期關係變成長期的商業夥伴關係。

三大內部變革

在上一節中，我們描述了組織向其客戶提供產品和服務中的變革，因此我們將它們稱為外部變革。現在，我們將討論三項內部數位化變革——即影響組織戰略以及營運和管理商業模式的變革。

數位化技術的發展帶來的巨變動搖了現代管理和商業戰略的一些基礎。公認和熟悉的管理模式——麥可·波特（Michael Porter）的五力模型、可持續競爭優勢的概念、競爭戰略、價值鏈、聚焦於公司獨特資源和技能的基於資源的觀點、顛覆性創新模式等——這些**都需**

要重新審視。

從可持續競爭優勢到短暫的競爭優勢

數位化技術的力量對企業戰略的支柱之一——競爭優勢，產生了獨特的影響。哈佛商學院教授麥可·波特是研究競爭優勢領域最傑出的思想家之一，他寫了很多書，為競爭優勢理論提供了理論基礎[3]。他總結發展的模型——競爭優勢組成模型、五力模型、價值鏈模型、通用策略等模型，已經被數以百萬計的人們研究，並被商業單位、企業、政府在開發、分析和制定組織戰略時使用。在不久之前，組織尚且能制定跨越幾年的長期戰略。當然在實踐中，計畫中的戰略和實際演變的戰略之間會產生越來越大的差距。因此，組織必須定期評估在執行戰略方面所取得的進展，並根據需要作出調整。由於舊業務具備環境相對穩定的特性，這些調整的間隔時間可能相對較長。

上世紀 80 年代中期，波特教授出版了一系列著作，提出了他後來成為經典的競爭戰略的想法。然而，當時的商業環境與如今相比大不相同，當時的商業環境遠沒有如今動盪。**數位化技術的力量和全球化的發展極大地挑戰了這些模型的基本假設**，這些模型應該開始根據新的經濟動態變化而變化。新數位化時代的特點是不斷創新，生產額外產品的成本可以忽略不計，能夠以幾乎沒有成本的方式分銷數位產品，並且能夠觸及遙遠的市場。正如湯瑪斯·佛里曼（Thomas L. Friedman）在他的著作《世界是平的》[4]中巧妙地描述的那樣，世界變得平坦了。這些變化也開始對商業戰略產生影響。

在波特教授奠定商業戰略基礎的 30 年後，其基本概念之一——可持續競爭優勢——開始**讓位**於一個新概念：短暫競爭優勢。這個概念是由哥倫比亞大學的莉塔·麥奎斯（Rita McGrath）提出的，並在她的暢銷書《瞬時競爭策略：快經濟時代的新常態》[5]中進行了描述。她的主要論點是，組織必須適應競爭優勢可能迅速消失的時代，因此，他們應該做好快速適應新環境的準備。組織必須從變化緩慢的

航空母艦的思維方式，轉變為能夠適應海浪高度變化、波動的海流、其他船隻和天氣條件影響的衝浪船的思維方式，並且根據情況立即改變方向。這些都是作為一個敏捷組織的特徵——為適應在數位化時代存活做更好的準備。

從顛覆性創新到毀滅性創新

隨著數位革命的到來，管理學領域中最流行的概念之一——顛覆性創新——也在發生變化。1997 年，克雷頓·克里斯汀生在他的《創新的兩難》[6] 一書中提出了這一概念，此時，數位化技術已經誕生但仍然處於嬰兒期。

顛覆性創新的概念適用於所有類型的技術和創新，而不單單限於數位化技術和商業模式。我們在這裡提到顛覆性創新，只是為了說明這個概念也發生了變化。當一種新產品（或服務）進入市場時，其品質與價格有時會低於行業內的領先產品。通常它以新客戶為目標，而這主要是因為現有客戶已經享受到了更昂貴和更複雜的產品，同時新產品對這些客戶的吸引力不夠。因此，領先的大組織的管理層決定不進行創新投資。最終，這種新產品贏得大眾的歡迎，並建立了客戶群體，有時甚至重新定義了市場。極端一點，它會威脅甚至取代現有的產品。

個人電腦便是一個很好的案例。微軟推出的 Windows 作業系統多年來一直佔據主導地位，並為公司的大部分銷售額做出了巨大的貢獻。隨後，Apple 推出了 iOS 作業系統，Google 推出了安卓（Android）作業系統。隨著智慧手機和平板電腦市場的發展，微軟在作業系統市場的競爭優勢逐漸被削弱。如今，智慧手機和平板電腦佔據了整個作業系統市場的大部分份額。今天，我們已知道了許多曾經成功的公司由於未能及時察覺創新的跡象而逐漸沒落的例子，他們分別是：Borders 書店、Blueberry、Blockbuster 出租店、Kodak、Motorola、Nokia 等等。

在數位化時代，顛覆性創新的概念朝著新方向發展，主要強調破壞週期和破壞發生的速度。由高級顧問賴瑞・唐斯（Larry Downes）和保羅・努恩思（Paul Nunes）合著的《大爆炸式創新：在更好、更便宜的世界中成功競爭》[7] 強調了數位化技術加快了顛覆的速度 [8]。這樣的環境下，一家初創公司，資歷尚淺、員工數量不多、小資本，但是卻可以很快地影響市場和商業模式。在 WhatsApp 這樣的小公司推出智慧免費資訊服務之後，大多數行動營運商損失了巨大的收入來源。過去這個過程需要花費很多年，現在可以在幾個月內甚至更短的時間內發生。由此一個新的概念應運而生：毀滅式創新。

早些時候，我們稱這種現象為數位達爾文主義（Digital Darwinism）。對市場的快速變化反應遲鈍的組織，將被以新的商業理念／商業模式／新產品進入市場的年輕公司所替代。每個組織都應該熟悉這種毀滅式創新的現象，學會如何快速反應，並調整戰略以適應。

從商業模式到數位化商業模式

正如數位化技術影響商業戰略，數位化技術同樣也影響商業模式。組織的業務模式描述其產生價值的運作方式。商業獲利模式畫布（Business Model Canvas）可以說明數位化對商業模式的強大影響力。該工具首先出現在《獲利世代：自己動手，畫出你的商業模式》[9] 中，該書由亞歷山大・奧斯瓦爾德（Alexander Osterwalder）博士和伊夫・比紐赫（Yves Pignur）教授共同撰寫而成。數位化技術也影響了這個模式，成為建構每個模式的重要基礎。

我們可以在每個業務模式的構建塊中檢測數位化技術的「痕跡」。企業可以透過數位化產品、數位增強產品、提供產品資訊以及如何使用這些產品等來為客戶提供價值。數位化技術為聯繫使用者（電子郵件、聊天、微博、Facebook、公眾號、抖音等等）開闢了新的管道。組織營運的一個重要部分是基於靈活和高效的數位化業務流程，透過數位化技術進行業務合作夥伴之間的協作而使組織運作相對

容易。基於數位化技術，收入模式可以為客戶提供按使用付費、免費增值定價（freemium 免費但對高級功能收費）和其他定價理念。今天最成功的數位化模式之一是平台模式——該模式將供需市場數位化。這類模式的突出例子包括 Netflix、Uber、Airbnb、Amazon 等。

　　在數位化時代，每個營運組織都必須全面持續審查業務模式並進行重新規劃——如何以及在何處透過整合數位化技術來創造價值，以及何時向客戶展示新的數位化業務模式。

總結

　　在這一章中，我們討論了三種類型的外部變革——從原子到比特、從實體空間到虛擬空間、從產品到服務，和三種類型的內部變革——從可持續競爭優勢到短暫的競爭優勢、從顛覆性創新到爆炸式創新、從標準化商業模式到數位化商業模式。討論了它們如何影響組織的競爭戰略和商業模式，以及它們如何解決創新問題。

　　所有類型的內部和外部變革均要求組織的管理層主動應對市場發展（而非消極被動）。他們必須利用現有的商業模式，同時尋找數位化時代的新機遇。組織的領導者和管理層必須學會如何利用新的機會和應對風險。《引領與顛覆：如何解決創新者困境》[10] 一書對該主題中展開了清晰的描述。該書由查爾斯・奧萊利（Charles O'Reilly）和麥可・圖什曼（Michael Tushman）共同撰寫，並於 2016 年出版。安迪・葛洛夫提出了「唯偏執狂得以倖存」的說法，我們呼籲組織的領導者——無論在個人或者組織層面，在被變革的浪潮吞沒之前，都應該儘早進行數位化變革。

● CHAPTER 5

數位化商業模式

至少有 40% 的企業將會在未來 10 年內消失 ...... 如果無法轉型來適應新技術的話。

——約翰·錢博思（John Chambers），思科系統（Cisco Systems）公司執行主席

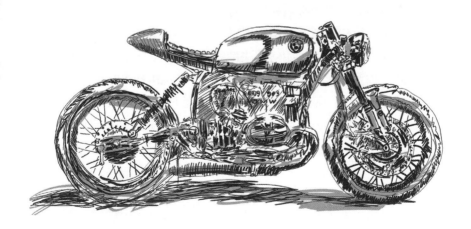

引言

本章介紹商務世界中的一個主要概念——**商業模式**，以及在數位化時代的重要性和不斷變化的屬性。如前幾章所講，數位化變革過程是一股強大的力量，正在改變所有行業和所有商務領域的遊戲規則。組織需要的概念工具之一就是商業模式。組織應檢查其現有商業模式並制定**數位化商業模式**（Digital Business Model, DBM）。

經典的商業模式闡述了組織要如何開展業務並獲取收入和利潤。數位化商業模式則解釋了組織要如何策劃去完成上述的工作，並將數位化技術融入其業務中——尤其是面對數位化困難的挑戰時。數位化商業模式拓展了典型的商業模式，包括聚焦數位化維度——即組織是如何利用數位化來增強其競爭優勢並從競爭對手中脫穎而出的。這種數位化商業模式是當今必不可少的一項業務基礎架構，它是這個數位化時代成功的一個必要條件（但不是充分條件）。

經典商業模式

首先，讓我們來定義一下**商業模式**這個術語，一個被研究人員、管理者和商人經常使用到的術語。

> **商業模式**
>
> 商業模式解釋（定義基本原理）組織是如何為它的客戶創造價值，以及它是如何營利並實現其目標的。

這定義適用於所有類型的組織，包括尋求實現其他目標的營利組織和非營利性公共部門組織，如向公眾提供服務、發展基礎設施等等。公共部門組織從資助實體（例如政府）獲取資源，這個資助實體從它的稅收收入或其他經濟來源如收取的費用中分配資金。一些組織以組合的方式獲取收入——例如，大學的經費一部分來自學費，一部

分來自政府，另外一部分來自其他實體的捐贈（如慈善機構）。

商業模式解釋了組織為它各種各樣的客戶所提供的價值，如何管理與客戶、合作夥伴和供應商之間的關係，以及描述其活動運轉的規則。**商業模式**解釋了組織如何**運作**，同時，**商業策略**解釋了組織如何**競爭**——即確定了組織在市場中的競爭優勢和競爭地位。要去理解和分析任何組織，必須明白這兩個基本概念——商業模式和競爭策略。

商業戰略和商業模式的區別

商業模式解釋公司如何運作；商業戰略則解釋公司如何競爭。

多年以來，研究人員研發了各種各樣的方法去描繪商業模式，但沒有就一個單獨和標準定義達成共識。儘管如此，近年來一種模式變得流行起來，幾乎可以被視為標準。該模式由亞歷山大·奧斯瓦爾德博士和伊夫·比紐赫教授研發，並在他們的《商業模式發展》[1]一書中提出。此書成為了暢銷書並被翻譯成多種語言。此外，他們還創建了一家名為戰略家（Strategyzer）的公司，其中包含書中所提全部模式、大量示例以及定期更新的部落格。

本書中介紹的主要工具是**商業獲利模式畫布**，在諮詢公司和各個組織中非常受歡迎。這個「畫布」由九個構建模組組成，描述了組織的商業模式。構建模組分為四類：組織為其客戶提供**什麼**、客戶是**誰**以及如何管理與客戶之間的關係、**如何**為其客戶們創造價值，以及**如何**獲取利潤——即它的收入和支出。圖 5-1 是一個商業獲利模式畫布的圖解：

讓我們簡要地看一下這個模式中的九個構建模組：

（1）**價值訴求**：描述組織為其客戶們所提供的價值和收益，它的產品或服務將會為客戶解決哪些問題。

（2）**客戶細分**：描述組織所服務的客戶劃分情況（例如，商業客戶或私人客戶、大型或小型、本地或國際等等）。

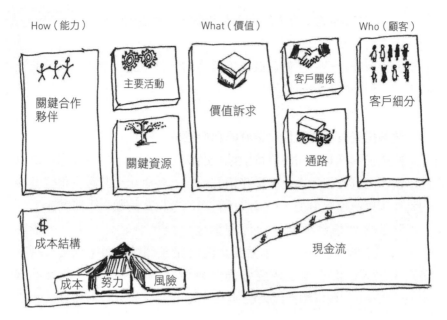

· 圖 5-1：商業獲利模式畫布

（3）**客戶關係**：描述組織與其各種各樣的客戶群所產生的關係類型，這些關係是一次性的還是長期的，以及組織是如何發展和維護客戶忠誠度的。

（4）**管道**：組織用於管理其客戶關係的管道，客戶是如何購買到產品或服務的。

（5）**資源**：組織的主要資源和能力，它是指用於為其客戶群創造價值的主要基礎設施。

（6）**活動**：組織運轉的主要活動的價值鏈，無論是使用它們自己的資源還是透過外包，做主要活動之間的銜接。

（7）**關鍵合作夥伴**：關鍵商業合作夥伴，以及其角色的類型與規模。

（8）**費用結構**：組織的費用結構，主要的成本因素。

（9）**營收模式**：收入的來源和組織如何得到收入。

這九個構建模組解釋並構成了組織的商業模式。這種工具有助於描述任何類型的組織商業模式。

擴展出具有三個數位化領域的經典模式

商業模式獲利畫布沒有特別地提及數位化維度，但當然它可以包含這樣的內容。構建數位化業務模式的第一步就是要將數位化維度添加到九個構建模組中去。它構成了經典商業模式的數位化擴展。

除了九個構建模組中的每個構建模組擴展之外，還有一些空間可以詳盡的表達與數位化世界相關的諸多領域，而不只是直接在畫布中表達。麻省理工學院資訊系統研究中心（CISR）主席威爾（Peter Weill）教授和資訊系統研究中心的高級研究員斯蒂芬妮・沃

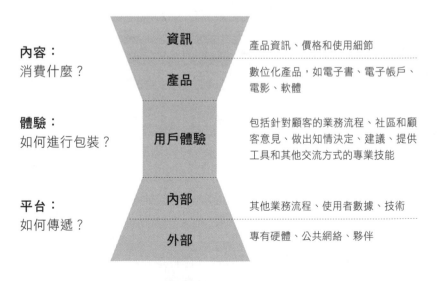

· 圖 5-2：三個獨特的數位化領域

納（Stephanie Woerner）博士在題為「優化你的數位化商業模式」[2]
的文章中描述了與數位化世界相關的獨特領域。每個組織都應該無一
例外地處理和檢查三個獨特的數位化領域，以便在數位化時代的商業
競爭中大獲全勝。這三個領域是（如圖 5-2 所示）：

- ・組織向它的客戶們所提供的數位化內容。
- ・如何包裝數位化內容和向客戶群提供數位化體驗。
- ・組織所使用的數位化平台。

內容：消費的是什麼

第一個領域涉及到的是組織為其客戶提供的數位化內容，要區
分產品和與產品互補的資訊。大多數客戶更喜歡透過在網際網路上搜
索、閱讀用戶評論以及比較 Amazon 和阿里巴巴等網站的價格來開始
採購過程。如果組織未提供有關其產品或服務的資訊，或者未能使客
戶透過資訊搜索然後透過數位化業務平台進行交易購買，則會遭遇客
戶流失的風險。組織應努力讓客戶能夠輕鬆地與之開展業務。組織提
供的數位化內容越豐富，其競爭地位將會越好。每個組織都應該檢測
它為其客戶們所提供的產品和服務所運用的數位化元件。讓我們來看
一些新的數位化可能性：

（1）**數位化產品／服務**：組織所提供的產品可以是完全數位化
的產品（例如，電子書、數位音樂、新聞、影音、地圖）或完全數位
化的服務（例如，一項導航服務或者一個用於比較價格或進行航班預
訂的網站）。在這種情況下，客戶不是在購買實體的商品，他只是在
消費數位化的產品或服務。除了產品或服務本身，組織還可以添加產
品資訊和數位化業務流程──透過行動裝置進行選購、組織的網站上
提供價格資訊、顯示使用者的回饋、根據客戶的描述推薦出最佳備選
產品數據等等。例如，透過 iTunes（Apple 最熱門的音樂播放軟體）
購買像歌曲這樣的全數位化產品是可以做到的，因為它能夠透過客戶

的 Apple 帳戶進行支付，電子帳單會透過電子郵件發送給客戶。當我們從 Amazon 購買一本書然後將其載入到行動裝置或 Kindle 時，會出現相同的流程。

（2）**實體產品／服務**：數位化內容可以被添加到如汽車、食品、電腦、電視等實體產品中。這可能包含產品資訊、特徵以及同一產品或其他產品的其他型號比較、客戶對產品的回饋；透過網際網路或行動裝置訂購產品，然後將其運送到客戶的家中或取貨地址；透過網站定義產品的配置、顯示訂單狀態，並在預定到貨有變化時發送短信；向客戶發送一個電子帳單；透過客服中心或網站提出服務請求等等。

- Dell 是最大的個人電腦和伺服器製造商之一，它研發了一個網站，讓客戶們能夠自主配置滿足他們需求的電腦，然後根據這些規格組建電腦並將其運送到客戶的家中。
- 帕卡（Paccar）是一家領先的卡車製造商，它創建了一個精妙的網站，可以定製客戶希望訂購的卡車配置。
- 著名的摩托車製造商哈雷戴維森（Harley-Davidson）為其客戶提供高品質的網站，在這裡他們能找到最新款的摩托車資訊和哈雷戴衛森的粉絲特別活動資訊，並能訂購相關產品。
- 墨西哥西麥斯集團（Cemex），讓建築公司能夠透過客服中心或直接透過網際網路變更混凝土產品的訂單。

客戶體驗：如何包裝數位化內容

第二個領域關於組織為其客戶所提供的整體數位化體驗以及如何包裝這種體驗。在數位化時代，在網際網路或行動裝置上擁有一席之地是遠遠不夠的。數位化體驗是一個複雜的主題，它需要深度思考和創造力，需要整合大量的業務流程、技術、系統和想法。

在設計客戶體驗時，組織應採用一個全面的方法。也就是說，它應該測試整個客戶的體驗流程，包括所有步驟和階段以及所有客戶觸

碰點（實體、人工和數位的）。客戶體驗不僅僅是網站體驗或行動應用程式的品質。評估和提高客戶體驗的重要工具之一是客戶體驗流程圖，如圖 5-3 所示：

可以依照慣例將客戶旅程分成五個階段：

（1）**認知**：組織可以使用多種管道來提高客戶認知。管道可以是：

　　・常規正規管道：報紙、電視、看板、廣播、口耳相傳等等。
　　・數位化管道：社群媒體上的數位化廣告、網站上的廣告等等。

（2）**思考**：客戶考慮購買的產品或服務，並查找支援購買決定的資訊。其管道有：

　　・常規管道：組織發送郵箱的廣告、目錄和信件給客戶。

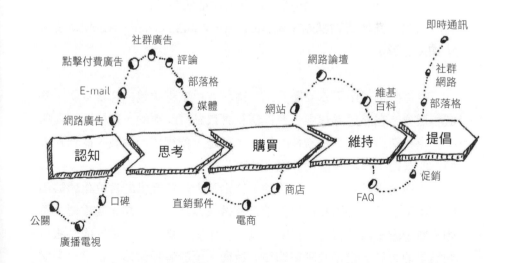

・圖 5-3：客戶旅程的五個階段

· 數位化管道：網際網路搜索、推薦引擎、閱讀已購客戶的建
議、搜索相關部落格等等。

（3）**購買**：客戶進行實際購買。購買管道可以是：

· 常規管道：商店、分店、商場購物亭。

· 數位化管道：網站、行動應用程式、客服中心等。取件可以
透過實體管道如商店或 i 郵箱或送貨到客戶的家中。

（4）**維持**：這需要留住客戶，防止他們轉向競爭對手。組織也
可以使用各種方式：

· 組建客戶社區；為買家提供持續更新的產品買方俱樂部；可
彙報問題、報告問題狀態的選項；為維修後收到的物品更新
日期、提供支付管道等等。

（5）**提倡**：客戶以各種方式自主地推薦該產品或服務 —— 如公
司的網站、其他購物網站（如 Amazon、Booking.com、TripAdvisor、
Netflix 等等）。

從這些例子中可以明顯看出，這段客戶旅程中包括許多步驟、管
道和選項。在整個過程中，客戶體驗應該是高品質的，組織應該在所
有管道和階段提供可持續性的旅程。這是一項複雜的挑戰，需要在大
範圍的管道中進行規劃和實施。

客戶，尤其是年輕客戶群體，特別強調組織提供的數位化體驗和
內容；當他們在公司和競爭對手之間做抉擇時，這一點尤為重要。例
如，在金融服務（銀行、保險、投資）領域，數位化體驗已成為銀行
間競爭的重點，也是其戰略的核心特徵。至於客戶體驗，組織應考慮
如下因素：

- 品質、網站設計和外觀、清晰方便的導航。
- 為獲得所需的產品或服務的搜尋引擎。
- 網站上顯示的品質和更新資訊。
- 滿足客戶需求的推薦引擎（個人化推薦）。
- 客戶回饋：讓客戶能夠提交回饋並閱讀其他客戶的回饋。
- 根據客戶的需求，透過個人電腦、平板電腦或智慧手機多種管道訪問網站：並且如有需要，還可透過自動化自助服務設備和自助服務端訪問網站。
- 網站對不同電腦或操作設備的自我調整。
- 該網站的回應速度。
- 該網站對身障用戶的可訪問性。
- 合作瀏覽功能：允許客服人員與在瀏覽網站時遇到困難的客戶一起瀏覽。
- 與人工客服溝通的聊天功能。
- 聊天機器人能夠執行不需要人工客服的簡單操作。
- 透過電話、電子郵件或其他管道與客服人員取得聯繫。
- 點擊一下即可進行交易。
- 管理一個全管道的客戶流程：例如，結合商店訪問所獲得的產品印象，然後透過網站購買，特價活動和數位化管道促銷等等。客戶如今期望簡單而流暢的切換在不同的管道之間：從一個管道中起始操作並在另一個管道中無縫銜接。

提供平台

第三個領域是指組織用於向其客戶所提供的數位系統和平台上的數位內容和體驗。可以把這兩種類型的平台分類：

（1）內部平台：組織用於管理數位體驗和內容的一套平台。此類別包括廣泛的資訊系統、數據庫（例如，說明組織分析和瞭解其客戶群的客戶數據倉庫）、計費系統、用於管理客戶關係的系統

（CRM）、與之集成的基於網際網路協定（IP）的電話系統電腦電話集成（CTI）和互動式語音應答（IVR）技術、組織的網站、聊天機器人應用程式、針對客戶的行動應用程式、用於業務分析的數據分析應用程式，以及諸多其他系統、技術和各種各樣的平台，這些通常在每個組織中都有所不同。例如，皇家加勒比海公司（Royal Caribbean）使用特殊攝影鏡頭去識別其遊輪上的乘客，並且使用先進的人臉識別技術，可向客戶收取使用船上設施的費用，或做全船許多餐館的預約管理。

（2）外部平台：包括如網際網路、行動網路、Facebook、YouTube、微信、微博、小紅書等社群網路，以及連結至 Google Maps、百度地圖、IBM Watson 等等的外部應用程式。

數位化商業模式

我們接著準備展示數位化商業模式。該模式側重於如何在九個構建模組中的每一個模組中展現出數位化的方面，同時還會著重討論三個獨特的數位化領域——內容、體驗和平台。

記住，數位化商業模式是經典商業模式的延伸，透過聚焦數位維度來擴展它。讓我們回顧一下數位化商業獲利模式畫布中的九個構建模組，並且來看一些數位案例。

（1）**價值訴求**：除了從實體產品中獲得的價值外，組織必須還要決定它希望透過數位化產品和增強型數位產品向客戶提供的價值，以及它想提供的數位化內容。它應決定是否僅僅想提供產品相關資訊，還是要在其中插入數位化元件，甚至是為其客戶們提供完全數位化的產品。給出幾個例子：

- Tesco：這間零售巨鱷決定在其全部 450 個加油站裡採用臉部識別技術。利用這項技術，它可以快速地識別客戶並在氣泵的螢幕上顯示其個人資訊，當然，還能快速付款。這使得

Tesco可以為每週在其站內加油的500萬客戶中的每一位客戶量身定製特別的促銷資訊。該公司決定利用其強大的品牌名稱來銷售帶有其商標的平板電腦。

- Staples：辦公用品公司決定實驗透過安裝特殊服務平台來減少商店詳細目錄，客戶可以方便地下單並第二天在辦公室收貨。這些是結合了實體和數位工作的例子，以便為客戶們提供更大的價值以及產生額外的收益。

- Osakidetza：這家位於西班牙巴斯克地區的健康服務公司開始使用微軟Kinect設備，讓客戶能夠接收遠端醫療服務。例如，使用Kinect設備能讓理療醫師接收患者寶貴的數據並為每一個患者提供遠端的個性化治療體驗。

（2）**客戶細分**：數位化工具如商務智慧（BI）系統、數據分析以及數據採擷等機器學習方法可用於定義客戶劃分。這讓現代化組織能夠更瞭解其客戶基礎，並為每個細分市場甚至每個細微客戶層定製適當的業務流程和客戶關係。

（3）**通路**：當今的一些客戶管道是數位通路，並由實體通路做補充（如商店和分支機構）。組織有必要瞭解客戶流程並決定如何提供高品質的客戶體驗，以及在哪些通路中尋求操作和服務客戶。除了商店和分支機構，組織還應決定它希望在哪裡以及它想要使用哪些數位化通路（網站、行動應用程式、電子郵件、短信、聊天等等），組織將如何利用通路來服務客戶甚至為他們提供額外的服務或產品，以及它將如何「在任何地點、任何時間、在需要時」呈現出來。如今，許多組織正在將數位化世界與實體世界相結合。

- Tesco：該公司正在利用它的眾多分支機構以及它受歡迎的網站，為其客戶提供各種各樣的金融服務（貸款和保險）。

- 儲存寶（Boxit）：一間以色列公司開發了一款自動盒式機器，用於傳遞和收集產品。這款機器可以運用於需要向客戶發送產品的公司。當包裹已經送達並且儲存在他們家附近的自提

櫃中時，這些客戶們就會接收到通知。在盒子機器上，客戶們輸入他們所收到的自提碼就可以打開對應的格子（取貨）。中國的順豐和蜂巢等公司也都有類似的產品。

（4）**客戶關係**：現如今，組織正在以部分數位化的方式處理客戶關係、服務過程和客戶留存。每個組織都應該檢測其客戶關係管理（CRM）系統的品質，用它對客戶的資訊分類，透過分析來瞭解其客戶基礎和策劃銷售的促銷方案，使用行銷的自動化工具，做搜尋引擎的優化工作等等。組織還應檢測其提供的個人化水準（這是 N=1 原則），目的是滿足每個客戶的特定需求（例如，顯示僅與特定客戶相關的資訊）[3]。如今，許多客戶們更喜歡在網站、行動裝置上，透過互動式語音應答（IVR）、聊天機器人或任何其他管道進行自助服務。這些主題不僅適用於企業對消費者（B2C）的組織們，也適用於企業對企業（B2B）的組織們。例如，向企業客戶們銷售複雜電子設備的組織可以在其網站上開發一塊用戶端區域，客戶可以在該網站上查看他之前和未結的訂單，檢看它們的狀態、帳單的資訊、常見的問題等等。

（5）**關鍵資源**：除了經典的主要資源（人員、資金、設備、建築、專利、聲譽等），數位化時代還引入了數位業務過程中所需要的一些新資源：數據庫數據、資訊系統、機器學習等等。組織應檢查其數位化資源並且評估它們是否被最佳地使用。

（6）**主要活動**：如今，組織執行業務營運和過程中的重要部分時，是由數位平台和系統來支援的，包括企業資源計畫（ERP）、客戶關係管理（CRM）、帳務、供應鏈關係管理（SCM）、電子商務、商務智慧（BI）等等。這些平台的品質對業務流程的品質和組織的競爭能力產生重大的影響。

（7）**主要合作夥伴關係**：當然在全球化時代，與許多重要業務合作夥伴的關係都基於數位化連接。數位化技術能讓組織與世界各地的供應商們快速有效地開展業務，以及有效地與物流貨運公司（如

UPS 和 FedEx）、信貸公司和銀行建立聯繫。

（8）**成本結構**：數位化技術能讓組織降低其成本結構。用更少的資源可以去做更多的事情（例如更少的分支機構、新地理區域的數位化活動、倉庫和後勤操作的自動化、生產過程中對機器人的使用、聊天機器人的使用以減少客服人員的數量等）。每個組織都應該檢查其成本結構，並決定如何運用數位化技術來降低其成本並提高其效率。

（9）**現金流**：數位化技術的出現極大地影響了收入的模式。數位化技術創造了產生收入的新方法。在數位化時代來臨之前，組織的收入主要來自產品的銷售、維修和服務、產品租賃等等。當然，也還有其他模式——例如，向客戶和廣告商（如報紙，電影院）收費，有時只收取廣告費（例如電視、Google）——但選擇是相對有限的。數位化技術透過添加一系列額外的方法來擴大其成本模式以獲取收入：

- 計量使用：支付取決於使用的程度和範圍。
- 免費：數位產品可免費使用，費用轉給廣告商來承擔。一些組織提供免費服務來換取客戶被組織收集數據的許可（「支付個人數據」）。
- 免費增值：產品的基本使用免費，需要付費才能獲得更多的使用權限。
- 微支付：為很便宜的交易做支付，例如為 iTunes 上專輯中的歌曲支付少量的使用費。
- 訂閱：一種眾所周知的、傳統的、卻備受網際網路和行動裝置所推崇的模式。例如，你可以訂閱襪子（透過 BlackSocks）或刮鬍刀片（Dollar Shave Club），然後產品會在一定的週期內被送到你的門口。
- 混合方式：一種結合各種各樣支付方式的方法。

四種數位化商業模式

考慮到這一概念的重要性，我們來描繪四種不同類別的數位化商業模式，正如威爾和沃納在一篇題為《在枝繁葉茂的數位化生態系統中茁壯成長》[4]的文章以及著作《你的數位化商業模式是什麼？》[5]中所提。當決定選擇哪種數位化商業模式時，每個組織都應熟悉這些類別。

他們的研究涵蓋了大量的管理者和組織，他們發現大多數參與到開發數位化商業模式的組織，都致力於透過兩個主要方面的數位化變革來尋求新的價值和競爭優勢：

（1）**瞭解終端客戶**：組織是否完全瞭解客戶及其需求，還是僅僅有部分認知。

（2）**商業設計**：組織是否是其可控價值鏈上的一部分，又或者是更複雜的網路和其控制的生態系統中的一部分；在後面這種情況下，重點要轉移到創建、營運和使用客戶和組織（有時包括競爭對手）的網路。

這兩個主題可以是兩條軸線，也可以是四種不同類別的數位化商業模式的基礎，如圖 5-4 所示。

讓我們簡要介紹一下在數位化時代組織可以開發出的四種數位化商業模式。在選擇模式時，組織應評估它對價值鏈的控制程度及其對客戶的瞭解程度。選項有：

（1）**供應商**：如果組織對客戶僅有部分且相對有限的認知，並透過其他組織銷售它們的產品，則應側重於實行降低成本並創造漸進／適度創新的數位化業務模式。這些組織面臨著對客戶失去掌控的風險。例如：透過代理商進行銷售的保險公司或投資公司，以及透過零售商店銷售其產品的公司。

（2）**模組化的生產者**：如果組織對客戶的認知是局部且相對有限的，並且是廣泛生態系統網路中的一部分，則應該側重運用數位化

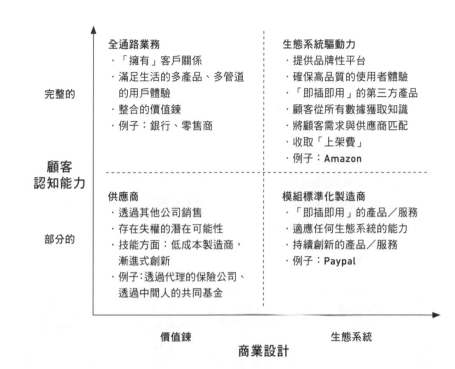

全通路業務
- 「擁有」客戶關係
- 滿足生活的多產品、多管道的用戶體驗
- 整合的價值鍊
- 例子：銀行、零售商

生態系統驅動力
- 提供品牌性平台
- 確保高品質的使用者體驗
- 「即插即用」的第三方產品
- 顧客從所有數據獲取知識
- 將顧客需求與供應商匹配
- 收取「上架費」
- 例子：Amazon

完整的

顧客
認知能力

部分的

供應商
- 透過其他公司銷售
- 存在失權的潛在可能性
- 技能方面：低成本製造商，漸進式創新
- 例子：透過代理的保險公司、透過中間人的共同基金

模組標準化製造商
- 「即插即用」的產品／服務
- 適應任何生態系統的能力
- 持續創新的產品／服務
- 例子：Paypal

價值鍊　　　　　　　　　　生態系統
商業設計

· 圖 5-4：四個象限中的關鍵屬性

商業模式，使其能夠快速地、輕鬆地適應不同的生態系統網路，與此同時生產創新產品或服務。例如，PayPal 就是電子商務生態系統的一部分。這些組織需要構建數位化商業模式，來確保盡可能多的電子商務網站的開放性和輕鬆集成（例如應用程式設計介面 API），並且在其重要領域發展創新。

（3）**全管道業務**：組織對客戶及其需求有廣泛的瞭解，並且它是一個更廣泛的價值鏈的一部分。這種類型的組織非常瞭解它的客戶，可以創建適合客戶生命週期的產品／體驗——例如，開始讀大學、結婚、購車等等的客戶。這類組織的例子包括銀行、直銷保險公司、擁有客戶俱樂部的零售連鎖店等等。這些組織需要開發全部管道

的數位化商業模式、客戶俱樂部、高品質的客戶體驗等等。

（4）**生態系統驅動**：這些組織使用平台連接供應商和客戶的商業模式，對客戶及其所執行的交易有廣泛的瞭解，並且是供應商、業主、信貸公司、銀行等等廣泛生態系統的一部分。例如，Amazon 構建了一個數位商業化模式，包括一個龐大而多樣化的平台，使客戶能夠以簡單有效的方式購買他們想要的任何東西。阿里巴巴則是另一個將許多供應商與大量客戶聯繫起來的平台的例子。

數位化技術對商業模式產生了強烈的影響，並在很大程度上加快了新商業模式的發展。圖 5-5 取自《數位渦漩》[6] 一書，把數位化商業模式中的三大類型看成價值加速器。

我們來大致看看這些價值加速器。

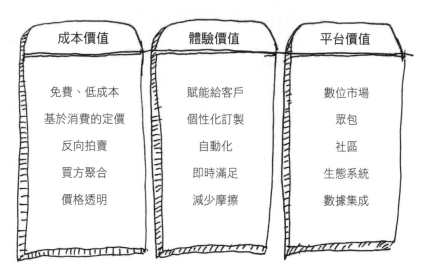

成本價值	體驗價值	平台價值
免費、低成本	賦能給客戶	數位市場
基於消費的定價	個性化訂製	眾包
反向拍賣	自動化	社區
買方聚合	即時滿足	生態系統
價格透明	減少摩擦	數據集成

· 圖 5-5：三大價值加速器

· **降低成本（成本價值）**：數位化商業模式可以降低組織用多種形式所提供的產品／服務的成本。例如，應用免費增值的

理念（提供免費的基本應用並對高級的功能收費）、基於消費定價、反向拍賣（客戶設定他們願意支付的價格和不同的製造商回應）、買方聚合（團購的購買力讓他們能夠獲得更大的折扣）和價格透明，使得客戶能夠貨比三家。

· **提升的客戶體驗（體驗價值）**：數位化商業模式可以透過培養高品質的客戶體驗來提高體驗價值。例如，透過提供資訊和簡單／快速的產品選擇來進行客戶授權。根據他們的需求，為每位客戶提供獨特的資訊。透過識別客戶並傳輸個人資訊來減小分歧並實現各種操作的自動化、個性化和即時的服務。

· **構建平台（平台價值）**：數位化商業模式為開發數位市場提供了廣闊的發展平台，運用「眾人的智慧」，研發和推廣客戶社區，發展生態系統，並讓組織透過控制資訊成為協調者和市場的協調組織（數據協調員）。

商業模式的創新

如本章節所討論的，數位化商業模式可以使組織產生新的客戶價值和新的附加收入來源。

多年以來，創新的焦點是組織的產品或服務（產品／服務創新），在某些情況下是組織的業務流程（過程創新）。近來，組織已經聚焦於另一種革新——商業模式的創新（Business Model Innovation, BMI）。組織靠產品或服務帶來收入的方式可以在不一定要求更改產品或服務本身的情況下進行更改。在改變業務模式時，組織可以從諸多備選方案中進行選擇。我們在前面的章節中呈現了大量替代方案——將產品轉變為服務（產品服務化）或利用數位化功能提供定價選項，如免費增值等等。

在這章中，我們將重點討論開發創新業務模式的重要性，並描繪出一種可用作發現創新商業模式的有趣方法。

　　瑞士聖加侖大學（University of St. Gallen）開展了一項關於商業模式創新的有趣研究。該研究作為一本名為《商業模式導航器：將改變你的業務的 55 種模式》[7]一書的基礎。該研究調查了不同行業的250 種商業模式，發現它們可分為 55 種不同的形式，可以用作開發新業務模式的範本。換句話說就是組織應該研究這些範本，並將它們應用（複製黏貼）到自己的行業，進行必要的調整，而不是去做創建新業務模式的嘗試。例如：

　　（1）BlackSocks：這個公司採用了眾所周知的訂閱模式，該模式雖然已經存在多年（報紙、劇院門票等等），這個公司第一次將其應用於服裝行業。在這個領域，時髦的商業模式包含店內銷售，顧客來到商店購買他們所需的服裝產品。BlackSocks 採用訂閱的模式並將其轉變為基於訂閱式的商業模式，透過公司的網站購買訂閱後，他們所選的襪子每個月（或按他們指定的其他時間間隔）送到他們的家中。這不是一種嶄新的商業模式，BlackSocks 只是簡單地將商業模式從一個行業（報紙）複製到另一個行業（服裝）。

　　（2）惠普（HP）：惠普採用最初由吉列（Gillette）開發的「刮鬍刀和刀片」商業模式，並將其應用於印表機的世界。刮鬍刀和刀片模式是建立在基本產品（刮鬍刀握把）收取相對較低的價格（通常低於生產成本），並用相對較高的價格銷售和其互補的產品（刮鬍刀片）的想法上。一次購買握把就要長期購買刮鬍刀片從而產生持續的收入來源。惠普將這種模式運用於家用印表機市場——這種印表機價格相對較低，而與之匹配的墨水匣則價格相對較高。雀巢的 Nespresso 以相同的商業模式銷售其機器和咖啡膠囊。基於這種模式，玩具製造商Mattel 研發了一種 3D 列印，讓兒童可以在家中設計，列印和組裝列印小玩具。3D 列印以低價出售，但用於列印過程的耗材卻十分昂貴。

　　幾乎全部的已知商業模式都能適合 55 個範本其中的一個（圖5-6），因此研究人員研發了一種商業模式創新方法。他們推薦的方法基於以下三個階段：

· 圖 5-6：55 個商業範本卡片

（1）**啟動**：這個階段包括瞭解組織的現有商業模式以及組織營運所在行業的主導邏輯。在此階段中，組織分析開發新業務模式的基本原理。

（2）**構思**：這個階段涉及要透過審查現有的 55 個模式並加以思考如何在組織的活動領域中運用其中一個模式來開展新業務。當然，沒有必要研究全部 55 個模式；組織可以審查少數看似適合其營運部門的模式。為了幫助檢查不同模式的流程，研究人員研發了 55 張卡片，簡要總結了每種模式及其主導邏輯。使用這些卡可以幫助加快選擇適合複製的模式流程。這一階段的目的是激發創造力和探索可能適合組織及其服務客戶的創新想法。

（3）**集成**：這裡涉及到深入研究新業務模式的所有方面並定義出它所有的組件。在這個階段，組織可以審核業務模式的所有部分，並確保其是清晰的和完整的。

　　商業獲利模式畫布的兩位開發人員奧斯瓦爾德和比紐赫，建議組織使用投資組合的方法檢查商業模式的創新，類似於我們在上一章中所討論的方法。在戰略家（Strategyzer）部落格上發表的一篇題為〈評估和設計你的創新組合〉[8]的文章當中，他們描寫了成規模化地「開發」（exploit）和「探索」（explore）創新商業模式的方法。（圖5-7）

　　每個組織都應該管理一系列的創新項目，其中包括致力於增強已存在（開發）的項目和研究新業務模式（探索）的專案。當業務模式引入創新時，每個組織都應處理三個業務成熟階段：成熟業務、增長業務和新興業務。制定的創新項目應基於以下兩個階段：

　　（1）創新評估：這個階段包括檢查公司正在採用的當前專案組合。組織應該評估這些專案是否主要側重於開發現有商業模式或創建新的商業模式，伴隨尋求新機會的目標，去保護其免受競爭對手試圖採用顛覆性商業模式的破壞。

　　（2）創新戰略：檢查現有的創新專案組合後，組織可以規劃其創新戰略。最具創新性的組織們會管理起「開發—探索」循環不斷的創新專案組合。

　　這個組織的專案組合應該包括少量的「探索」創新項目和大量的「開發」專案。「探索」項目的風險更大，更有可能失敗。考慮到研發新商業模式所帶來的更大風險，使其作為平衡創新組合的一部分進行管理則至關重要。

	開發		探索

商業研發

開發　←　→　探索

低不確定性
已知的業務模式

高不確定性
未知的業務模式

成熟型業務 持續改進公司的業務模式	成長型業務 大幅度擴張公司業務模式	新興型業務 對新的業務模式進行實驗

創新評估

哪些項目集中於簡化現有的業務模式？	哪些項目集中在現有業務模式下創造新的成長？	哪些項目集中於為未來創造新興的機會？

創新戰略

如何才能繼續簡化現有的業務模型？	如何在現有業務模型下創造新的成長？	未來想創造哪些機會來定位公司？

· 圖 5-7：55 個「開發」和「探索」

總結：商業模式的力量

在這一章中，我們探討了商業模式的概念，經典的商業獲利模式畫布及其數位擴展。數位化業務模式使組織能夠檢測其數位化的有效性，並決定它希望利用哪些商業機會和數位化技術從而產生競爭優勢，成為一個更有效的組織，並從它的競爭對手中脫穎而出。我們簡單地介紹了一些數位化商業模式的例子和研發新商業模式的方法。

管理者們在組織研發和採用數位化商業模式中發揮著關鍵的作用。他們應該瞭解組織的現有商業模式，並成為積極的合作夥伴，持續擴展和協調它，檢測新的數位化技術的潛力和位置，並應對新的業務挑戰。我們描繪了一個包含四大類數位化商業模式的模版，它們可以幫助組織瞭解其側重的數位化商業模式。組織們應該接觸各種各樣的數位化解決方案和技術（而不僅僅是資訊系統），這些解決方案和技術可以讓組織創造出獨特的商業模式並帶來機會讓其去發展競爭優勢。他們應該意識到技術的發展及其提供的潛力。組織的所有管理層都應該合作去拓展數位化內容，增強客戶的數位化體驗，不斷擴寬數位化服務的訪問管道，並且利用新技術來促進商業創新。

PART 2

●

理論篇

● CHAPTER 6

數據：數位化時代的石油

關於包裹的資訊和包裹本身一樣重要。
——弗雷德‧史密斯（Fred Smith），聯邦快遞（FedEx）執行
長（CEO）

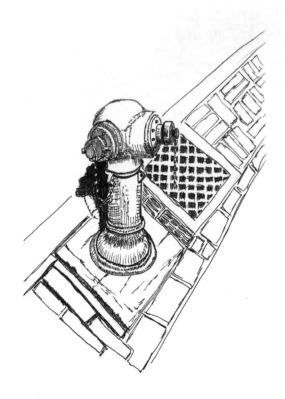

引言

　　本章的目的是強調數位化變革中最重要的元素之一——**數據**。2016 年，麥肯錫公司（McKinsey & Company）發佈了一段對唐·卡拉漢（Don Callahan）名為《為數位化時代重組花旗》[1]的採訪，卡拉漢是花旗集團旗下的營運和技術部門負責人，該集團是世界上最大的銀行之一。在採訪中，他說「數據像金錢一樣重要。」雖然他在談論銀行業，數據無疑已經變得像公司的產品一樣重要了。在聯邦快遞的一則商業廣告中巧妙地引用了該公司執行長弗雷德·史密斯的語錄——「關於包裹的資訊和包裹本身一樣重要。」[2]

　　數據一直以來是項重要的組織資源，也是任何數位化系統的一個必要基礎。沒有數據構成的數位化應用是難以想像的。企業資源計畫（ERP）、客戶關係管理（CRM）、會計帳務等商業資訊系統；商務智能；Amazon、eBay、阿里巴巴等電子商務系統；社群網路，如 Facebook、Twitter、微博、YouTube、微信、WhatsApp 等等；Waze 這樣的行動導航；Booking 或者 TripAdvisor 這樣的飯店預訂系統；Airbnb 這樣的房間租賃網；或者 Uber 及其他等等的應用程式，所有這些無一例外地運用、處理和管理著數據。由於數據在所有這些應用程式中有顯而易見的重要性，我們傾向於把數據比作汽車引擎——我們雖然並不真正理解引擎是如何工作的，但是我們清楚地意識到，如果沒有它，汽車將毫無價值。數據也一樣：如果沒有數據或者數據毀壞，那麼我們所熟悉的大多數應用程式都將毫無價值可言。

　　在數位化時代中，數據已經轉移到企業的前線位置，在那裡它獲得了應有的重視，並且在一定程度上承載了自己的命運。它成為組織創造競爭優勢，做出明智決策和創造創新產品能力的一項重要資源。在某些情況下，數據本身成為了新收入的來源。我們由於數據不斷擴大的重要性，而常常稱現在的經濟為「數據經濟」。

　　如今數據正被人稱之為「數位化時代的石油」，在這章當中，我

們會分析幾個數據的性質，並討論數據為什麼是現在**最重要的資源**。我們還提出了一些戰略層面的建議，並鼓勵讀者去尋找「以數據為中心」的機會。

數據爆炸

數位化時代的顯著特徵之一就是數據爆炸 —— 數位化環境中所生成的數據量在不可思議地增長。生成數據和利用數據的系統、產品和感測器數量急劇增加；生成和被使用的數據量已經在呈指數級地增長了。

想像一下這個大場景：組織的資訊系統中不斷收集越來越多的數據；在全世界各地電子郵件不停地傳輸著；數十億的智慧手機和電話、各式各樣的電腦，都在生成和使用著大量的數據；使用者在社群媒體網路（Facebook、LinkedIn、Twitter、YouTube、WhatsApp、微信、Snapchat、Instagram 等）上的活動正在創造大量數據；電子商務的網際網路網站，如 Amazon、eBay、阿里巴巴等等，使用和生產大量的數據；數十億人在瀏覽網際網路並運行著各種各樣的應用程式，與此同時 Google 和其他搜尋引擎正在創造大量的額外數據；數十億連接著的感測器正在產生各種各樣的產品數據 —— 汽車、飛機、噴氣發動機、風力渦輪機、火車、電梯以及安裝在城市周圍的路燈和交通信號燈以及越來越智慧化的家庭和建築物中的攝影機；自動化停車場依靠數據在沒有人的情況下運行；感測器數據由洗衣機和冰箱所產生；附在包裹和消費品上的 RFID（無線射頻識別技術）標籤生成追蹤和其他數據；基於全球定位系統（GPS）的導航設備憑藉數據運行等等。所有這些感測器都會生成大量數據。圖 6-1 顯示了多年來數據量的增長情況以及產生數據的系統是如何發生變化的 —— 從組織資訊系統到感測器及其他設備。

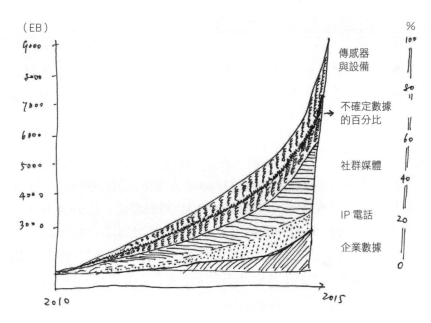

· 圖 6-1：按來源收集的數據量增長情況

　　各種預測已經預示著我們已經蓄勢待發地進入「物聯網」（IoT）的時代，包括數十億個智慧連線物件。每個物件都在傳輸可被分析的數據，從而產生即時指令回傳至該源物件，從而引導每個物件更加智慧地運作和被維護。

　　現實情況是，組織被大量的數據充斥著，但他們並不總是知道如何處理它，且並不總是能夠利用它來生成可能對業務和決策過程有用的見解。追溯到 1991 年，著名作家約翰·奈斯比特（John Naisbitt）在他的《2000 年大趨勢》[3] 一書中評論說，「我們被數據淹沒，但是我們卻渴求知識。」在數位化時代中，每家公司都面臨著如何將這些大量數據轉化，使其成為業務的價值來源和競爭優勢的挑戰。

數據：持續增長的一項資源

　　圖 6-2 描繪了在 2019 年僅僅一分鐘之內各種網際網路應用程式的活動！取整數後的數字是：在 Twitter 上發佈了大約 87,500 條新推文，發送了一千八百萬條電子郵件，在 Google 上進行了 380 萬次搜索，從 App Store 和 GooglePlay 下載了 392,000 個應用程式，一百萬次登入 Facebook，而這一切發生在一分鐘內，其數量簡直難以置信。

　　目前在一年的時間內，大約有 40 億人連接到網際網路，約有 50 億使用者加入手機網路，還有數十億的物聯網設備。到 2020 年，將存在大約 400 到 600 億個和網際網路連接的智慧裝置。Walmart 每小時儲存大約 2.6 PB 的數據，去追蹤其客戶的購買活動（1 PB 約相當於 100 萬 GB）。世界上大約 90% 的數據都是在過去兩年間產生的。

 14 億 8 千萬條訊息

 1 億 8 千萬封郵件

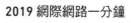 **2019 網際網路一分鐘**

 450 萬部影片觀看

 180 個 Amazon Echo 智慧音箱出貨

 100 萬人次登入 Facebook

 390,030 次 APP 下載

 4160 萬則 Messenger + WhatsApp 訊息

 380 萬次 Google 搜尋

 347,222 則 Instagram

 210 萬則 Snapchat 訊息

 996,956 美金網路消費

 87,500 條推文

 694,444 小時 Netflix 觀賞

 41 人次訂閱串流音樂平台

 140 萬次 Tinder 檢視

・圖 6-2：2019 年網際網路一分鐘數據

另一項估算表明，每月生成的新數據有 2.5 EB（1 EB 約相當於 10 億 GB）。

　　一個空中巴士（Airbus）飛機的引擎在飛行中每半小時可產生 10 TB（1 TB 約相當於 1 千 GB）的數據。在從倫敦到紐約的一次航行中，空中巴士 380 上的四個發動機會產生 640 TB 的數據。**人類很難掌握數位設備和應用程式所生成數據中的所有數字，其驚人的增長率則讓分析數據更是難上加難。**

解析成熟度的發展

　　作為第一個對石油和數據進行類比的人，英國數學家克萊夫・哈比（Clive Humby）——零售巨頭 Tesco 的成功戰略「客戶俱樂部」的架構師——理當獲得讚譽。在 2006 年，他表示：「數據是新的石油。它很有價值，但是如果未經提煉，它就無法真正地被利用。它必須變成天然氣、塑膠、化學品等等，生成一個有價值的實體才能推動可盈利的活動；所以數據只有被分析之後才能展現它的價值所在。」

　　自那以後，便經常聽到石油和數據之間的類比：兩者都是為人類，特別是為企業創造財富和效用的重要資源。例如，全球研究公司加特納的高級副總裁彼得・桑德加德（Peter Sondergaard）在 2015 年《富比士》（*Forbes*）的一篇文章[4]中寫道：「數據分析是 21 世紀的石油，儘管它擁有高價值，但數據本身卻是無用的，在你學習如何使用它之前，它無法做任何事情。原油在經過精煉並變成汽油之前也是毫無價值的。」數據分析被比作成品油，分析之後能解決特定問題並能轉化成為決策和行動的獨特的演算法，才是未來成功組織的祕訣。數位化時代的淘金熱將彙聚在如何利用數據製作有價值的東西。IBM 執行長金尼・羅梅蒂（Ginni Rometty）在 2013 年說：「我希望你將數據視為下一個自然資源。」

　　石油在其是天然原油的狀態下幾乎沒有價值可言。唯有經過加工

和提煉，它才能變成各種有價值的人類生產活動不可或缺的產品——汽油、塑膠、尼龍、潤滑劑等。像石油一樣，原油狀態的數據也幾乎一文不值。唯有在處理過後，它才能變成有價值的產品，才能夠支援正在進行的組織活動、決策過程、趨勢分析和異常識別、假設模擬、管理儀表板等等。為了達到此目的，數據需要經過處理：首先，它由各種各樣的資訊源（營運數據庫、社群媒體、外部系統、感測器等等）生成；下一步，它將經歷一個整理和濃縮的過程，然後上傳到特殊數據庫（數據倉庫、數據湖等）。數據湖是一個相對較新的概念，能夠以各種各樣的格式快速儲存數據，而不會將任何特定數據結構強加到數據上，也不會在數據進入數據庫時為其建構索引（這一過程會大大減慢數據進入數據倉庫的速度）。不像石油這種從地層中獲得的不可再生資源，一旦消耗殆盡就會消失，數據則通常是不斷累積的，而且每過一天都會增加大量的、更多的數據。

有些組織在業務過程中會產生大量的數據，他們知道數據的重要性，但一時不知道如何利用，他們於是下決心好好地保存這些數據。這其實是一個巨大的誤區：就像好好保存原油一樣，隨著時間的流逝，這些沒有處理過的數據將變得過時而毫無用處。被動儲存數據的公司會自認為自己做了應該做的，但是它們錯過了利用這些數據的最好時機。另外，在沒有**模型和決策回饋**的情況下，很難說收集到的數據是不是真的值得，而那些沒有收集而錯過的數據也許未來會成為寶貴的財富。

如果數據是數位化時代的石油，那麼商業分析就是數位化時代的煉油廠。煉油廠是一個工廠，用於加工原油並將其轉化為具有重要價值的多樣化產品。相似地，商業分析系統透過一系列複雜的過程（轉換、濃縮、檢測、上傳、處理和分析）處理原始數據直到它成為使用者們和組織的資訊、知識和見解。

數據分析並不是新鮮的東西。它早在 20 世紀 60 年代出現資訊系統之後不久就開始發展了。多年以來，分析系統被稱為商務智慧、數

據庫、決策支援系統以及數據分析。它們從主要涉及處理報告中相對簡單的系統，演變為處理複雜的分析和預測、趨勢分析、類比等系統。

湯姆・達文波特（Tom Davenport）教授的一篇文章為理解分析系統的發展提供了良好的基礎。達文波特是商業領域的頂尖大師之一，他在《哈佛商業評論》中發表了一篇題為〈數據分析 3.0：在新時代裡數據將會推動消費者產品和服務〉[5]的文章。達文波特把分析系統的發展分為三個階段：數據分析 1.0，商務智慧的時代，開始於 20 世紀 60 年代的某個時期；數據分析 2.0，數據分析的時代，開始於 2000 年左右；和數據分析 3.0，這是近幾年開始的現代化時代，它將商務智慧與數據分析整合為「數據經濟」的基礎。在這個時代裡，人們無法再區分業務和數據——它們是互相盤繞著的。圖 6-3 呈現了這三個階段中每個階段的主要特徵。

讓我們來簡要地看一下這三個階段：

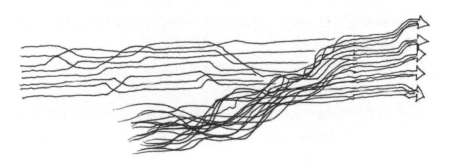

1.0 傳統分析
· 描述性的分析報告
· 來自內部的結構化數據

2.0 大數據
· 複雜大量的非結構數據
· 基於數據的產品和服務

3.0 帶來商業行銷的快速洞察力
· 分析是企業的戰略資產
· 快速敏捷的洞察傳遞能力

· 圖 6-3：分析系統發展的三個階段

數據分析 1.0：數據的時代

第一個時代看到了數據儲存和商務智慧的概念。最初的用途如生成報告和查詢，之後很快出現了從資源系統獲取數據的工具，隨後這些工具又用於分析、視覺化和生成任務報告。多年以來，這些工具變得越來越複雜與靈活。現如今，大多數組織們都將數據庫和分析工具作為他們決策過程中的一部分。商業分析 1.0 時代的主要特徵是：

· 數據資源相對有限，並且主要目的在服務組織內部。數據十分結構化。

· 分析的活動相對有限，並且主要是描述性分析和報告——重點聚焦在已經發生的事情上。分析由基本的商務智慧分析師來完成。

· 分析的過程相當之複雜，且需要從資源系統中獲取數據，準備數據以便上傳至數據庫並運用專用分析工具進行分析。

· 在這個時代裡，執行數據分析的分析師在幕後工作並準備好向管理人員提交的報告和分析，然而這通常不是業務過程或決策的一部分。

分析與商業戰略之間的關聯性是有限的，並且通常對組織的競爭優勢不存在直接的影響。

· 在許多組織中，管理者依然依賴於直覺和經驗作出決策而不是基於數據分析。

數據分析 2.0：數據分析的時代

計算能力的不斷發展和儲存成本的持續下降，外加數據的爆炸式增長，商業分析被推向下一個階段——數據分析的階段，這一階段開始於 21 世紀初的某個時期。儘管「數據分析」這個術語出現得略晚一些，但在 2000 年前後，它的某些特徵就開始顯現。以極快的速度興起的電子商務網站和社群媒體網絡帶來了數據管理方面的全新挑

戰，並且需要處理大批量的、各種格式的數據（文本、照片、影片、音訊等等）。

　　大型網際網路公司例如 Google、Facebook、eBay、YouTube、LinkedIn 和 Amazon，以及百度、阿里巴巴、騰訊開始研發系統來應對這些不斷增長的數據量。數據也已成為他們的主要資產之一，他們開始開發新的數據相關的產品及服務。例如，LinkedIn 開發了「你可能知道的人」和「你可能感興趣的工作」等產品，這些產品是公司用來收取費用的增值產品。

　　對計算能力極大的需求導致了大規模並行處理架構（MPP）的發展，進而促成了 Hadoop（是一種支援數據密集型分散式應用程式）技術的發展。新一代數據庫管理工具由此誕生了──NoSQL（非關係型數據庫），一種能夠處理多樣化數據類型，並能處理快速流入庫中數據流程的數據庫。雲端運算技術還提供了用於儲存和處理大量數據的平台。與此同時出現的是用於記憶體處理過程和數據管理的技術，如 SAP Hana（是一款支持企業預置型部署和雲端部署模式的記憶體計算平台），以及使數據庫擁有數據處理能力，而不是將數據帶到伺服器的技術。可以說，在新時代裡的分析需求不同往常，從而產生了一個嶄新的職業：數據科學家。

　　重述要點之數據分析 2.0 階段的特徵：

- ·大量數據的新資源以及多種多樣的非結構化格式。數據分析的慣用定義是 4V：**體量**（大量的數據）、**多樣化**（數據類型的巨大差異化）、**速度**（數據流入數據庫的超大速度）和**準確性**（我們對數據資源的信任度）[6]。我們認為，真正的重要的「V」卻是前人沒有總結的另外一個 V：「Value」價值（數據對企業戰略的意義）。
- ·應對新挑戰所需的新的分析能力的顯現。
- ·新的專業化專家，即**數據科學家**的出現。數據科學家去應對

複雜分析數據處理和高級數據研究這樣的挑戰，從數據中獲得新的見解。

· 新公司，主要是網際網路巨頭，開始研發被稱為「數據產品」的新型產品，為他們帶來新的收入來源。

· 用於分析的新數據中很大一部分來源是從內部源轉移到外部源的，例如感測器、數位設備、社群網路等等。

· 機器學習的出現加速了對高級數據處理能力的需求，並提供了允許更快速分析的新型計算平台。

數據分析 3.0：數據公司的時代

許多人仍舊認為我們還處於第二階段，但數據新時代的跡象已經很明顯，現在是整合前兩個階段成果的最佳時代。它具有最棒的商務智慧和數據分析的環境，可以快速獲得洞察力，並研發出新的基於數據的產品，對組織產生重大的影響。這就是**數據公司**的時代。

誠然，我們仍處於商業分析 3.0 的初始階段，但我們已經看到了來自製造、醫療服務、零售、金融等等行業的組織在使用數據去創建新的數據相關系列的產品，並且在為他們的客戶和他們的管理人員提供先進的平台及快速的分析結果。商業分析 3.0 的主要特徵是：

· 分析和數據現在是一項戰略資產，對組織的營運是具有強制性的。

· 需要更快速的「從見解到行動」的能力。

· 研發出先進的分析工具，並提供給決策者使用，去解決他們所需要處理的問題。

· 組織文化和業務動態的發展將其推向數據驅動的決策制定和數據驅動的組織。

· 每個組織都可以創建與數據相關的產品。我們正在見證同時集儲存、傳輸、分析、處理和視覺化功能的新工具的誕生，

而不是一系列獨立的解決方案。

以下是一些企業巨頭將分析用作戰略資產的一些例子：

- 運輸和物流巨頭**美國施耐德物流公司**（Schneider National）使用越來越多新的**數據來源**（他們卡車中的燃料使用程度、容器的位置、駕駛員的行為和其他指標的更新）以便運用優化物流的複雜演算法。其目標在於計算最佳路線、降低燃料成本並減少事故發生。

- **奇異**（General Electric Company, GE）將工業化物聯網視為是在數位化時代創造其競爭優勢的關鍵戰略領域，打算連接他們所有的工業設備並將感測器集成到他們的所有產品中去，從而收集到性能數據。GE 建立了一個龐大的軟體部門，在 Predix 品牌下開發了一套協議和工具，並且推廣其工業物聯網概念。該公司收集所有這些數據，使用數據分析工具去進行分析，並且為客戶們提供有關 GE 產品的最佳維護及使用建議。他們還在宣傳被他們稱之為**孿生數位化**（Digital Twin）的想法，這是一個模擬實體設備活動的智慧軟體，也叫實體的數位化即時模擬。它可以即時生成分析結果，並發送指令去管理實體設備本身。例如，GE 如今製造和安裝的每個風力渦輪機都具有這種孿生數位化裝備，從渦輪機本身即時接收數據。孿生數位化概念能夠即時分析其實體渦輪機的運行狀態，提供有關如何用最有效的方式增強其電力生產的建議，並將其立即傳輸到實體渦輪機以改變不同的運行參數。想像一下，GE 生產和安裝的每台噴氣發動機、渦輪機、機車和醫療成像設備都有一個孿生數位化設備，並可即時連接到其實體設備，模擬其活動。（這裡值得注意的是，從 2018 年開始，GE 開始減少其對數位化的投資並重新關注其傳統的核心業

務。在 2019 年下半年，通用電器被爆出造假醜聞，股價在不到一個月內跌了 20%。）

· 美國跨國消費品公司**寶僑**（Procter & Gamble）在其商業活動的核心管理中不再使用傳統的商務智慧來處理特定問題。該公司已將商業分析集成到其所有過程中，並在約 50 個地點建立了全球化連接的決策環境，稱其為商務球（Business Spheres）或商務組（Business Suites），並配備決策艙（Decision Cockpits）。這些環境提供多媒體演示陣列，包含了來自數據分析的豐富見解，用於增強管理決策。

· **優必速**（UPS）使用它的 ORION 航隊管理系統對 55,000 名駕駛員執行路線的即時優化。

這些業務分析的先進案例都是運用集成商務智慧和數據分析來生成快速且有效的洞察力，並在某些情況下為客戶和員工生成與數據相關的產品。

數據推動人工智慧的改變

近些年來一場無聲的革命給電腦科學帶來了巨大的變革，這一革命重振了「機器學習」一詞，這是人工智慧（AI）的一個分支。人工智慧是電腦科學研發領域中的一個長期研究領域，它是個激發了許多人想像力、一個受歡迎的、但之前從未真正成為此領域討論中心的主題。

數十年來，電腦世界一直受基於規則的程式設計所支配：人類程式師研發運算法則，並且用特殊軟體（編譯器）將其轉換為適當的電腦語言。電腦可以快速有效地執行運算法所要求的內容。它接收輸入數據，並在演算法指示下將其轉換為適當的輸出。這意味著程式設計

運算法則的人必須事先考慮到可能發生的所有情況，並為電腦定義在每種情況下應該做什麼。圖 6-4 描繪了這種典範。

在一些應用程式中，如視覺識別、語音辨識、**翻譯**、機器人及其他，這種典範效果較差。儘管經過多年的研究，科學家們仍舊無法為這些應用程式研發出好的演算法。近年來所發生的兩次顯著變化導致了典範的變化：

- **數據量的爆炸式增長**：我們已經描述了這種現象以及它如何引導創建具備各種數據類型的數據管理和分析功能。
- **處理能力的發展**：處理器功率、記憶體大小、電信速度、並行處理能力——所有這些領域的提升帶來了計算能力的嶄新維度。

這兩個互補式的發展，以及人工神經網路研究的進步，促成了機器學習的一個突破——去學習來自數據本身的能力。從數據中學習和

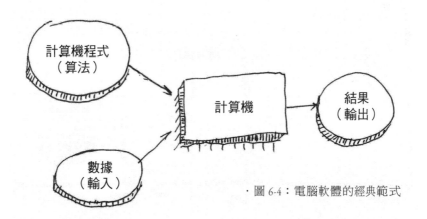

· 圖 6-4：電腦軟體的經典範式

推導運算法則並用軟體學習系統替代程式師，在過去幾年中出現了一種新的典範——**深度學習網絡**。這些系統會在接觸到越來越多的數據後進行自行修改——換言之，它們會從數據中學習。圖 6-5 顯示了人工智慧和機器學習的演變，此圖來自米蘭‧曼瓦爾（Milan Manwar）的一篇文章。

如今的技術進步導致出現了語音辨識、臉部和實物識別以及推薦引擎——可根據已閱讀的書籍或已觀看的電影的客戶數據，向客戶推薦他們有可能想閱讀到的書籍或他們可能希望看到的電影。

在早期的典範中，程式師必須提前定義演算法並告訴電腦在每種情況下應該做什麼。在新的典範中，這裡無需一定要為特定任務編寫軟體。反而，系統透過暴露在大量案例數據下得到訓練（這是系統的訓練階段）。數據包括實例以及系統應該執行的操作。例如，如果照片包含貓或狗，你則向系統提供了許多打好標籤的照片示例，系統會

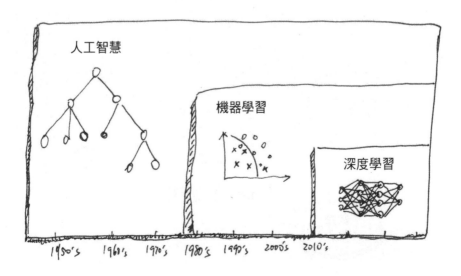

· 圖 6-5：人工智慧和機器學習的演變

更新其神經網路內部節點的權重，直至它可以自動地評估出新的照片（這是系統操作階段）。當模型訓練完成，如果我們向系統提交任何新照片，它可以識別該照片中是否有貓或狗。機器學習的實現在很大程度上基於人工神經網路理論。在學習階段中，透過案例的呈現來訓練系統，系統中的神經節點做出相應的改變。圖 6-6 描繪了這種新範式。

　　對機器學習及其背後的數學和統計理論所展開更深入的討論，超出了本章的範圍。然而，有一件事是顯而易見的：**數據**和**數據分析**，以及**計算能力的驚人發展**（平行計算和儲存大量數據的能力）正在推動機器學習和人工智慧技術的提升。這些系統構建了諸多數位化時代高級應用程式的重要基礎框架，這個時代的特點是需要先進的創新業務見解，這些見解可以透過新的數據流程進行自我更新，有時甚至是即時更新。這些系統已集成到智慧手機和 Siri、Alexa、Cortana 等其他應用程式以及 Watson 等等的認知電腦系統中。

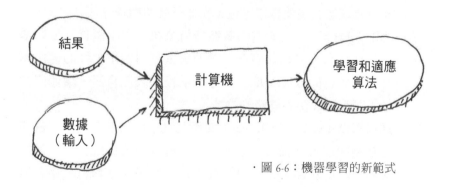

· 圖 6-6：機器學習的新範式

數據驅動的商業模式

　　數據一直以來都是組織營運和實施戰略的重要組成部分。過去我

們傾向於將應用程式視為重要元素，將數據視為次要元素。在過去幾年中，這種看法已經發生了變化，數據本身成為了戰略的組成部分，直接影響公司的競爭優勢並使其產生新的收入流。各種各樣的市場分析公司如加特納、Forrester、IDC 等都認為許多公司將擁有理解數據分析的能力，並將數據視為一項戰略資產，利用它為其業務創造新的收益。換言之，許多公司將制定出新的數據相關的商業模式。我們這裡可以識別幾種與數據相關的商業模式：

（1）**銷售數據給其他公司**。這是基於數據最著名和最古老的商業模式。多年來，一些組織已經出售過各種各樣的數據。例如，一間公司可以出售其客戶的人口統計資訊（當然，要在管理個人隱私的法規和法律允許的範圍內）。與幾年前相比，現今所發生的變化是這類型數據量的巨大增長。

- Waze 向當地政府和交通部門提供其所在地區的交通量數據（在刪除可識別的細節後）。地方當局可以利用這些數據來計畫和改善或擴展運輸線路、優化交通信號週期等等。
- TalkingData，一家北京的數據分析公司，向小額貸款公司提供手機持有人的軌跡資訊，幫助貸款公司做出更好的信用模型。他們也向政府、地產商等機構提供人流資訊，讓他們在做策劃時可以得到最優的設計。
- **通用汽車**（General Motors）使用其汽車向旅遊公司出售數據（在刪除個人詳細資訊之後），根據客戶人口統計資訊進行排序，使用安裝在其車輛中的 OnStar 系統生成數據。用各種方法細分出來的數據可以幫助保險公司更瞭解該車的行程並改進其風險分析。
- Strava 研發出一款流行的應用程式，是為做跑步或自行車運動的數千萬運動員服務的一個社群網絡。用戶可以追蹤到他們的體育活動，並且應用程式也允許他們共用資訊、選擇路線

等等。使用者創建資訊，例如他們跑步或騎行的路線、活動時間、活動持續時間等等，以各種各樣的方式為城市規劃者和地方當局提供價值。該公司為城市開發出了一個特殊的應用程式叫 Strava Metro，並與幾十個大城市簽訂了合同，且向其發送資訊（當然沒有使用者的詳細資訊）以提升市政規劃。

· **手機公司**可以在特定時間提供位於特定區域的人口數據（當然，不會包含使用者詳細的資訊）。這些數據可以幫助餐館和其他公司隨時計畫預期的服務需求，還可以幫助新企業選址。組織們分析這些數據可以獲得見解並做出更明智的決策。

（2）**向客戶銷售分析數據**。另一種與數據相關的商業模式則基於組織的資訊收集和分析。數據加上分析是銷售給客戶的產品。例如，一家電信公司可以為其客戶提供一種工具，使他們能夠分析出手機的使用情況——通話數量、十大最受歡迎的通話目的地、按白天／黑夜分析等等。信用卡公司向他們的客戶提供服務，透過分析他們購買的各種類別（食品、文化、休閒、服裝等等）來描述他們的消費習慣。一個公司銷售可測量距離、步數、慢跑路線、燃燒卡路里等參數的可穿戴裝置（手錶或手鐲），可以免費為他們的客戶提供一些分析，並提供需繳費的更高級數據（免費增強 freemium 模式）。即使一些分析是免費提供的，數據分析也可以給公司客戶增加價值並隨著時間的推移保持其忠誠度。隨著數位化變革的進步和產品向服務的轉變，這一趨勢將會增長。例如，勞斯萊斯如今透過按小時計算（Power by the Hour）計畫將噴氣發動機作為服務進行銷售，可對其發動機中嵌入的所有感測器傳輸的數據進行高級分析，並向航空公司收費以提供高級資訊維護服務。

（3）**數據經紀人**。有些公司的主要活動包括數據經紀。例如，彭博（Bloomberg L.P.）、BDI、萬得從各種各樣資源中收集經濟數據，並在根據他們的需求分析其投資組合後向其客戶提供資訊。

還有許多其他與數據相關的商業模式。數位化時代和數據爆炸使組織能夠將他們收集來的數據視為產生收入或其他收益的一項資產，他們可以研發創新數據相關產品並產生新的收入來源。稍後我們會討論一個新的管理職位——數據長（Chief Deta Officer, CDO）。數據長的一個職責就是確定與數據相關的需求和想法，並協助開發這些新產品。這被稱為貨幣化數據的過程，數據長在這個新機遇中是一個重要的角色。

訪問其他組織的數據

數據自然地是屬於收集和管理它的組織，因為該組織負責並且熟悉它。除非有相當明確的理由去這樣做，組織多年以來形成的共識是保留數據而不與其他組織或人員分享。數據是組織的資產，出於個人或其他隱私保護的原因，或者因為從商務或安全的角度來看，它都是非常敏感的，而組織們傾向於將數據置於高牆之後。最近，我們注意到這方面發生了重大變革。我們將提到兩個相對較新的現象：

- **開放式數據**：政府和公共機構的數據庫允許所有人訪問。
- **應用程式設計發展介面**（APIs）：允許訪問商業組織的數據庫，這些介面使組織能夠相互檢索和分享數據和應用程式。

在這裡，我們強調來自協力廠商的數據會由於數據來源的不同從而品質參差不齊。一些資源以擁有高品質數據而聞名，而來自其他資源的數據品質有時會不佳，需要更加慎重。

典範分析：開放型數據

組織的數據庫允許外部人員使用，可用於各種目的而且沒有版權限制，這是一種已經存在了許多年的想法。我們可以將這一想法視為

日漸流行的開源軟體的一部分。在 2013 年這一趨勢得到了推動，歐巴馬（Obama）政府採納該政策並宣佈了一套針對美國所有聯邦當局關於政府和公共資訊及數據庫的公開和開放的獲取指導方針。基本假設是，國家和地方政府管理的資訊最終是屬於公民和納稅人的。

　　如果政府代表他們的公民維護這些數據庫，那麼他們應該共用這些數據庫——透露任何應該公開的內容，並且鼓勵開放和透明，希望帶來創新、經濟增長及其他價值。開放政府數據庫的想法迅速地擴散到其他國家，如今許多國家都在做開放數據這一舉措。在撰寫本文時，正在做這方面努力的領導者們，有擁有 data.gov 網站的美國，擁有 data.gov.uk 網站的英國，此外還有不少其他國家。

　　開放型數據的定義就是任何人都可以使用那些數據，只有很少的限制（這通常意味著只要適當引用數據來源）。開放型數據的指導原則是：數據庫是一種資產，而且可以用於各種目的——包括公共福利和商業用途。潛在開放的美國政府數據庫清單非常之龐大——由美國國家航空暨太空總署（National Aeronautics and Space Administration, NASA）做的空間研究、地圖數據庫、醫療資訊（如人類基因組）、環境品質數據庫、氣象資訊等數據庫。例如，打開政府的氣象服務數據庫，任何人都可以下載數十年來所累積的天氣數據，並將其用於各種目的。農業組織可以在一年中的不同月份在該國不同地區運用其溫度和降水數據，並開發向農民推薦何時種植和何時收穫特定農作物的應用程式；旅遊組織可以使用相同的數據開發應用程式，告知遊客們他們所計畫到訪的地區的天氣情況。

　　多年以來，一個名為 CKAN 的開源軟體平台被開發出來，它允許組織和政府迅速有效地公開數據庫，並使其容易被感興趣的人找到並使用。該軟體平台甚至可以管理中繼數據，以便於輕鬆理解數據結構以及如何對它進行訪問。

　　世界上有許多商業和其他企業透過這些數據去開發政府數據庫的公開應用，並開發出對公眾具有重要價值的創新應用。

開發商業組織的數據庫

當然，出於不同的原因，開放數據的運動也引起了商業組織們的關注。企業開放他們的數據庫時通常要求付費使用。也有組織將開放數據庫視為一個建立事實和標準以及直接或間接獲取收益的機會。透過介面（應用程式設計發展介面 API）訪問數據是最常見的方法，或者現在已經不太流行的透過傳輸文件訪問數據。與免費提供給有興趣瞭解的各方政府數據庫不同，商業組織們開發出了不同的商業模式，並且在一些情況下收取使用其數據庫的訪問費。

一個有趣的商業模式是**數據交換**。組織們不對使用數據收費，而是互相交換數據，這些數據對交易雙方都存在價值。這裡有一些例子：

- Waze：該公司提供了一個軟體開發套件（SDK），它可以用來訪問其數據庫並且允許協力廠商應用程式開發人員將 Waze 的資訊集成到他們的應用程式中，包括數據、地圖和計算。例如，透過軟體開發套件（SDK），你可以根據 Waze 的交通數據獲取有關給定目的地的預計到達時間（ETA）的資訊。這間公司還允許協力廠商應用程式訪問其導航數據和計算在兩點之間的最快路線。這實際上是透過訪問應用程式層而不是直接訪問其數據本身來完成的。

這間公司還允許當地政府（例如，里約熱內盧市政府）從 Waze 數據庫接收到有關車輛交通流量、事故、車輛速度等的數據。在這些資訊的說明下，他們可以提升城市的交通管理。作為這些數據的交換，里約熱內盧為 Waze 提供了公共場所的城市營運攝影機數據、交通信號燈以及安裝在道路兩旁並由市政府營運的其他各種感測器數據。

- Moovit（公共交通應用程式）：該公司擁有類似的商業模式，為當地政府機構提供有關公共交通範圍和目的地資訊，作為交換，當地政府機構會為 Moovit 提供即時的公共汽車和火車資訊。還向 Moovit 的用戶提供有關塞車、大眾交通和火車延誤到達等警報。

- Strava（測速應用程式）：該公司為各個領域的運動員（摩托車手、跑步選手等等）建立了一個社群網路的行動應用程式，並利用它的數據庫找尋新的收入。該公司向當地政府收取每位登記的摩托車騎士 80 美分的費用，並讓這個城市瞭解他們在其所在地的騎行習慣。當然，傳送給地方當局的數據將會清除掉所有個人身分資訊。

- Google：Google 允許透過應用程式設計發展介面（API）訪問 Google Map 的數據，並且它可以集成到協力廠商應用程式的地圖中。

- IBM：該公司為其認知系統 Watson 提供軟體介面，Watson 在雲端中運行並使應用程式開發員能夠利用 Watson 的能力和智慧。使用這個軟體介面的一個很好的例子就是康尼玩具（Cognitoys），它運用與 Watson 的軟體介面開發出了一個形狀酷似一隻可愛小恐龍的玩具，這樣孩子們可以按下按鈕並詢問許多不同主題的問題。這個玩具售價約 150 美元，允許用戶訪問如今最強大的認知系統之一。

從這些例子中我們可以看出，組織收集來的數據可以不僅僅是內部使用，而且還可能是對其他組織非常有用的一項資產。公司們可以開發和利用他們收集和管理的數據，並產生新的收入來源。這意味著他們可以將數據貨幣化。如果他們是公共組織，則可以為公眾提供一些福利。

案例：改變穀倉式數據管理和打破資訊孤島

Publicis Groupe **陽獅集團**

為了幫助創造在現代世界中生存和發展所需的動力，Publicis Groupe 正在戰略性地尋求創新解決方案，將組織從控股公司轉變為快速靈活的「平台」，同時充分利用其龐大的內部資源和經驗。Publicis 選擇將資源集中在使用 AI 的數位化轉型專案上，以便使遍佈整個組織傳播的寶貴資訊和數據變得井井有條。

將有關 80,000 個員工的知識聯繫在一起不是適合傳統工具的任務。但是這類任務（幾乎不可能適合人類）恰好是 AI 所擅長的。AI 可以毫不費力地對大數據進行排序和分類，而機器學習可以快速建立和理解在相同知識中存在的網路。

透過使用 AI，Publicis 能夠為員工和客戶創建一個名為「Marcel」的互動助手。在後台，Marcel 是一個使用 AI 使 Publicis 的大量孤立知識變得井井有條的平台。但是用戶看不到任何這種廣泛的分類工作。對於他們而言，介面的工作方式與 Microsoft 的 Cortana 或 Apple 的 Siri 類似。它可以用於查找專業知識、分享想法以及將創意人員與項目相關聯。員工可以用簡單的英語向 Marcel 詢問問題，例如「誰在過去六個月中為 Samsung 做過圖形設計工作？」他們甚至可以向 Marcel 詢問，誰是可幫助解決特定專案問題的最佳人員。

為了確保在不損害生產力的情況下實現通訊，Marcel 會篩選所有通訊管道，每天為每個員工精心挑選他們可能感興趣的六個項目。它還透過自動化使員工免於重複性管理任務（如時間表）。Marcel 還可在客戶一端提供說明。客戶可以將影片或專案描述發佈到平台，輪詢 Publicis 員工的想法。客戶隨後可以選擇其認為最適合他們的想法和相關團隊。沒有大量的電子郵件、延遲或重複的電話聯絡。Marcel 在提出建議時還會考慮現有工作負載。其結果是形成了一種變革性的方法，使員工可在幾秒鐘內找到彼此，合理地利用成千上萬人的專業知

識。這形成了一個更加靈活的協作環境，它打破了孤島卻不會丟失其所包含的資訊。

憑藉 AI 的強大功能，Marcel 的測試版已幫助 Publicis 從一個控股公司轉變為一個創意分享和客戶參與平台，其目標是到 2020 年時，公司 90% 的工作都轉移到該平台上。

在 2018 年 5 月下旬正式發佈 Marcel 之後，Publicis 有一個非常強勁的第三季度，實現了其有機增長加速的目標（高達 2.2%）。得益於其獨特的數據戰略和新的平台方法，Publicis 贏得了 GlaxoSmithKline（GSK）的四個單獨招標，以及 Western Union、Cathay Pacific 和新加坡政府的重要招標。

不要使自己局限於結構化數據

考慮 AI 的組織通常會將其思維局限於結構化數據。但是非結構化數據對於 AI 來說是非常寶貴的資源——特別是對於員工而言。工作人員會浪費大量時間來手動搜索、理解、總結和整理非結構化或複雜資訊。負責 Marcel 的人工智慧引擎的工作方式是解釋和連接分散的數據來創建統一且可解釋的知識源。這為員工節省了寶貴時間，使他們能夠專注於創造性和以客戶為中心的活動，從而使客戶感到滿意，並使工作場所更加高效和快樂。

營造公民數據科學家文化

當非技術員工能夠利用 AI 的優勢來探索大量數據時，他們便會成為「公民數據科學家」。讓每個員工可以成為公民數據科學家對於充分發揮 AI 的潛力至關重要。根據加特納的估算：「在 2019 年，公民數據科學家在他們生成的高級分析數量方面超過數據科學家。」只有採取此措施，整個組織才能使用 AI 獲得新的見解、做出更好的決策並執行複雜的分析。

洛克威爾自動化透過物聯網即時獲取設備遠端可見性

洛克威爾自動化（Rockwell Automation）在工業自動化和資訊解決方案領域擁有超過 80 個國家的客戶，擁有 22,000 名員工，2016 年的年收入達到 59 億美元。為了提供給客戶即時的業務洞察力，公司決定將微軟的 Windows 10 IoT 企業作業系統與現有的製造設備和軟體相結合，並將本地部署的基礎架構連接到 Microsoft Azure IoT 套件。端到端解決方案以幾毫秒而非幾小時的速度提供著操作的洞察力，並將高級分析功能放在全球客戶都方便獲得的範圍內。

洛克威爾自動化的客戶群非常廣泛，客戶遍佈全球各個製造行業。但無論哪個行業，企業都希望能夠妥善控制自己的操作環境，為此，他們需要更好的洞察力。致力於將程序控制和資訊管理融合在一起，洛克威爾決定為客戶找到一個更簡單的方法來獲得全面的即時資訊。

為製造流程設計一個平台

打破資訊孤島是重中之重。一個典型的製造公司可能有來自多個供應商的機器和軟體，因此幾乎不可能將資訊快速彙集在一起。洛克威爾自動化市場開發總監丹‧迪揚（Dan DeYoung）表示：「例如，一條包裝線可能有幾十個變數來監控最佳性能。過去，你依賴於經驗豐富的操作員的觀察，在輪班結束時手動收集生產數據以及機器介面中可見的幾個變數。」

客戶習慣於輕鬆訪問企業 IT 環境中的資訊，他們在製造業務中尋找類似的功能。洛克威爾自動化全球業務總監凱斯‧史坦吉（Keith Staninger）表示：「在創建解決方案時，我們需要找到與客戶現有 IT 平台以及生產線保持一致的方法。他們希望能夠將安全性原則擴展到車間，並且能夠輕鬆地共用數據。」

獲得對操作流程的即時洞察

為了簡化實施並為客戶提供即時洞察，洛克威爾自動化採取了全新的方法。公司並沒有將一台設備中的自動化控制器連接到單獨的獨立電腦，而是在其業界領先的 Logix 5000TM 控制器引擎旁嵌入了 Windows 10 IoT 企業作業系統的混合自動化控制器。該解決方案消除了對單獨獨立電腦的需求，並可輕鬆連接到客戶的 IT 環境和 Azure IoT 套件以進行高級分析。

基於熟悉的微軟技術，製造平台也易於管理。史坦吉解釋說：「客戶不需要成為 IT 專家就可以在 Windows 10 IoT 上使用洛克威爾自動化產品，這是一種縮短學習曲線的方法，但仍然可以直接在工廠中提供豐富的數據。」

而且，在操作時可以即時訪問數據，讓客戶不再需要等到輪班結束後才能進行更改。迪揚說：「你可以同時評估許多變數、預測或建模結果。我們已經把決策時間從幾小時縮短為幾毫秒了。」

簡化對高級分析的採用

憑藉其擴展的集成架構，洛克威爾自動化可以快速滿足各種行業和業務需求。公司預計，全球客戶都將受益於該平台，平台現在包含一套 CompactLogixTM 控制系統。迪揚說：「Azure 上的 Windows 10 IoT 是一個靈活、可擴展的平台。我們可以重複使用應用程式，並針對架構中的不同結果和產品進行調整。我可以創建一套一致的應用程式，並將所有內容從工業電腦及可程式設計自動化控制器發送到本地或非本地部署的 Azure 實例。這確實有助於加快我們的上市時間，並使我們能夠基於不同的目的進行擴展。」

洛克威爾自動化的客戶還可以根據自己的需要靈活地採用新技術。「透過創建一個基於 Windows 10 IoT 和 Azure 的計算平台，我們可以將應用放在客戶感覺舒適的地方，並且如果這樣做有利的話，我們就可以將該應用儘快下載到雲端中，」洛克威爾自動化軟體業務

開發總監約翰・戴克（John Dyck）說，「將數據移入雲端非常簡單，而且是無縫的。如果客戶想要應用機器學習或預測分析，他們可以做到這一點，而不會增加複雜性。」

上汽集團城市行動叫車服務

上海汽車集團股份有限公司（以下簡稱「上汽集團」）是國內 A 股市場最大的汽車上市公司。上汽集團努力把握產業發展趨勢，加快創新轉型，正在從傳統的製造型企業向為消費者提供全方位汽車產品和叫車服務的綜合供應商發展。

在行動叫車領域，隨著人們叫車需求的增長，叫車服務也變得複雜化和多樣化。目前市場上已經有一些網際網路平台的公司正在探索行動叫車平台的建設，上汽集團期望充分利用在汽車產業鏈上的資源優勢，透過整合生態，構築具有自身特色的行動叫車服務平台。

在行動叫車服務領域，充分考慮不同叫車者在不同場合下的叫車需求，從而為其提供完全按需的、無縫的行動叫車體驗，這是數位化時代行動叫車服務產品的最大特徵。如何透過即時的組合服務來滿足複雜的場景，連接合適的服務供給方，又是這一類用戶所關注的焦點。

用戶觸點

從原有的基於行動端應用並透過網約車呼叫來被動地滿足用戶碎片化的叫車需求，轉化為多終端全管道的無縫行動叫車服務體驗。使用者觸點會從行動裝置擴展到車內互聯終端、乃至智慧家居等，基於統一使用者數位身分標識來分析使用者數據，根據偏好推薦產品組合、定價組合。從被動回應升級為智慧推送，提供一站式個人化叫車服務。

資源供給

從簡單的連接乘客和司機的點到點需求撮合的資源供給模式，

轉化為無處不在的連接方式。建立開放平台，即時對接需求與供給方，統一數據平台，打通不同服務需求，實現服務智慧調度從連接叫車者—車輛，到連接車輛提供者—車務服務、車輛—車務服務、叫車者—生活服務等多元化的資源供給與撮合方式，為叫車服務打造完整的生態閉環體系。

平台營運

從傳統的基於直觀經驗和規則的營運方式，轉化為運用人工智慧和結合業務經驗，以實現智慧調度、智慧推薦、智慧匹配和智慧組合。透過在平台上建立原生的人工智慧營運能力，提高服務回應速度、加快業務循環。在這個過程中，以行動技術、數據分析、人工智慧、開放平台為代表的數位化技術，將成為整個行動叫車平台持續發展和進化的關鍵因素。而平台不斷累積的數據和循環的演算法，也將成為數位化時代行動叫車平台的增長引擎。

由此可見，在這個全新的行動叫車業務中，向各類用戶提供各種多樣化、智慧化的產品和服務都是由數位化能力來定義和承載的。它們具備以下幾個共同特徵：這些業務模式所提的服務均以使用者作為核心，無論用戶是以乘客、司機，還是營運者的身分出現；所提供的服務是隨時隨地的、按需的，其背後是數據的支援；產品所承載的服務具有跨界的特徵，體現了傳統的叫車和生活服務、金融服務等跨行業的有機融合。

結論：知識就是力量，數位化知識就是商業力量

在這一章節中，我們回顧了數據在數位化時代的增長潛力。猶如原油經過精煉和加工後所生成的產品價值，數據作為類似於石油資源的概念，有助於我們理解數據經過處理過程後所提煉生成出的商業價值。此外，我們還強調了數位化時代的特點是各種數據呈爆炸式指數

級增長。達文波特教授稱此為商業分析 3.0。

隨著商業分析越來越重要，我們正在見證機器學習的快速發展，它指的是軟體擁有從處理大量數據中學習的能力。更多的組織瞭解到數據的潛力，並著手開發創新與數據相關的商業模式。政府機關正在開放他們的數據庫，以鼓勵創造新的價值。越來越多的組織選擇去任命一名數據長（CDO），這個人的任務是管理和推廣這一新的、非常重要的資產。我們可關注航空業、銀行和保險、信用卡、零售以及其他瞭解數據作為資源的重要性的產業組織，並且指定數據長作為高級管理人員，負責識別和利用這項新的潛在資源。

組織若能利用內部創建的數據並將其與外部數據、機器學習系統、人工智慧（AI）和高級分析進行集成，並能夠開發創新的數據相關業務模式，該組織將會成功的在數位化時代創造出其自身的競爭優勢。

總結：在收集、恢復、利用、更新、分配等方面管理良好的數據——就是商業力量。

● CHAPTER 7

人與機器的角逐：
從圖靈、費曼到馮．諾依曼

如果人們不相信數學簡單，那是因為他們沒意識到真實世界有
多複雜。

——馮．諾依曼（John von Neumann）

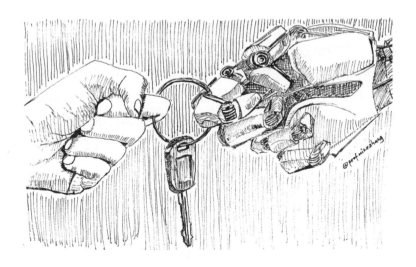

數位化變革的一個重要力量是人工智慧。很多組織都蓄勢待發，不想錯過這個重要的歷史機遇。關於人工智慧的美好前景，很多文章和書已經做了非常詳細的描述，我們這裡不想贅述。相反的，在這一章我們對人工智慧面臨的挑戰做出一些深度思考。**因果關係**和**過度擬合**是人工智慧目前面臨的最大挑戰。我們透過三個故事來回顧過去一百年間人與機器展開過的很多次角逐，電腦科學家在機器學習方面對模型的**預測能力**做出了巨大貢獻，而與此同時，經濟學家在因果分析方面對模型的**解釋能力**做出了巨大貢獻。我們探討兩個學科如何能夠結合起來，讓經濟學的模式幫助我們解決人工智慧中的因果關係和過度擬合兩個問題。在我們看來，**人工智慧就是人（人類）和工（工具）一起才能產生的智慧**。

圖靈的故事

一百年前，歐洲人發明了一種能夠做乘法的機器，用來處理較大的數位乘法。比如輸入「128」，再透過搖右邊的搖桿輸入「21」，就會算出乘積是「2688」。那時還沒有電子計算機，但是這就是人們用來加速計算的機器。後來德國人在二戰時發明了 Enigma Machine，它是一種加密用的機器，輸入「A」時，機器可能顯示的是「C」，這樣加密後的資訊就可以直接發給友軍，即便對方截獲了加密的資訊，也很難破解。

圖靈（Alan Turing，1912 年 6 月 23 日～ 1954 年 6 月 7 日，英國著名數學家、邏輯學家、密碼學家，被譽為「電腦科學之父」、「人工智慧之父」，是電腦邏輯的奠基者）在此做出了巨大的貢獻，他破解了德國的加密機器，從而讓英國獲得了戰爭的勝利。

圖靈是一位天才數學家，他有幾個著名的貢獻：

第一，他提出了「圖靈機」。圖靈說有一種邏輯計算結構，可以把它想成一個虛擬機器，所有問題簡化為二進位的 0 和 1 之後，透過

邏輯計算就可以得到最終答案。圖靈機的概念後來果然成為現實，我們現在使用的所有程式設計語言都可以說是「圖靈完備性」（讓一切可計算的問題都能被計算，這樣的虛擬機器或程式設計語言就叫做是「圖靈完備性」的）。

第二，圖靈在自己的一篇論文中提出「圖靈測試」。測試讓一個人類考官提問，左邊回答的是電腦，右邊是人類回答，當人類考官無法判斷哪個是電腦、哪個是人的時候，則可以認為該電腦透過了圖靈測試。今天的智慧對話機器人在對特定問題的回答上，可以認為已經透過了圖靈測試，比如微軟的「小冰」、iPhone 的「Siri」、Amazon 的「Alexa」等等。

但同時圖靈測試也給人類帶來了一個巨大的問題：圖靈測試讓我們認為人工智慧的終極目標就是讓機器變得和人一樣。很多人認為電腦在以後真的會變成人、替代人，讓人類失業，或是電腦要毀滅人類。所有這些想像，都是從圖靈測試中來的。

這個假設其實根本是錯的。愛因斯坦曾說過一句話：「只有兩樣東西是無窮的，第一是宇宙，第二是人類的愚蠢，而我對前者是否無窮並不肯定。」大仲馬也說過：「讓我最無奈的是，人類的思維是有限的，但人類的愚蠢卻是無限的。」很多心理學家都總結過人類會犯的各種錯誤，諾貝爾獎得主丹尼爾‧康納曼（Daniel Kahneman）在他的著作《快思慢想》中總結了他和其他學者發現的非常多的人類的謬誤：在很多場景下，人類做出的決策，都與正確理性的決策相差甚遠。這些謬誤意味著，犯錯這件事會永遠困擾著人類。不是因為人類想犯錯，也不是因為人類教育程度不高，而是因為人類大腦的設計並不完美，在快速處理一些問題時，人類大腦會選擇走捷徑，這時聰明的人類會犯愚蠢的錯誤。

也就是說，人類並非完美的物種。所以，我們人類為什麼非要讓電腦把超越人類作為最終目標呢？我們真的需要電腦像人類一樣做決策嗎？完美模擬人的智慧型機器，實際上也並不智慧，當一個機器完

全模擬了人的智慧，就會像人一樣犯各種錯誤，沒有什麼智慧可言。

我們可以定義一下「弱人工智慧」（Artificial Narrow Intelligence）：比如 AlphaGo 下圍棋的能力很強，但它不會開車；微軟的人臉識別功能非常好，但讓它以同樣的演算法下圍棋它卻做不了，這些單一用途的人工智慧都叫做「弱人工智慧」。

而強人工智慧（Artificial General Intelligence），則是機器可以做人類做的任何事。我們說到人工智慧的時候常常會想像強人工智慧，但是恰恰是弱人工智慧能夠在很多場景幫助人類做更好的決策，以目前機器學習的發展來看，強人工智慧一方面不容易實現，另一方面也沒有必要實現。

所以這裡有三個結論：

（1）完全模擬人的機器並不智慧。

（2）人工智慧的發展不一定非要完全依賴於模擬人。

（3）「弱人工智慧」強於「強人工智慧」。

費曼的故事

理查·費曼（Richard Philips Feynman，1918 年 5 月 11 日 –1988 年 2 月 15 日，1965 年諾貝爾物理學獎得主）是著名的物理學家，他曾講過一個故事：

某天下午，費曼坐在巴西的一家咖啡館中思考，這時進來一個賣算盤的日本人，打算向咖啡館推銷算盤。這個日本推銷員說用算盤更便於記帳（當時還沒有電腦），但是咖啡館老闆表示不想買。

咖啡館老闆說：既然你說這個東西計算很快，那我隨便找一個顧客（碰巧就是費曼），你們兩個比試一下，看看機器和人，誰的運算更快。比試開始，首先是算加法，費曼的速度完全沒辦法和算盤比，他還沒讀完數字，日本推銷員就已經用算盤算出得數了；後來費曼說要增加難度，算乘法，這時用算盤需要更多步驟，所以費曼和算盤的

速度差不多了；這下，日本推銷員說，這不行，我們要找一樣更難運算的：開立方根。費曼同意了，於是咖啡館老闆隨機選定了 1729.03 這個數字。費曼作為一個物理學家，碰巧知道 12 的立方是 1728（一英尺等於 12 英寸，求立方體體積時，這種運算是很常見的），所以他只需要知道剩下的 1.03 怎麼開立方了，很快在幾秒鐘內，費曼透過使用「泰勒公式」算出了小數點後 5 位的得數，給出了 12.0025，這個數字和正確答案 12.00238……的誤差是 10 萬分之一。幾分鐘後日本推銷員才喊出 12，費曼完勝算盤。

　　人與機器的角逐，實際上各有優劣：人的直覺和經驗是機器無法模仿超越的，而機器在弱人工智慧方面也是勝過人類的。曾有一個信神的朋友跟我們討論人工智慧時說：「我不相信人工智慧會比人厲害，因為神是萬能的，人就是神造的，所以人造的束西肯定不如神造的好。」那計算器呢？一個簡單的人造計算器沒有智慧，但是可以在計算 6 位數乘以 6 位數的乘法上勝過人類。一百年前那個人造的手搖電腦在計算速度方面已經超過人了。

　　機器確實有比人做得更好的地方。但是在需要直覺和經驗的場景下，機器往往無法勝過人。人和機器在做決定時，用的是兩種不同的方法。人是用直覺，直覺是人將各方面知識聚集在一起形成的，直覺讓人快速得到一個解決答案。而機器則用的是「梯度下降」演算法，這是在求解機器學習演算法的模型參數時，最常採用的方法之一。

　　機器做決策只有這一個方法，就是先讓人類找到「損失函數」，機器做的就是讓損失函數最小化，從這方面看，機器沒有任何智慧——人寫出損失函數，然後讓機器執行優化演算法。所以對機器的期望不能太高：機器在弱人工智慧層面可以做得很好，但是用梯度下降的典範不可能產生強人工智慧。

　　現在我們常說的人工智慧，與以前的人工智慧最大的區別是：以前，人透過寫電腦程式來制定規則，然後輸入一些數據，讓電腦算出結果；而現在，是人把數據和結果輸入進去，透過監督和非監督學習

的演算法,讓機器來學習並得到規則。以前的人工智慧叫做「專家系統」,是基於規則的,現在的人工智慧則更多是讓系統根據數據,去自動優化而學習底層邏輯。

就如所有機器一般,人工智慧在某個方面可以很強大,但是複雜的演算法常常被掩蓋在簡單的介面裡,使用者在不理解底層邏輯的情況下使用,就會產生極壞的效果。就好比把機關槍交給一個三歲的小孩去用,結果會難以想像。

舉幾個例子:

有一位美國朋友給我們發來一張 Uber 的自動駕駛汽車的照片,從中我們發現一處不對勁的地方:禁止左轉紅燈亮的時候,車居然向左轉彎行駛了。後來我們討論了這個問題,原來是因為訓練自動駕駛時是使用了人類駕駛的數據紀錄,有人在禁止左轉的紅燈亮的時候左轉過,導致機器學習到了這樣一個行為。所以人並不是一個完美的物種,如果機器完全向人學習的話,也會學到人的一些壞毛病。

幾年前,幾位北航的教授做過一個研究,在北京地鐵可以看到,人們從一個站口進去,又從另一個站出來,可以畫出一些曲線,把人分成幾種類型。例如可以看到遊客會去圓明園、香山;購物者會去西單、王府井;而小偷的行為曲線與正常人群是非常不一樣的。

是否可以用人工智慧,分析所有人的行為軌跡,找出小偷呢?可以。

但是還有另一種分析方法,則是比較危險的。美國紐澤西州的警察總監說:我們用了數據分析技術,能夠算出什麼樣的人會比較容易犯罪,並算出他們在什麼時候會犯罪,這樣就可以提前預警。

這讓我們想起科幻片《關鍵報告》,這裡面最大的問題就是,這樣的計算依賴的是人不可改變的數據的平均值:平均來講,黑人的犯罪率更高,但是並不代表每個黑人的犯罪機率都高,用平均值算出來的結論如果推廣開來,對黑人的個體就是很不公平的,而在很多場景下是很危險的。

　　從演算法上講，我們不能只看平均效果，而是要看個體行為。這與抓小偷的區別在於：美國的警察總監抓罪犯的方法，是根據對方的年齡和膚色這些自身無法改變的因素來判斷的，這樣會冤枉好人；而前面抓小偷的方法，則是根據對方的行為，根據行為的判斷就沒有問題。

　　很多人工智慧演算法，試圖追求的都是平均效果，但如果聚焦到人的話，結論就會完全相反。可見，人工智慧不是萬能的，結果要靠人去解讀，人和機器要一起合作才是最優的。人工智慧有兩個非常深刻的課題需要解決，第一是過度擬合的問題（假如給了系統太多的自由度，讓它學到一些不該學的東西，那麼他在樣本內的表現很好，但是樣本外就很差了）；第二是因果關係的問題（即便能發現兩個變數的強相關關係，也不能代表其中一個導致了另一個的發生）。

　　這兩大挑戰，是人工智慧目前急需解決的問題。

馮‧諾依曼的故事

　　約翰‧馮‧諾依曼（John von Neumann，1903 年 12 月 28 日～1957 年 2 月 8 日，數學家、電腦科學家、物理學家，是 20 世紀最重要的數學家之一，也是現代電腦、博弈論、核武器和生化武器等領域內的科學全才之一，被後人稱為「現代電腦之父」、「博弈論之父」）是人類歷史上一位非常聰明的人。

　　1945 年之前，他參與「曼哈頓計畫」，為美國研製原子彈作出了貢獻；接著，他又開始研究電腦，幫美國研發出來最早的電腦（ENIAC 和 EDVAC）。圖靈是將電腦邏輯結構想清楚，馮‧諾依曼則是把電腦體系真正實現出來（現在我們的電腦還是在沿用所謂馮‧諾依曼體系），所以二人都是「電腦之父」。

　　馮‧諾依曼在數學、物理學、工程學、經濟學、管理學等諸學科的貢獻都極為重大。他在 1944 年和摩根斯特恩（Oskar Morgenstern）

發表了一本博弈論的著作，直接影響了經濟學的方法論，直到今天我們經濟學中的很多研究還在用他們的博弈論的思想和他們提出的效用函數這樣的工具。諾貝爾經濟學獎於 1969 年首次頒獎，可惜馮・諾依曼在 1957 年就去世了。

不同學科的研究方向都各不一樣，目標也不一樣。比如：

傳統的電腦科學和機器學習人工智慧，都是在做預測，可以鍛煉出很強的**預測能力**，例如「地心說」本是一個錯誤的理論，但根據這個理論，人們能預測到明天的太陽會東昇西落，並算出日出和日落的時間，所以「地心說」可以做出很好的預測，但是不能做出很好的解釋。

解釋能力來自於對底層運行機制的瞭解，這個是經濟學家感興趣的主題。舉例來說，「進化論」可以解釋人類為什麼是從猿猴進化而來的，但卻沒辦法預測我們人在未來會進化成什麼樣子，所以「進化論」有很強的解釋能力，但是沒有很強的預測能力。

有沒有辦法讓人在這兩方面同時做好？目前因為學術分工，電腦科學家在研究方法上把預測能力推向了極致，而經濟學家也有很多方法把解釋能力推向極致。

把兩者結合起來是我們的終極目標，這方面做得最好的是諾貝爾經濟學獎獲得主赫伯特・西蒙（Herbert Alexander Simon，1916 年 6 月 15 日～ 2001 年 2 月 9 日，20 世紀科學界的一位通才，其研究工作涉及經濟學、政治學、管理學、社會學、心理學、運籌學、電腦科學、認知科學、人工智慧等領域）。西蒙是目前人類歷史上唯一一位同時獲得了經濟學最高榮譽諾貝爾經濟學獎和電腦科學最高榮譽圖靈獎的人。他對各個領域都貢獻巨大，我們需要像他和馮・諾依曼這樣的人，既懂得經濟學的底層邏輯，能夠透過現象看本質，又具有科學家的思維，能用電腦科學思維做出很好的預測。

總結

　　人工智慧的兩大挑戰（過度擬合和因果關係），也許可以用經濟學的方法來指導。經濟學的因果分析方法在過去 20 年間得到了非常大的發展，而這些模型對電腦科學家來說是很陌生的。人工智慧和經濟學因果關係研究的未來發展需要互相參考對方的方法，也許根據馮·諾依曼的理論發展出來的經濟學方法，最終能解決一些困擾著根據圖靈的理論發展出來的人工智慧的挑戰。

　　透過上面三個小故事，我們回顧了過去 100 年間人和機器的角逐。結論其實很簡單：我們不需要擔心機器替代人類，也不需要機器以人類智慧為最終目標，當機器的強大運算能力和人的強大經驗結合起來的時候，當經濟學的因果分析方法能給人工智慧的兩大挑戰提供解決方案的時候，人工智慧的終極目標就實現了，人工智慧才是真正的人（人類）工（工具）結合的智慧。

CHAPTER 8

數位化時代下的商業創新

領袖與跟風者之間的區別就在於創新。
——史蒂夫·賈伯斯（Steve Jobs）

引言

在本書的第一部分中，我們回顧了商業環境中數位化技術的幾種概念方法。我們特別關注了數位化變革的重要性。這是一個動態的過程，對於一個組織在數位化時代追求成功也是至關重要的。連接這些概念的一個共同主線是創新這一個概念。本章著重探討創新與數位化之間的特殊聯繫。正如我們將看到的，包括數位化在內的任何創新必然以不同的方式開展（在風險、潛力、速度等方面都會有所不同）。更重要的是，創新越來越取決於數位化這關鍵一環的發展。

在這一章中，我們將對傳統意義上的「創新」和顛覆性創新進行進一步探討，並特別對數位化顛覆性創新進行討論。我們將研究哈佛商學院（Harvard Business School）克雷頓·克里斯汀生教授在其著作《創新的兩難》[1]中提出來的顛覆性創新模式。關鍵點是：數位化一方面加速了創新，另一方面也加速了顛覆性創新的進程。

創新是數位化變革過程中最重要的問題之一。管理一家企業從來都不是一件容易的事，但在當今時代，管理似乎變得更加複雜，存在多變性、不確定性、模糊性以及發展趨勢的複雜性等。這些一起作用構成了巨大的挑戰。在現代社會下，人們取這些特徵的首字母進行縮略合成一個新詞，即 VUCA[2]（不穩定、不確定、複雜、模糊）。數位化變革大幅加速了這一趨勢。「危」與「機」並存。每個組織都必須根據環境的變化來調整定位，以便在新環境中找到應對取得成功的方法。創新是組織解決這些新挑戰重要的一個工具。

數位化變革的一個關鍵結果是數位化顛覆。顯然，一些組織還沒有在內部實現創新，尤其是顛覆性創新。他們沒有意識到創新的力量，也沒有開始採取行動來應對數位化時代下的機遇和挑戰。數位化時代打擊了許多組織，他們喪失了競爭優勢；有些則已經破產。但令人驚訝的是，仍然有一些組織認為數位化變革不會對他們造成影響。這些公司選擇了觀望而非採取行動，他們徹底忽視了改革創新的重要

性。

　　類似的短見是常見的。著名的市場行銷專家希歐多爾・萊維特（Theodore Levitt）教授早在 1960 年就注意到這一現象。那時數位化時代還遠未到來。在《哈佛商業評論》一篇名為《行銷短視》[3] 的文章中，他強調管理層有必要準確定位組織所處的市場和行業，以便妥善應對競爭與威脅。與此相反，許多組織傾向於「鍾情」自己的商業模式、產品或服務，而沒有意識到應該投入時間和資源來處理新的機遇。錯過發展可能會使他們失去市場份額，甚至導致破產。萊維特的主要論點是：組織錯誤地傾向於考慮自己的產品或服務，而不是從客戶的角度進行考慮，思索如何給顧客帶來價值以及什麼才是真正重要的，這些公司錯誤地認為他們知道如何在市場中存活。例如，鐵路公司由於將自己定位在鐵路行業而不是運輸行業來經營，故而它們失去了與航空、客運公司和其他公司競爭的機會。

創新

　　在繼續定義什麼是創新之前，讓我們先定義一個相關的基本術語：**競爭優勢**。哈佛商學院麥可・波特教授對我們所理解的競爭優勢和商業戰略的概念做出了很大貢獻。在他看來，競爭優勢有兩個主要來源[4]：

　　（1）**成本領先**：組織透過保持行業中的最低營運成本，即為客戶提供較低的價格，來尋求競爭優勢。

　　（2）**差異化**：組織透過尋求比競爭對手更獨特的差異化產品來取得競爭優勢。差異化可以表現為多種維度：設計、便捷性、多種選擇、個性化定製、銷售點和銷售方式等。

　　競爭優勢是一個動態的概念，每個組織都必須隨著時間的推移維持和發展競爭優勢，而這並非一蹴而就。如果成功的話，它將是一種可持續的競爭優勢，也是每一位執行長的夢想。

競爭戰略

　　組織的競爭戰略是一項長期的行動計畫，其目標是維持和發展組織相對於競爭對手的競爭優勢。

　　波特教授指出，企業戰略需圍繞其獨特定位來制定：在價格、差異化或綜合兩者考慮，公司的產品或服務，相對於競爭對手而言有何不同。

　　圖 8-1 展示了組織獲得競爭優勢的主要途徑——透過高品質的產品和服務；高效的業務流程來生產產品或提供服務，以及將高效完成工作轉化為低價的能力；高水準的客戶服務；快速回應客戶需求的能

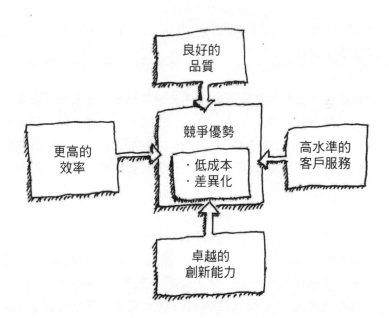

· 圖 8-1：實現競爭優勢的主要途徑

力；以及隨著時間的推移利用創新為客戶創造價值的能力。創新，從很大程度上說，是其他所有方面的一部分。

讓我們簡要地定義一下創新的概念，並注意到它固有的二元性：創新包含了機遇和風險，兩者是不可分割的。我們看到，數位化技術已經成為一個組織最重要的創新動力之一。數位化技術創新，可以相對容易開發軟體，靈活構建新的商業模式，並能簡單地透過網際網路和行動裝置傳播創新成果。

在當今社會，一個組織如果不採取恰當措施將創新作為其核心目標整合進商業戰略，就有可能喪失其競爭優勢，並最終招致失敗。當今公認的創新定義是：

從競爭優勢到創新的定義
創新是一種組織性的過程，其目的是透過改進或開發一種新的產品／服務／業務模式／業務過程或這些模式的組合，為客戶和組織創造價值。

每種產品／服務／技術都會過時，被其他產品／服務／技術所取代，這是遲早的事。圖 8-2 展示的是 S 曲線，它描繪了創新最初如何由少數客戶驅動，進而經歷擴大採用、傳播和增長，達到成熟和飽和，最後隨著下一個浪潮或下一代的出現而衰落或被取代的過程。

S 曲線一直在我們的日常生活中，一直在逐步發展：

- 錄音帶取代黑膠唱片，光碟取代磁帶，數位音樂取代光碟。
- 行動電話迅速取代固定電話，緊接著早期的行動電話迅速被智慧手機所取代，而智慧手機則一直處於更新換代中。
- 平板電視取代 CRT（陰極射線管）電視，智慧平板電視隨之取代平板電視，高清液晶電視取代智慧平板，隨之被 LED，進而是更大螢幕、圖像更清晰的 OLED 電視所取代，而現在

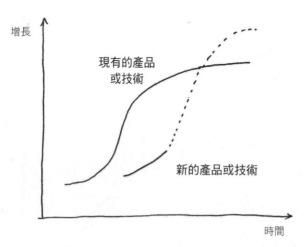

・圖 8-2：創新的 S 曲線

則出現了 4K 電視。

・ 電子版的百科全書取代紙質版的百科全書，而維基百科之類
的眾包網路百科全書則隨之取代電子版百科全書。
・ 網上購物正逐步取代實體商店和購物中心的購物模式。
・ 無人駕駛汽車正逐步取代混合動力車和電動車。
・ 在中國，同一家公司——騰訊推出的兩個應用，微信取代了
QQ。

有時新一項技術或產品的更新換代可能需要幾十年或更長的時間
（時間跨度可能為電子版的百科全書取代紙質版的百科全書所用的時
間，或基於 GPS 的導航取代紙質地圖的時間，抑或是行動電話取代
固定電話所用時間等）[5]。（圖 8-3）

在羅傑斯提出的創新採用曲線裡，反轉的 U 型曲線表示不同時
期接受新技術的人口百分比。單調上升的曲線則表示隨著時間變化接

數位躍升力

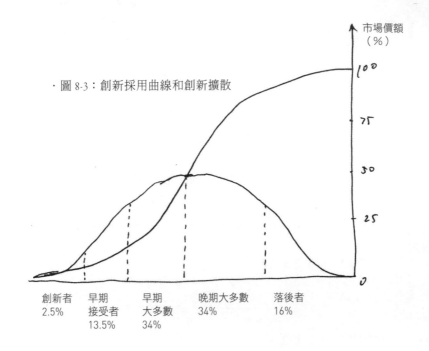

· 圖 8-3：創新採用曲線和創新擴散

市場價額（％）

創新者　早期　　早期　　晚期大多數　落後者
2.5%　　接受者　大多數　34%　　　　16%
　　　　13.5%　34%

納創新的累積人口百分比。創新者的數目最少，約占總人口的 2.5%。
對於「早期接受者」而言，他們往往容易接納新事物，並時刻做好準
備去嘗試，他們約占總人口的 13.5%。隨著時間的推移，幾乎所有人
都採納了創新。想想今天還有多少人沒有擁有智慧手機。對於那些引
人注目的遲到者，羅傑斯稱其為「落後者」，他們代表了大約 16%
的人口──很難適應新事物的人們。發展創新的組織必須理解 S 曲線
及其反映的資訊：創新擴散需要時間。當然，不同的產品會經歷不同
的擴散過程。

　　讓我們先從更寬泛的角度──超越創新產品或服務本身來看待
創新。創新可以體現在任何方面：商業模式、包裝、購買便捷性等等。
例如，考慮實施商業模式創新的組織，他們提供了把產品（如汽車）
替換為服務的新商業模式：近年來，我們看到越來越多的組織提供

「小時租賃」的商業模式（像 Zipcar 這樣的租車服務，或勞斯萊斯租賃噴氣式發動機服務）；由電信公司提供的商業模式，也稱為「使用後」模式，主要表現在實際使用後再進行計費付款，而現在這種計費模式被統一費率系統所取代；可乘坐多種公共交通工具的月票或儲值卡，將取代僅乘單種交通工具的單程票；透過 iTunes、網易音樂等平台購買數位化單曲將取代購買整張音樂專輯；許多組織的 IT 部門正從購買和擁有獨立硬體和軟體轉變為按使用付費的雲端運算模式等。

在當今數位化世界中，管理者必須瞭解 S 曲線和羅傑斯創新擴散曲線的原理。不論曲線發展速度快慢，這些曲線都代表了組織當前產品、服務、技術或業務模式的實際情況。因此，組織必須著手實施持續性創新，以確保其產品、服務、技術或商業模式將持續取得進展。

S 曲線非常清晰地表明了**創新的雙重性**：不是你的組織成功開發創新，就是你的競爭對手。數位化時代使 S 曲線的二元性更加明顯。在最埋想的情況下，哪個組織能更快地利用數位化技術實施和傳播創新，它就能在商業領域中取得成功。以下是雙重性的幾個例子：

（1）**創新的積極方面**。讓我們觀察一下通常被視為創新型的組織，包括微軟、Facebook、Google、Apple、Amazon、Netflix 和 Tesla，以及他們的中國同行百度、今日頭條、騰訊、優酷，基於數位化技術，這些公司應運而生，因此它們通常被稱為「數位原住民」或「數位土著」。對於這些公司來說，數位化技術是其業務和營運模式的基礎。相比之下，像 Walmart、哈雷戴維森或前進這些公司，他們是早於數位化時代的資深組織，被稱為「數位移民」。今天，許多被稱為「數位移民」的組織在數位化時代取得了顯著的成功。「數位原住民」和「數位移民」這兩種類型的企業都是利用數位化技術進行創新的良好例子。如果仔細觀察，能瞭解到他們是如何開發產品、服務、商業模式和營運模式的。這便是數位化技術的積極方面。

（2）**創新的消極方面**。讓我們來看一下過去是行業領導者而如今遇到困難的企業：

- Kodak，數位攝影發明者，後來錯過了創新技術革命未能及時轉型。（「他們親手殺死了自己！」）。
- 手機製造商領先者 Nokia、Motorola 和 Blackberry，他們在智慧手機革命中未能及時抓住機會並及時轉型，如今面臨的境遇是被賣給其他企業，或仍在努力進行自我修復。Amazon 透過 Kindle 和 iBooks 讓讀者體驗過渡到電子化閱讀的模式，基於此，Borders 連鎖書店遭受衝擊。
- 音樂連鎖店 Tower Records，在創新趨勢下，向 MP3 數位化音樂及 iPod 和 iPhone 等音樂播放機轉型。
- 電影租賃連鎖店先驅 Blockbuster 在別的公司推出一種創新的商業模式（線上訂購電影並能郵寄到家中）後瀕臨破產。

　　以上都是一些組織無法將數位化技術與業務模式結合以致失敗的例子。他們都曾是自己領域的領先者，但最終在競爭對手的創新下宣告失敗。這是創新的消極面（當然，從競爭對手的角度來看，是積極面）。

　　圖表 8-4 將創新描述為無止境的波動，而另一方面隨著時間的推移，變化幅度會越來越小，最終形成「過度競爭」。「過度競爭」這一術語是由理查・達維尼（Richard D'Aveni）教授在 1994 年出版的《過度競爭》[6] 一書中提出的。

　　顛覆性加速是一個過程，我們可以透過幾個例子加以展示：

- 大英百科全書停止出版紙本讀物被電子化百科全書取代時已有 244 年時間。
- 從底片相機到數位相機轉型的時間間隔為 164 年。
- 手機使用者超過固定電話使用者數量需要 125 年的時間
- Windows 作業系統在有了 iOS 和 Android 作業系統後失去其行業領先地位用了 25 年。

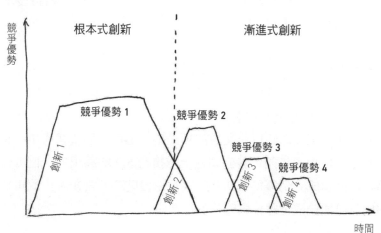

· 圖 8-4：競爭優勢的波動越來越小

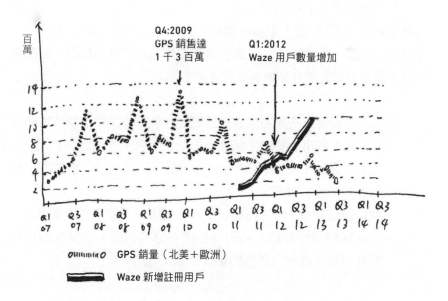

· 圖 8-5：PND 銷量與 Waze 用戶量的對比

- 在可攜式導航設備（PND）出現 20 年後，Waze 和百度地圖
  這樣的應用程式取代了它。

　　圖 8-5 展示的是一家以色列初創公司 Waze，以 10 億美元的價格
併入 Google，迅速佔領市場份額的例子。其透過獨特的智慧手機集
成——配備 GPS 和眾包內容，實現了這一點。Waze 成功地創建了一
個導航系統，可以即時更新交通流量、是否出現交通堵塞與事故和交
警等資訊。短短幾年內，該公司在全球擁有 5,000 萬用戶。值得注意
的是，從公司成立到獲得如此多的客戶這段時間非常短。由此可以得
出，創新迅速擴散是數位化時代的特徵之一。

創新與數位化之間的聯繫

　　普拉哈拉德（C.K. Prahalad）和克里希南（M.S. Krishnan）所著
《新創新時代》[7]一書對創新與數位化技術之間的特殊聯繫提出了一
個有趣的觀點，他們描述了一個包含三部分內容的概念模型，建議企
業採用從而有助於其在創新新紀元中取得成功：

- N=1：即便公司服務於數百萬顧客，仍旨在為單個獨特的顧客
  （N=1）和用戶體驗（個性化）帶來價值上的創新。
- R=G：利用全球資源和人才（資源 = 全球），來應對創造獨
  特客戶體驗的挑戰。
- **共同創造價值**：在知曉顧客要求後，與顧客消費的組織溝通，
  以此回饋用戶體驗，或與其他顧客分享體驗。這種回饋是為
  新客戶和組織創造價值的重要來源。

　　讓我們舉一個例子，這個例子包含了新時代創新的三個組成部
分。Amazon 開發了 Kindle，使購買該產品的數百萬客戶中的每一個

人都能建立自己的數位化圖書館，他們能隨時調整字體大小和背景顏色，記住他們閱讀的最後一頁，甚至可以在另一台設備上繼續從該頁閱讀。

透過 Amazon 網站購買書籍很方便。此外，網站記錄了客戶的所有購買情況，同時（透過人工智慧推薦引擎）向該客戶推薦可能適合他們的圖書，並且告知其他客戶購買類似圖書的情況。所有這些特徵都體現了 Kindle 實現 N=1 這一原則，也就是說，Kindle 為顧客提供了高度個人化的體驗。

在構建 Kindle 這樣的電子設備上，Amazon 本身沒有相關的專業知識，因此該公司充分利用世界各地的供應商資源進行製造。這便是 R=G 的作用原理。

最後，一些讀者在閱讀完書籍後，會在 Amazon 網站上對這本書作出回饋。新的潛在購買者可以從這些回饋中獲得對這本書的大致印象，有時這是影響他們購買的一個重要因素，而這體現了共同創造價值這一原則。其他的許多網站，包括 Trip Advisor、Booking.com、Netflix 和其他網站，也應用了普拉哈拉德和克里希南提出的三個原則。

圖 8-6 展示了普拉哈拉德和克里希南提出的模型，該模型建立在組織的技術架構上。組織架構作為屋頂。R=G 和 N=1 的原則則作為支撐「房子」的左右支柱。數位化系統在結構的上部（屋頂）和下部（地板）都做出了重要貢獻。

屋頂聯繫著組織系統、文化、決策過程、風險準備、團隊合作等，換句話說，與組織的 DNA 相關聯。數位化技術對發展鼓勵敏捷性、創新和協作的組織文化發展做了很大貢獻。

而地板體現了數位化技術對靈活創新的商業實踐的影響，主要體現在與業務合作夥伴和分包商構建網路聯繫、實施複雜的資源管理系統（ERP）和供應網路（SCM）、管理客戶關係（CRM）、運用社群網路、使用物聯網、數據分析、機器學習和高級分析等方面。

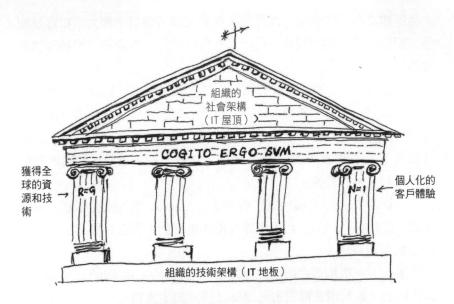

· 圖 8-6：新時代的創新模型

2010 年，本書作者之一的張曉泉教授的博士導師、麻省理工學院布林約爾森教授在接受採訪時，提出他對數位化技術如何激勵和加速創新的看法[8]。他將數位化創新的週期描述為四個階段，這是一個自我發展的、不斷加速的循環過程，如圖 8-7 所示。

讓我們描述一下這個週期的四個階段：

（1）**度量**：數位化技術能創造並實現度量數據的收集和儲存，正如布林約爾森所說，這項技術是非常精確的。不久之前，數據仍在業務範圍內進行儲存，例如誰進行了購買、購買何物、在哪天與購買了多少等等。但是現在，數據則以更高的解析度進行收集，布林約爾森稱之為奈米數據。以下為具體實例：

· 點擊流（clickstream）數據：在進行購買決策之前，用戶會對商品進行瀏覽，並關注商品細節，使用者瀏覽時產生的日誌

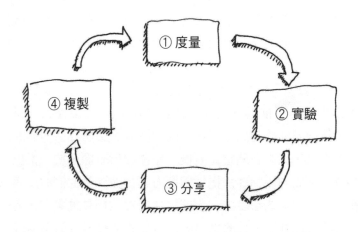

· 圖 8-7：布林約爾森的 IT 創新週期管理

資訊稱之為點選流向數據。透過這些奈米數據，我們可以對
使用者在網站上的體驗有很多發現。
· 信標（beacon）數據：這類數據分析手機的位置，它們能夠
對智慧手機與天線之間的地理距離進行測量。這項技術可以
分析購物中心商店或超市特定貨架的顧客的特徵。
· 計算機電信集成數據：計算機電信集成系統能夠對使用者客
服過程中產生的數據進行管理，能精確地連接用戶，並分析
使用者連接服務中心的時間以及在不同服務代理之間傳輸的
次數等。
· 物聯網（IoT）數據：由物聯網技術和感測器創造出非常棒的
高解析度事件和數據流程。

這些幾年前尚不存在或由於其龐大的數據量而無法儲存的奈米數
據流程，現如今從組織的角度，成為了非常深刻見解的基礎。讓我們

用顯微鏡來打比方：顯微鏡的發明，讓人們看到了全新的世界，為科學和健康領域的發展帶來了大量的發現。與之相類似，今天數位化技術讓我們分析以前看不到的現象，而給我們帶來不久前還無法獲得的新發現。

（2）**實驗**：數位化平台允許我們進行實驗，透過改變周圍的事物，並在實際推行前觀察反應。例如，Google 等很多公司都用 A/B 測試的方法向不同的訪問者展示不同的網頁，透過評估他們的反應來確定最優方案，只有在確定完成後，才會向所有顧客統一推出。金融機構有時也會先向不同客戶提供備選方案，並評估他們的反應以確定最優利率。在傳統的環境中，實施這樣的實驗極具挑戰性，有時是不可能完成的。而在數位化的世界中，這樣的實驗變得簡單易行。

（3）**分享**：無論距離或地理位置如何，數位化技術都能夠快速、相對容易地允許大量的員工、同事或合作夥伴產生協作。透過協作和分享，能夠對產品、服務、業務流程或業務模式進行創新更改。這些技術還可以與龐大的客戶群體（眾包）合作，開發創新，獲得新產品或現有產品的新特性。

（4）**複製**：數位化技術的另一個獨特品質是能夠以幾乎零成本的方式快速部署。例如，組織可以制定新的業務流程，並使用數位化平台部署和實施業務流程。過去，如果不受數位化技術的支援，一項新的業務流程的部署需要大量的資源。而現在，即便是擁有眾多地點的全球業務，也可以快速完成在組織中部署創新性業務流程的工作。

我們非常清楚這一點：在這個時代，不把創新作為核心價值之一的組織將面臨消失和被淘汰。今天，這被稱為「要麼創新，要麼死亡」。組織會從商業世界中消失，因為有更具創新性的組織將取代它們。這可能是殘酷的，但顛覆性創新理論（如下所述）一再證明，即使是行業領導者和創新者的組織也會面臨這一命運。這是數位達爾文主義原理的體現。得益於數位化技術，創新步伐不斷加速，這是機遇（積極方面），但也是風險（消極方面）。組織必須積極主動創新，

不斷更新，改進競爭對手也正在開發的創新模式。如果組織被動而非主動，企業可能會面臨對競爭對手的創新反應過晚而造成組織失控和完全消失的風險。

正如我們所提及的，創新還取決於組織對失敗的準備程度。很明顯，並非所有的新想法最終都會實現。希望利用創新的組織必須為失敗做好準備，雖然這感覺是個悖論。Amazon 執行長傑夫·貝佐斯（Jeff Bezos）曾說過，「世界上最容易失敗的地方是在 Amazon。」事實上，Amazon 試圖開發的一些創新理念也曾遭遇失敗（比如 Fire 平板電腦）。但是，一些成功的策劃方案（AWS 雲端服務、Kindle 電子書、Alexa 虛擬助理和 Echo 智慧音箱等）使 Amazon 成為世界上最重要和最具影響力的公司之一。

我們認為，創新的力量和速度（無論是積極還是消極方面）都正在增長。總的來說，過去非技術型組織通常在創新方面投入 5% 到 10%，而創新方面投入主要根據他們從事研發的員工數量或致力於創新的預算份額來衡量。如今，他們將高達 20% 有時甚至超過 30% 的收入用於創新。對於像 Google 或 Facebook 這樣的數位化技術密集型組織，他們大部分投資用於創新。在現代性組織中，有很大一部分勞動力在很大程度上參與促進創新，例如創建創新實驗室、與高科技行業持續合作、任命創新副總裁、創新日、制定針對創新的關鍵績效指標和激勵措施等，所有這些都是創新組織必須採取的重要措施。管理層應該不斷地研究如何增加創新機會，以免淹沒在創新帶來的風險浪潮之中。

顛覆性創新

哈佛商學院的克雷頓·克里斯汀生教授非常感興趣的一個問題是，一些非常成功、往往是其所在行業的領導者的組織，是如何失去競爭優勢而導致企業分崩離析並破產的。他 1998 年出版的暢銷書《創

新的兩難》，展示了其關於顛覆性創新的經典理論。憑藉這本書，他成為世界上最有影響力的管理創新思想家之一。他的理論解釋了為什麼創新一方面代表創造競爭優勢的關鍵槓桿，另一方面卻可能破壞甚至毀滅組織現有的競爭優勢。該理論確切地描述了 Kodak、百事達、Borders、HMV、Nokia、Blackberry、Motorola 和其他公司的境遇，清楚地描述了這些公司的管理層如今面臨的困境（透過後見之明，我們現在知道這些公司選擇了錯誤的應對方向）。

克里斯汀生區分了不同類別的創新

可持續創新

組織投入資源以開發和增強產品或服務而不開發新市場的過程。這是維持和提高競爭優勢的重要過程。一般來說，這個過程依賴於傾聽和理解組織的主要客戶的需求，並引導下一代產品或服務的開發，這一代產品或服務具有豐富的新功能，更快的速度、更大的型號，通常也具有更昂貴的價格。

顛覆性創新

這一過程描述了產品或服務從較低級的地方進行市場滲透，速度不定，有時更快，有時更慢，從產品或服務功能的角度進行改進，直到最終將領先公司提供的產品或服務邊緣化，並破壞現有的市場。顛覆性創新通常表現為以下兩種形式之一：

低端顛覆性創新

這類創新模式，通常從功能較差、價格較低的產品開始，在成功地佔據低端市場後，速度不定地進行改進，直到佔據了一家先驅公司所持有的部分市場為止。

新的市場顛覆性創新模式

　　這描述了新的市場創新模式，其市場定位不是現有產品
的顧客，這主要是由於他們支付不起，或者是這些產品不滿
足他們的需求。

　　在此我們將簡要探討低端**顛覆性創新的模式**。圖 8-8 中的虛線表
示客戶可以使用或接受的產品功效。正如大家所看到的一樣，由於顧
客成熟度和經驗的提高，隨著時間推移，虛線呈上升趨勢。相比之
下，上方實線代表廠商提供的產品功能。首先，產品的功能會低於
客戶的預期水準（一開始每種產品只包含部分功能），有時它會吸引
現有產品的非客戶人群；進而透過不斷創新，產品得到改進。在特定
時間點上，產品提供的功能會超出客戶需求水準或能夠使用的能力範
圍。

　　讓我們以微軟的文書處理軟體 MS Word 為例。當 Word 進入市

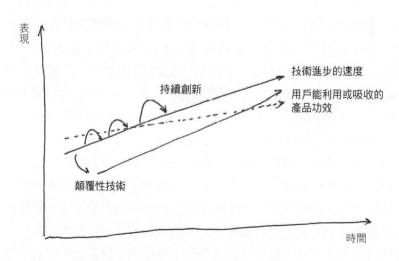

· 圖 8-8：低端顛覆性技術

場時，它是一個基礎的文字處理器，能實現的功能相對有限。隨著時間推移，微軟投入了大量資金大大提高 MS Word 功能。如今，Word 擁有豐富的功能，我們大多數人只使用它的一些而非全部功能。圖 8-8 下方實線表示當競爭對手試圖打入市場引入新產品時，新產品在功能上進行改進。一般來說，新產品功能性較低，因此它更適合現有產品的非客戶集群，他們往往尋找更便宜的產品（考慮一下 Google 文件對微軟 Word 的影響）。

隨著時間推移，新產品不斷改進，直至性能達到或超過客戶的預期水準，新產品於是可以取代舊產品了。它開始將現有產品擠出市場，直到最終成功地迫使行業領先者退出市場。這一創新類型的另一個例子是數位相機，它最初由 Kodak 研發而成。不幸的是，Kodak 的管理層認為其功能遜於傳統底片相機，從而忽略了這個新科技轉而繼續投身於他們熟悉的技術，以及基於舊技術而獲利的傳統底片。富士（Fuji）則不同。他們抓住了發展數位相機的機遇，並開始在市場中嶄露頭角。一開始，新出現的數位相機比底片相機品質差，但逐漸地它們變得愈來愈精密，直至將傳統相機擠出市場。相似的事件也發生在 MP3 播放機上面。起初，它們的音質遜於錄音帶播放機和光碟。索尼（Sony）旗下一度引領市場的 Walkman 隨身聽決定對 MP3 不予理睬。但是隨著 Apple 的 iPod 出現，MP3 開始進步，緊隨其後的 iTunes 商店，導致 MP3 開始佔據市場份額。當 Sony 決定對此做出反應的時候，已經太遲了，以至於被強行踢出曾經多年引領的市場。

圖 8-9 顯示了顛覆性創新的第二種類型，針對尚未存在的市場的創新——也就是說，針對非領先組織客戶的市場。很顯然，引領者並沒有把注意力集中在這一部分客戶上。從圖中可以看出，競爭者創造了一個新市場，該市場具有不同的維度，有時不如傳統市場（儘管新產品本身並不劣質），同時競爭者努力將市場推向不同類型的客戶。隨著時間的推移，其不斷增長並滲透到主要市場，擾亂領先組織的市場。讓我們看以下例子：

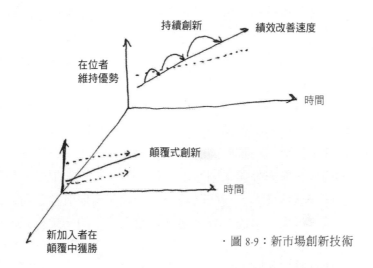

· 圖 8-9：新市場創新技術

· **全錄 vs. 佳能**：全錄公司在開發影印機時，目標市場旨在商業市場，全錄公司強調提高產品品質和複印速度，鼓勵不斷開發更高品質的影印機。複雜的設備自然生產成本也會更高，適合條件要求較高的客戶，一般為需要大型設備的客戶。而此時，一家日本公司──佳能，開始開發新一代影印機，這些影印機專為家庭市場設計，成本更低，而且更簡單。全錄忽略了這個市場。隨著時間的推移，擁有小型號的佳能影印機在家庭市場取得了巨大的成功。佳能開始專注於技術使儀器更加精細化，並開始向商業市場邁進，最終佳能的商業客戶數量超過了全錄。

· **美國西南航空 vs. 傳統航空**：美國西南航空開發了低成本航空和廉價航空的市場。與大型傳統航空公司相比，其產品和服務品質相對較差。在美國西南航班上，航班沒有配備空乘人

員、餐食和相關的娛樂系統設備。類似於乘坐公共汽車，航班上的座位在登機時隨意分配，並且只有在網上才能訂票。每人允許攜帶一個小提包，每增加一個手提箱就要收費。美國西南航空公司的競爭對手更多是客運公司，而非大型航空公司。這種商業模式非常成功，許多客戶傾向坐廉價飛機，因為不必考慮所有額外的服務。今天，美國西南航空公司是世界上最大、利潤最高的航空公司之一。多年來一直主導市場的傳統航空公司來則狀況不佳：一些正在虧損，一些要求法院保護債權人，一些已經被出售或與其他航空公司合併，或破產消失。傳統航空公司試圖建立類似的商業模式，但大多以失敗告終。

- **美國玩具反斗城**：2018 年，美國玩具反斗城帝國倒閉。主要原因是不敵 Amazon 和阿里巴巴等電子商務巨頭的激烈競爭，並在與 Walmart 等零售巨頭抗衡中提供巨大折扣而遭受巨大損失。這是顛覆性創新的典型例子（在後面的章節中，我們將稱之為「殺手式創新」）。主要展現為新的電商公司滲透到傳統公司市場，提供傳統公司無法提供的客戶價值。

我們也可以看看那些成功應對顛覆性創新的公司。早在數位化時代（成為數位移民）之前，這些組織已經做了很長一段時間的生意。

約翰迪爾是農業設備（拖拉機、聯合收割機等）的領先製造商。在開拓機器人技術和數位化運作應用的同時，該公司在其領域仍保持著突出的地位。此外，該公司還擴展了新的業務線——為農場管理提供解決方案。如今，它為農場主提供了購買綜合解決方案的選擇，主要展現在將農業設備與農場管理軟體相結合，其中包括一組監測土壤品質的感測器和攝影鏡頭，以及計畫種植、施肥和收割的智慧演算法。創新和數位化變革並沒有使約翰迪爾變成一個不再生產農業設備的組織。相反，它利用自身優勢擴大業務範圍，利用新技術的優勢，

包括物聯網、數據分析和機器學習的智慧演算法，擴大產品範圍，提供創新的商業模式，妥善為客戶服務。

由此我們可以得出結論，組織成功應對數位化變革和顛覆性創新的挑戰，適應數位化時代是有可能實現的。為此管理層需要承認業務環境中發生的變化，制定清晰的願景，並定義一個清楚的數位化路線圖，其中包括預算資源和實施數位化專案。

克里斯汀生在他的書中是這樣描述**創新者困境**的：由於不斷改進創新而獲得領導地位的組織管理層必須決定投資方向——決定開發新產品或投資持續創新。一般來說，這種新產品是為服務低端市場或為打開新用戶市場而設計的。據推測，大多數面臨這種困境的管理者將決定繼續投資於持續創新，因為持續創新改善了現有產品，針對高端客戶，因此也具有更高的回報率。

成功的執行長在商學院學到並多年來都付諸實踐的模型，如投資報酬率（ROI）、內部收益率（IRR）、淨現值（NPV）等，在不久的將來都會失效。的確，這是一個困境，沒有簡單的解決辦法。因為運用這些工具的投資者們會優先考慮投資持續性創新而非顛覆性創新。克里斯汀生教授又寫了幾本書，《創新者的解答》[10] 和《創新者的 DNA》[11]，對如何應對這種困境提出了建議。

2016 年，查爾斯・奧萊利和麥可・圖什曼共同撰寫了書《領導與顛覆：如何解決創新者困境》[12]，在書中他們也提出組織在應對顛覆性創新時將要面臨的挑戰。他們研究發現創新可分為兩大類：

- **開發**（exploit）：這類創新主要產生於組織現有資產並可透過創新不斷改進。這類創新相對平穩，主要方向在於提高效率上，大多數組織的管理者對此感到滿意。因為這類創新與他們日常的業務相關：改進現有產品，改良產品以接近市場等。他們瞭解客戶並熟知顧客期望，因此利用現有資源應對挑戰相對容易。

· **探索**（explore）：這一類型的創新，需要組織離開舒適區，去探索未知的新市場、產品和商業模式。從管理者的角度來看，這類型的創新要求他們冒險進入未知領域，存在較大風險。對此，管理者會有顧慮，可能會決定不加以嘗試。

儘管探索型創新面臨挑戰，奧萊利和塔什曼認為組織應該制定一項包含這兩種創新類型的組合。他們說：「無論一家公司的規模大小、業務成功與否，我們都認為他們的管理層需要提出這樣的問題：如何才能透過提高效率來利用現有的資產能力，不斷探索，從而不因市場和技術的變化而被逐步取代？」（圖 8-10）

· 圖 8-10：電燈的發明並非來自於對蠟燭的不斷改進。
—— 奧倫·哈拉里
（Oran Harari）

數位化顛覆

商業創新與數位化技術有著長期的聯繫。在早期，這種聯繫可以描述為**支持期**，意味著數位化技術支持業務和營運的各個方面，但在大多數情況下，它仍然主要是在後台運作處理。近年來，這些聯繫處於不斷變化中——數位化技術越來越重要，對**差異化**、**創造競爭**

優勢和開發新的商業模式的貢獻也越來越大。實施客戶關係管理系統（CRM）等技術、開發高級分析應用程式、幫助客戶透過各種管道與公司進行溝通、運用數位化技術提高實體產品屬性等需求，早已是組織必須達到的目標。當前的數位化技術，包括網際網路、雲端運算、行動電話、社群網路、數據分析、機器學習、感測器和物聯網等，已經成為企業創新和開發敏捷性的基礎架構，這些技術現已成為企業核心的一部分。數位化技術已成為組織創造競爭性優勢和提高客戶價值的重要組成部分，透過數位化技術，組織可以在應對競爭對手時更加敏捷高效地作出反應。

　　由於數位化技術不斷進步和創新發展，許多行業，包括旅遊、衛生、出版、金融服務等正在轉型升級。在這種情況下，數位化顛覆應運而生，它是這樣定義的：

數位化顛覆創新
　　這是顛覆性創新的特殊例子，即基於新的或現有競爭對手使用的數位化技術的一種創新模式。這種創新透過產品、服務或進入市場的方式，破壞現有組織的存在、破壞其產品與服務。數位化顛覆創新可能會對現有組織甚至整個行業造成破壞。

　　2013 年，福利斯特的高級顧問詹姆斯・麥克奎維（James McQuivey）教授出版了《數位化顛覆：釋放下一輪創新浪潮》[13]，該書廣受好評，書中描述了一種強有力的、緊急快速的數位化創新現象。

　　圖 8-11 摘自麥克奎維的著作，圖中描繪了廣為人知的顛覆性創新過程和與數位化顛覆創新之間的差異。他指出，數位化時代帶來了：

- **從事創新工作人數是之前的 10 倍**：想想那些致力於開發創新應用程式的年輕人，他們成功地引入了創新的商業理念和商

創新者	成本	破壞力
	$\$\$\$\$\$$ $\$\$\$\$\$$	
舊模式的顛覆		
×10	÷10	×100
數位化的顛覆	$\$$	

· 圖 8-11：數位化顛覆的力量

業模式。

· **創新開發成本是之前的** 1/10：對比開發任何數位化應用程式的成本與開發實體產品的成本之間的差異。

· **超過** 100 **倍的數位化顛覆和改變力**：結果是破壞力增加了 100 倍。

數位化顛覆近在眼前，並迅速蔓延開來。值得注意的是，使用數位化技術的組織幾乎不需要實體資產來擾亂整個生產部門。他們只需要一定數量的電腦，使用雲端技術、開源應用軟體，並且很快成功地進行開發和創新。

我們看到一批組織正在轉變為具有高市場價值的大型企業，他們在相對較短的時間內，利用數位化技術占取巨大的市場份額，如圖 8-12 所示。

・圖 8-12：數位化顛覆已經發生

讓我們簡要回顧一下圖 8-11 中出現的數位化顛覆案例。

- **Uber，是一家世界上最大的計程車服務公司，然而它沒有專屬自己的計程車**。在短短幾年內，Uber 成為最受歡迎的計程車預訂、食品配送、交通共享和叫車應用程式之一。截至 2018 年底，該公司年總預訂額約為 100 億美元，過去 3 年的市值在 480 至 700 億美元之間波動（大約是達美航空或卡夫食品等公司的 1.5 倍）。至今，Uber 仍在各城市間與計程車司機協會、市政當局和政府法規競爭抗衡。2017 年 6 月公司遭遇了管理危機，執行長進行了更迭。但不可否認的是，Uber 已經聲名在外，成為全世界數以百萬計的人最喜歡的叫車方式。

- Airbnb，**世界上最大的向遊客提供公寓出租服務的公司，同樣的，它也沒有隸屬於自己的旅店或公寓**。Airbnb 成立於美國舊金山，其成立使得短期（週末或幾天時間內等）租賃公寓和房屋的方式，產生了全球性的變化。它使公寓業主能夠開發利用現有資產。Airbnb 已成為飯店訂房的替代方案。2018 年，它的市值高於 310 億美元，超過了萬豪或喜達屋等大型連鎖飯店（其中包括喜來登品牌）。目前這家公司在應對現有的飯店公司和市政府問題上遭受著日益嚴峻的困難。

- **作為世界上最大的通訊公司**，Zoom、Skype、**微信和 WhatsApp 都沒有屬於自己的電信基礎設施**。儘管世界上最大的通訊公司在寬頻電信基礎設施上投資了數十億美元，但也存在一些公司利用電信營運商的基礎設施，提供不同類型的溝通方式（消息、聊天、對話等）。一旦客戶轉向使用這些數位化通訊管道時，傳統的電信營運商便遭受巨大損失。兩年多前，微軟以 85 億美元收購了 Skype，而 Facebook 以 190 億美元收購了 WhatsApp。這些公司都有數億用戶。

- **阿里巴巴，世界上最大的零售貿易公司，沒有實體商店**。阿

里巴巴相當於中國版的「Amazon」。它成立於 1999 年，創辦之初是作為 B2B 平台提供服務。在 2018 年 11 月 11 日光棍節的一個小時內，阿里巴巴營業額達到 100 億美元。其在紐約證券交易所首次公開募股 250 億美元，這是全球規模最大的公開募股集資。實際上，阿里巴巴的業務是提供平台，讓賣方和客戶進行交易，因此它並沒有自己的商店與庫存商品。

- **作為世界上最大的媒體公司**，Facebook **本身不生產內容**。13 年前馬克·祖克柏在其哈佛大學宿舍成立了 Facebook，它使得全世界近 30 億人能夠相互交流和上傳內容。公司不推出自己的內容，而是讓使用者自己創建內容，互相分享。

- **SocietyOne 是一家澳大利亞最大的網貸平台，然而該公司沒有實際資本**。把現金放在錢包或口袋去消費的觀念逐漸過時。像 Kickstarter 這樣的公司透過眾籌集資，Apple Pay 和 Samsung Pay 的電子錢包支付方式，PayPal 取代信用卡，在 Amazon、阿里巴巴、DealExtreme DX、京東、拼多多等線上電子商務網站上購買產品這種形式的出現，已經取代了人們對現金貨幣的需求。如今初創企業的一個熱點是金融科技，這是數位化顛覆的一個主要項目。例如，澳大利亞的 SocietyOne 公司將貸款人與借款人聯繫起來，資金在願意貸款與需要資金的人之間進行交易。與銀行不同，公司本身沒有資本。該系統繞過商業銀行，優勢在於：貸款速度快、利息有競爭力、一次性貸款額度大、無需每月支付費用或提前還款罰款、貸款計畫靈活、可申請高達 35,000 美元的貸款、期限為 2 年、3 年或 5 年；以及完全網上操作，方便快捷。借款人申請後，72 小時內便可到帳戶領取貸款。自 2013 年來，SocietyOne 已發放了總額為 4,500 億美元的貸款；Zopa 從 2015 年開始發放了 12 億英鎊的貸款；Assetz Capital 從 2013 年開始發放了 15 億英鎊的貸款。

- **中國的車車科技為車主配置最適合的車險，而它本身不承擔任何和車相關的風險**。車車科技為保險行業的公司做數位化變革，一共經歷了三個階段。第一個階段裡為保險公司提供了行動化的解決方案。各個公司透過行動網際網路為車主做了查詢的功能，並給保險公司業務人員提供了定損系統。第二個階段解決了 To C 遇到的瓶頸，透過數據分析實現了去仲介化，增加了行業透明度。第三個階段透過數位化賦能給上下游產業。這個階段裡主要解決的是 To B 的問題，把傳統保險公司的線上和線下的基礎設施結合在一起形成閉環。

- **Netflix 是一家提供大容量數據和電影製作的公司，它沒有一家獨立的電影院**。傳統電視正逐步被網際網路電視和隨時隨地的電視點播節目所淘汰。Netflix 最初是一家電影租賃公司，使用者透過美國郵政服務接收和歸還 DVD 進行消費（這一模式擾亂了 Blockbuster 創建的商業模式，最終訴諸法院保護）。2016 年，一家傳統業務模式的愛爾蘭公司 Xtra-vision 宣佈關閉 28 家門店。在相當早期的階段，Netflix 發現了透過網際網路傳輸內容的潛力，截至 2020 年 2 月，平台已達到超過 1.8 億的媒體用戶。近年來，它開始製作自己的原創內容和電影。Netflix 擾亂了有線電視公司的運轉，現在它正向電影和內容行業發展。

- **Apple 和 Google，作為世界上最大的應用程式 APP 提供公司之一，他們本身並沒有開發這些應用程式**。2007 年 iPhone 的問世促進了軟體產業中的一環——應用程式的發展。App Store 和 Google Play 使得數百萬軟體發展者能夠銷售開發應用，從而促進了獨立軟體產業的快速發展。例如，今天 App Store 有大約 220 萬個應用程式，而 Google Play 有大約 280 萬個應用程式可供下載，促使 3 億訪客能夠在近幾年內完成大約 12 億次下載。各種研究表明，僅在歐洲，就有約 63 萬

名程式設計師在開發 Apple 應用程式，而他們都不是 Apple 的雇員。

令人驚異的是，上述列表裡的公司都不擁有傳統意義上的實體資產。他們擁有的唯一資產是一個驚人的商業理念、優秀的軟體工程師和他們開發的數位化平台。他們都使用網際網路、行動網路和雲端基礎設施。得益於這些設施，他們成功地影響了整個行業，並迅速成為具有巨大市場價值的優秀組織。這便是數位化顛覆的體現。

數位化顛覆現象引起了學術界的廣泛關注。2015 年 4 月，《麻省理工斯隆管理評論》期刊發表了題為「與平常資源競爭」[14] 的文章，這篇文章由來自法國大學的三名教授弗雷德里克·弗雷里（Frederic Frery）、賽維爾·勒科克（Xavier Lecocq）和凡妮莎·華納（Vanessa Warnier）聯合撰寫而成。他們意識到，幾十年來，一個很有影響力的競爭戰略理論——基於資源的觀點（Resource-based View，或者簡寫成 RBV）有可能是錯的。這個理論認為組織需要用難以模仿的、獨特的和不尋常的資產或資源（如專利、品牌、獨特的資源、生產過程以及組織文化等），來為自己創造競爭優勢。多年來，組織一直致力於透過這些資源來獲得競爭優勢。而現在，就在過去的幾年裡，我們看到了一種新型組織，他們中的大多數都是數位化的，透過開發數位平台進行快速傳播，吸引大量的客戶並創造競爭優勢，在這一過程中，他們幾乎沒有依靠獨特的資源。基於此，我們能得出的結論是：數位化創新改變了遊戲規則，加速了顛覆進程。組織必須瞭解這一趨勢，並合理利用，為抵禦新的競爭對手做好準備。

總結：唯有付諸行動

除了許多無法應對數位化顛覆的例子外，還有許多組織將數位化技術視為商業機會，並利用它來改變他們的業務方式，從而提高競爭

優勢。這些組織及時抓住機會，巧妙地利用新技術的優勢。

在數位化競爭時期，數位轉型並非解決商業問題的最快的方法。這是一個持續複雜的、資源密集的、機會和風險並存的過程，**需要高級管理層充分持續的承諾**。無論數位化變革能夠帶來多大的便利，它不僅僅是單方面的倡議，而是良好的數位化願景、組織決心和數位化領導力一起協作的產物。組織必須檢查和改進數位化成熟度，融合數位化技能和數位化領導力，才能成功應對數位化挑戰。

組織需要瞭解數位化帶來的好處，並思考企業如何能與數位化保持一致，同時利用新的數位化技術來提高業務績效並創造競爭優勢。那些不採取適當措施應對的企業正處於危機中，他們可能會發現自己正失去客戶並走向失敗。那些運用數位化技術的初創企業正在進入他們的市場並擾亂市場——並開始「偷他們的乳酪」。沒有採取應對措施的組織將被甩在後面。而意識到這種現象並成功利用數位化技術的企業不單單在是在數位渦漩中生存；他們將改善戰略定位、提高利潤並促進良好的發展。

管理層必須明白，商業競爭已經轉移到了數位化領域。因此，一個組織能否利用數位化技術開發和生成數據，已經成為一個關鍵性的問題。正確運用數位化技術的手段是將其作為一項戰略性的基礎設施和投資，而非僅當成支出。管理層必須使用數位化技術來重塑組織，以駕馭數位浪潮，走向商業成功和取得競爭優勢。

對數位化時代的一個重要洞見是：**將技術和業務分離開來是錯誤的**。商業的長期成功愈發依賴於組織利用數位化技術的能力。數位化技術並非單單應用於電子商務、內部業務流程、面向客戶進行行銷與資訊傳遞。組織必須明白，**如今數位化技術正改變業務的所有範圍**——他們提供的產品和服務、業務運行模式、商業模式、組織與利益相關者的關係，以及他們事實上的業務核心。這便是數位化核心的意義所在。它並不是指使用這種或那種數位化技術來支援業務流程，而是指使用這種技術來改變組織的核心業務，使其適應新的數位化時

代。

　　企業必須認識到商業戰略和數位化戰略是一體的。它們不是兩個獨立的策略。最終，每一個企業都將成為數位化企業——如今商業戰略和數位化戰略正在內化成為組織的商業戰略，正如喬治・韋斯特曼在《你不需要數位化戰略》[15]的文章中所寫。事實上，「數位化戰略」這個術語多少有些誤導人，因為它不是一種可以單獨實施的戰略，我們需要的是適應數位化時代的商業戰略。在這種背景下，我們可以將數位化變革過程視為一個漫長的旅程，在這個過程中，商業戰略和數位化戰略合為一體成為組織的數位化商業戰略。這是一個轉變為數位化組織的過程，數位化技術將在活動的各個方面被運用，直到它們成為戰略和業務模式不可分割的一部分。

　　要在這一過程中取得成功，組織必須變得靈活和敏捷，在競爭對手或新的組織進入滲透市場環境，破壞組織競爭地位之前，快速感知、識別、理解、學習和採用新的數位化技術。這是一個不斷轉型的過程。當新技術不斷加速出現，新的組織將創造性的利用新技術開發創新的業務模式，這便是這一過程永不停息的原因。在這一過程中，數位化將成為組織 DNA 的一部分。

　　意識到數位化這一變革力量的企業應當儘早地開啟數位化之旅，並適應新的數位化商業環境。這些組織是能夠在創造巨大競爭優勢的同時取得成功和發展的。正如我們前面到的，「**數位達爾文主義**」一直在全力發展。組織必須明白，能夠隨著變化不斷進行改變，方能生存和成功。而這可以透過正確的數位化領導來實現，本書第 14 章會詳細探討這個問題。

● CHAPTER 9

技術推動創新的五個角度

我們正在用技術改變世界。
——比爾·蓋茨（Bill Gates），微軟前執行長

引言：數位化的作用

本章我們將介紹數位化支持創新的五個角度。我們也稱這些角度為數位化的創新平台，因為他們提供了創新的基礎設施。

每個平台都展現了如何利用數位化技術支援創新。數位化技術對創新的支援凸顯了數位化平台的豐富性、多樣性和深度，以及作為創新基礎設施具有的巨大潛力。

從五個不同的角度看數位化技術推動創新，有助於管理層和數位化領導者瞭解這些技術具有推動創新發展的潛力。**管理者需要熟悉這些平台，並瞭解它們與組織戰略與競爭優勢的關係。**

圖 9-1 展示了我們將在本章中討論的五大加速創新發展的平台類型。

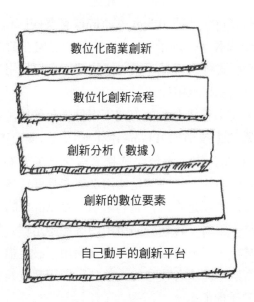

· 圖 9-1：五大創新平台

這五大平台在圖中被描繪成大小相等的矩形。然而事實上,第一個平台大約占比 90%,展示了組織對創新活動的技術投入力度。我們預計,隨著數位化技術和應用的進一步發展,其他四個平台(總共占 10% 左右)將有更大的發展空間。

業務流程創新的數位化平台

支援數位化創新的第一個平台與業務流程有關。每個組織都存在許多業務流程。隨著數位化技術成為實施業務流程的主要工具,創新、業務流程和數位化技術之間出現了明顯而直接的聯繫。讓我們來看看它們之間劃分為三個層次的聯繫。

大型:藍海創新

藍海創新[1] 指的是改變遊戲規則和進行市場重組的創新性突破。自 2007 年以來,Apple 旗下 iPhone、iTunes 音樂商店和 Apple 應用商店的整合就是一個很好的例子。Apple 的創新之處在於開發一款設計新穎、使用者介面獨特的智慧手機,並構建平台以便用戶能夠下載自己選擇的音樂、電影和應用程式。

iPhone 允許使用者透過多種方式獲得個性化的使用者體驗。很明顯可以看出,數位化技術對 iPhone 產生的影響:除了集成設備本身的技術外,Apple 還運用了數位化業務流程來支援其運作。從用戶在應用商店進行註冊開始,緊接著是使用者對產品進行搜索和應用程式展示搜索結果,之後便是對用戶進行收費。從 Apple 的角度來看,支援提供創新數位化服務,有利於開發由內容和應用程式創建者共同構成的「生態系統」,實現雲端備份和定義使用者設定檔等高級方式。所有這些都是智慧手機核心戰略的一部分。使用數位業務流程促使了 iPhone 引發智慧手機革命。

在本例中,數位化技術是實現創新的一個必要組成部分,它將使

用者的設備從行動電話轉變為隨時可供客戶使用的行動「電腦」。

其他許多例子如 Netflix 的流媒體、Amazon 的網店、Salesforce 的雲端 CRM，都表明數位化是藍海創新的核心。

中型：流程創新

Apple 商店（及其應用程式）是一個出色的例子，展示了數位化技術是如何成為新市場核心業務流程的核心。自然，幾年後，Android 便複製了 Apple 的做法，隨之 Windows 也借鑑了 Apple 的做法。大多數公司使用業務流程創新——運用技術，他們對一個或多個核心流程進行改造[2]。

有關這一類的創新例子包括：

- ZARA：利用數位化技術，ZARA 時尚零售連鎖店構建了基於「快時尚」的獨特價值主張——能夠快速回應不斷變化的時尚趨勢。從想法到製成衣服並擺放在貨架上，僅僅只需幾周，而不是像競爭對手一樣，耗時幾個月。
- Apple Store：如果我們將 Apple 零售店與 Walmart、家得寶（Home Depot）或任何其他零售連鎖店進行比較，我們將看到另一種創新的方式。在 Apple 商店，有更多配備了 Apple 行動裝置與條碼掃描器的銷售人員。銷售人員幫助客戶完成訂單（顧客無需排隊等候結帳）——透過手機無線連接到列印客戶收據的印表機。在這裡，創新數位化技術的作用也很明顯：這些商業實踐得以設計與規劃，歸功於智慧裝置、印表機、閱讀條碼器等的存在。這是與銷售有關的創新。所有這些技術也適用於 Walmart 等零售店，然而 Apple 首先創新性地重新設計了銷售流程。
- **特易購（Tesco）**：這家大型零售商為韓國市場推出了位於地下火車站的虛擬超市，命名為 HOME PLUS。地鐵站裡有各

種產品的照片，這樣顧客就可以用手機購物，然後在同一天把東西送到家裡。顧客還是像以前那樣的選擇物品，但是場地換到了火車站裡占地不多的地方，流程的創新使這家零售商用很小的成本得到了巨大的回報。

小型：漸進式創新

這一創新來自於持續改進業務流程。由於當今大多數業務流程實現了數位化，因此在改進價值鏈之前，可以有限地進行快速且細微的轉變並對過程進行測試。例如：

（1）CVS：MIT 的布林約爾森和麥克菲撰寫的一篇文章[3]舉例說明了這家大型藥店連鎖店如何實施改進業務流程，以檢查購買藥物的客戶醫療保險覆蓋範圍。在整理分析了客戶投訴之後，CVS 設計了一個新的業務流程，實現了客戶進店時核查他們是否達到醫保資格（而不是等到客戶結帳時再進行核查），這大大提升了客戶滿意度。緣於這一業務流程實現了數位化，CVS 能夠快速更新業務流程，並複製拓展到數千家藥店。

（2）Apple **專賣店**：過去，當顧客想買東西時，銷售人員會與顧客接觸，詢問是否需要幫助。例如，如果客戶想要一台 iPad，銷售人員會消失幾分鐘去倉庫取產品，而客戶則在一旁等待。為了提高效率，Apple 決定改進這一流程。如果客戶有興趣購買一台新的 iPad，那麼銷售人員會在行動終端上輸入他的訂單，然後繼續查看客戶還想買什麼。與此同時，當他和客戶聊天時，另一位銷售人員會帶著 iPad 出現。銷售過程中的這一微小變化產生了業務價值：銷售助理始終與客戶保持聯繫，減少了客戶改變主意、空手離開商店的機會。當然，與此同時，銷售人員可能會說服顧客購買其他產品——可能是鍵盤或新 iPad 的外殼。Apple 之所以可以在零售過程中做出這個微小的改變，並快速高效地實施到數百家商店，是因為這一過程實現了數位化。Apple 在一些商店測試了這一轉變並進行結果分析後，才將這一轉變

部署實施到數百個分店中。

對創新過程做數位化的平台

　　第二個平台是利用數位化技術直接支援創新。創新不是在虛空中創造的，而是產生於戰略、支持創新的文化、以創新為中心的管理以及明確的創新組織目標中。為了促進和發展創新，組織建立了鼓勵創新的內部文化，並開發了支援創新的業務流程。創新過程需要與許多其他因素進行複雜的資源整合，這些因素包括員工、業務合作夥伴、客戶、創新實驗室等，它們共同開發和檢驗創新想法。數位化技術可以成為支援創新創造的重要平台。這些技術能以多種方式推動創新──透過基本的協作工具支援工作團隊，並使用更先進的協作工具──允許全球團隊協調工作，以及用於測試仍處於初級階段的產品或服務觀念的模擬工具。

　　創新過程經歷了創新演變的三個連續階段：

　　（1）**個人創新**。19 世紀是發明家的時代。像愛迪生和 Tesla 這樣傑出的發明家，僅在有限助手的支援下，在實驗室裡獨立工作，從無形的想法實現了實際的發明。

　　（2）**組織創新**。20 世紀是組織創新的時代。像貝爾實驗室、全錄、IBM、GE、3M、微軟實驗室、高通等知名公司以及參與國防或太空計畫的組織都瞭解創新的重要性，並廣泛投資鼓勵創新的文化的發展。他們促進了創新型組織的發展，而這些是由從事創新產品和服務的研究人員在高級實驗室孕育而來的。

　　（3）**開放式創新**。21 世紀初，我們進入了開放式創新時代，組織與商業夥伴、投資者、初創企業、外部專家，有時與合作者甚至與競爭對手建立聯繫。這一時代創造了組織創新時代不存在的新機遇。與外界各方的聯繫更加緊密，不同專業與業務目標的人員可以透過團結整合妥善完成工作。如今，學術研究與創新密不可分，學術

研究人員通常由感興趣的公司進行資助研究，簽署專利協議等等。像 Google 這樣的公司鼓勵所有的員工和客戶參與創新。查爾斯‧利德比特（Charles Leadbeater）是研究創新主題的高產作家，他提出了「we-think」[4] 一詞，強調向開放式創新的過渡，這與「I-think」的個人研究者所領導的原始創新模式有所不同。

　　數位化技術與向開放式創新過渡的轉變密切相關。數位化是改進組織內部溝通（包括電子郵件、門戶網站、執行資訊系統、論壇）的先決條件；如今，數位化技術是組織進行內外溝通（內部網路、網際網路、行動、社群網路）的平台。組織和利益相關者（實際客戶、潛在客戶、網紅、專業人士等）之間進行思想和知識交匯，力求雙方都能吸收理解。開放式創新時代相對年輕，但仍然對組織（如何管理和何時分享智慧財產權）和 IT 部門（必須支持廣泛的溝通管道）提出新的挑戰。麻省理工學院的麥克菲博士是集成技術和商業領域的專家之一，他提出了「企業 2.0」，強調在網際網路開放的 Web 2.0 工具的潛在應用[5]，以加強組織內外部協作。技術的差異化，包括維基、部落格、RSS、mashups 等，都滲透到企業中，促進了改進協作和創新工具的誕生。

　　Salesforce Chatter 和之後建立的 Slack 是基於 Web 2.0 工具提出的思想和結合雲端運算而開發的產品，他們支援雙向和多管道的內外部交流。其他公司開發了下一代產品，如 Panorama's Necto，其產品成功地將廣泛的商務智慧洞察力與集成協作功能進行有機結合。

　　另一個關於網路的例子則是由 Intellectual Ventures LLC（IV）（2017 年更名為 Xinova）提出和逐步發展的，它連接了一個由 4,000 名創新人才組成的網路（創新人才需要之前有專利才可以加入網路，習移山教授和張曉泉教授都在這個網路之中），這些創新人才幫助他們解決問題。運用網際網路系統，發明請求（Request for Innovation, RFI）透過電子郵件發送給網路系統中的 4,000 位發明者。然後，發明者可以使用 Xinova 網站提交解決方案，並根據系統支援的業務流

程繼續跟進。這有助於與網路中的其他發明者展開協作，互相交流，甚至聯合提供解決方案。另一個類似的網路是 Agorize，它連接了 500 萬從事創新的人，幫助他們發佈問題和提供解決方案。

業務分析平台

第三個創新平台是業務分析平台。這一平台能分析處理數據，以智慧化形式表現（視覺化）和提取數據的有效資訊（商業洞察力）。多年來，我們看到了數位化技術在收集、管理、分析和向決策者提供數據方面取得了巨大和驚人的進展。

湯姆・達文波特教授[6]是分析組織能力和競爭優勢之間聯繫的主要學者之一。他發現，許多組織已經清楚了業務分析的潛力，並能創新使用並將其作為業務戰略的一部分來創造競爭優勢。達文波特稱這些組織為「分析型競爭對手」。

多年來，業務分析平台取得了長足發展。起初是在大型設備上運作的決策支援系統（DSS），它只能提供非常有限的分析能力；其次是主管工具（EIS 主管資訊系統），透過智慧視覺化為高管提供數據；之後是專用於分析需求的數據庫，以及靈活智慧的多維分析工具（OLAP）；然後便是廣泛使用智慧演算法分析大量數據的數據採擷系統；發展到今天，演變成數據分析和處理不同類型海量數據的方法（結構化數據如表格、非結構化數據如電子郵件、照片、語音、影片、社群網路數據等）。

業務分析平台的另一大發展是增加了記憶體中數據庫（IMDB），它對大量數據進行壓縮放入主記憶體以加快分析回應速度。SAP 於 2010 年開發並開始銷售其創新平台 HANA。HANA 技術[7]可以改變以往管理組織運算的方式和將數據轉換為資訊的速度。與「期末報告」不同，它可以隨時對數據分析進行訪問：「即時」和「按需」分析。同時，基於開源 Hadoop 系統開發了一種新技術，該技術能夠處

理海量數據，並在合理的時間內做出回應。這些技術剛剛開始滲透到組織運算中，無論是在內部應用程式還是雲端運算中，它們都代表了業務分析產生的巨大創新潛力。

在支援創新方面的一項應用是推薦引擎。如今，許多網站，如 Amazon、Netflix 和頭條、抖音，都運用了推薦引擎。這些公司多年來斥鉅資在開發智慧演算法和機器學習演算法上，為每個使用者制定一套獨特的推薦方案。這些演算法可以快速高效地分析用戶偏好和搜索的相關資訊數據，快速找到類似使用者群，從而推薦用戶可能希望看到的書、文章或影片。利用類似的數據分析處理方法，IBM 對分佈在城市各處的感測器進行數據分析，從而將一座普通城市轉型為智慧化城市。

我們僅僅接觸到了數據分析時代的「皮毛」，商業組織也剛剛開始利用這個平台進行創新，但很明顯，這些分析平台對創新產生了巨大的影響。透過管理和分析大量和不同類型的數據，組織可以獲得之前無法獲得的洞察力。在數位化時代，那些睿智地採用這類平台實現業務目標並不斷開發創造競爭優勢的組織，將成為行業裡的先驅。

數位化構成要素作為創新的平台

第四種類型的數位化平台使用現有要素來開發創新。舉個例子，LinkedIn 改變了人們見面、取得聯繫和招聘員工的方式。但 LinkedIn 也是其他系統中的組成部分，這些系統使用應用程式介面（API）來獲取個人數據、公司、職位空缺等方面的數據。

LinkedIn 是使用現有要素進行創新的一個例子，其他組織可以（透過適當的 API 介面）連接這些要素，並將其應用於尋求創新上。一個在數位化環境中營運的組織需要思考如何利用這些元件實現價值鏈，有時可以圍繞這些現成要素構建一個完整的組織。

一般來說，今天的許多業務創新都是基於現有部分的創造性再

次組合實現的。像 1-800-Flowers 這樣的公司透過結合現有的平台改進了花卉行業的價值鏈——開發一個有吸引力的網站；聯邦快遞（FedEx）為客戶提供送花服務；以及連接到信用卡平台支援信用卡付款。得益於 Facebook、Zynga（線上遊戲）發展蒸蒸日上。Face.com（一家以色列初創公司）最初是利用 Facebook 圖像進行人臉識別，後被 Facebook 收購。Dropbox 作為一個提供檔案共用的系統，最初它是透過 Amazon 的 AWS 作為核心檔案系統來運行的。

數位化技術在現有要素中的作用與在平台中的作用是不同的，在對平台的作用上，我們在之前有討論過。在第一個平台中，數位化為創建創新業務流程提供了基礎設施；在第二個平台中，數位化支援創新流程；在第三個平台中，數位化技術透過業務分析支持創新。一旦現有要素能正確組合，便可以快速實現創新。管理者必須清楚如何合理使用這些要素並與業務流程相聯繫，從而創造性地提出方案。開發這些能力需要積極和持續的實踐，而不僅僅是紙上談兵。追求創新的道路，需要透過學習、實驗、實踐、提高技術能力，以及提出更多創造性的方式來利用新機遇。

使用現有要素進行創新，可以延伸為使用通用要素作為技術化基礎設施進行創新。這一類別的創新平台還包括雲端運算和行動技術。這兩者都可以作為創新的重要基礎。

使用雲端運算要素的案例

雲端運算的創新價值與虛擬化技術的發展息息相關。從《創新資訊長》[8] 引用的圖表展示了運用雲端技術可能實現的目標——節省資本和營運支出，實現敏捷性（快速輕鬆地回應變化的能力，見本書第3章），並最終實現銷售增長。

三種不同類型的雲端運算給創新帶來不同的影響。

· IaaS：**基礎設施服務**。透過 IaaS 可以快速安裝新系統，並享

受高等級的備份和運算能力,從而快速滿足公司的需求。

· PaaS:**平台服務**。PaaS透過內置的數據安全服務、內置生存性、世界各地的可訪問性以及對不同使用者設備的支援,促進了雲端應用中新的應用程式快速發展。例如,Salesforce.com 提供了一個開發平台,它可以幫助開發人員快速開發和部署雲端應用程式,解決了技術複雜性。平安雲可以讓中小型的金融機構一鍵生成整個的金融解決方案。你可以根據你公司的要求快速開發和安裝基於網際網路的應用程式。如今,微軟將其 Office 套裝軟體作為雲端服務(Office 365)提供,並開發 Azure 為企業級雲端環境,用於伺服器和作業系統開發應用程式的運作中。

· SaaS:**軟體服務**。SaaS 可以快速安裝現有的應用程式。開發應用程式的投資將成為一項營運支出(Opex),其中包括使用支出。與內部開發或採購相比,使用數年的成本通常要低得多。可以快速安裝新的應用程式並測試其適用性,如果組織滿意,則可以推向市場擴大用戶。反之,如果應用程式不令人滿意,則終止開發這項應用程式,這使得犯錯的成本相對較低。如今,大多數軟體都可以作為雲端服務購買,包括 SAP、Microsoft Dynamics、Oracle 應用程式、Salesforce 和許多其他軟體。

成本只是雲端應用中的一個維度。例如,使用 GMail(不同於內部電子郵件系統)不需要特殊的訓練指導。使用者自己去學習如何使用,並根據自己的喜好來更新版本。GMail 包括過濾垃圾郵件和其他有用的選項等特殊功能。這些應用可以作為商品(正如卡爾的文章[9]中所說)。IT 經理需要審查這些技術化平台,並思考如何快速實現創新。(圖 9-2)

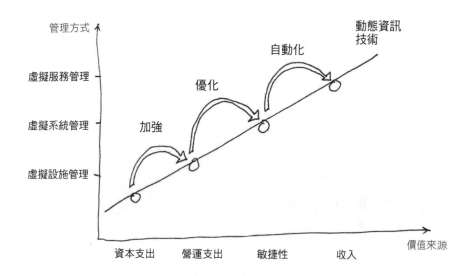

· 圖 9-2：雲端運算的發展歷程

使用要素的例子：行動技術

　　行動技術和創新存在著緊密的聯繫。能夠運行應用程式的智慧裝置的出現引發了一場巨大的創新浪潮。公司很快就學會了如何使用這項技術來改善客戶體驗和提高組織的可及性，增加採購，以更加便捷的管道獲取資訊。那些習慣於日益強大的智慧手機和行動裝置的員工希望公司的 IT 部門能夠讓他們的設備（bring your own device）連接到公司的網路，以便在公司的任何地方運行程式。客戶、供應商和業務合作夥伴之間也希望彼此能透過智慧手機聯繫。內置 GPS、數位相機、藍牙、NFC 等技術促使公司為客戶提供創新服務。例如，銀行不僅僅向客戶提供諮詢服務，而是向客戶提供智慧化的支付和透過支票照片存款的業務。一旦我們進入零售店範圍，零售商感知到訊息後會發消息向我們傳遞最新的市場行銷資訊，而醫療服務機構則使用裝

有特殊感測器的智慧手機遠端追蹤檢測血壓和其他健康參數。

Gett、Uber、Lyft 和滴滴的出現改變了計程車市場。使用者可以根據其當前位置和附近可用汽車預訂車輛。在乘車時，他們可以對司機打分，並在到達目的地時使用智慧手機支付費用。毫無疑問，這對計程車站和計程車調度員產生了巨大的影響。這是一個很好的例子，說明了技術平台的力量及其對創新的貢獻。可謂是，一切皆有可能，天空才是極限。

「自己動手 DIY」平台

第五個平台是有關公司構建自己創新平台的能力。一些商業巨頭已經建立了自己的平台——Apple 線上應用商店或 Google Play 商店。這些公司開發的系統是協作性生態系統的基礎設施，允許任何開發人員創建應用程式，並以低廉或免費的價格出售給數百萬用戶，與平台所有者分配利益。事實上，中國的阿里巴巴是連接 B2B 公司的平台。Amazon 的 Kindle 和 Apple 的 iBook 等電子書是允許出版商和作者以方便創新的方式銷售作品的平台。

這裡的核心思想很簡單。它不單單限於創新，而是創新生態系統的中心。YouTube 允許「網紅」開頻道，Uber 允許司機駕駛，GoGoVan 允許司機運送貨物等。

顧客享受差異化，創新生態系統的領導者獲利，但最重要的是，小型創新者享有現成的創新市場。我們認為這個平台是最先進的商業模式，甚至可以帶動全社會的創新。

結論：創新在不斷創新發展中

在這一章中，我們回顧了五種不同的將技術與創新聯繫起來的方式。每個平台都有促進組織創新的潛力，並且都對創新有不同的貢

獻。此外，以不同的方式將平台進行整合，最大化發揮平台優勢，有助於進一步促進創新。

　　大多數組織都很瞭解第一個創新平台。我們通常稱之為標準的數位化創新應用。認識和運用其他四大平台（平均而言，它們只占典型組織活動的一小部分）有助於公司在激烈的環境中生存和發展。我們稱之為「對創新做創新」（innovating innovating）── 即創新本身也需要創新。

● CHAPTER 10

數位渦漩

數位化顛覆不會關心你個頭的大小或者誰是你的朋友。
——麥可·韋德教授（Prof. Michael Wade），IMD 全球數位化
業務轉型中心主任

引言

當分析數位化對組織的影響時，必須從內部和外部兩方面進行分析。內部涉及組織自身的性質，外部則涉及行業的性質。

有些組織對數位化對其特定行業的外部影響知之甚少，或者內部準備不足以應對數位化，他們會發現多年以來一直忠實地服務於他們的商業模式不再奏效，他們在該行業的位置將會動搖，甚至他們的組織今後都會遭到打擊而失去競爭優勢。

在高層管理人員完全內化數位力量的組織中，管理層能夠及時地對市場作出適當的反應，尋找利用數位化力量的方法，利用數位化技術提高客戶體驗，研發靈活和先進的業務流程，並引入創新的商業模式。

之前我們提出了數位化顛覆性創新的主題。我們認為數位化的出現加速了顛覆的步伐，這種現象現在被稱為數位化顛覆。這是數位化變革帶給諸多行業的商業環境中快速且通常是致命的劇變。

數位化變革使不同行業之間的界限變得模糊。例如，Apple 多年以來一直被認定為是一個個人電腦製造商，透過一系列的創新產品 —— 包括 iPod、iTunes、iPhone、iPad、Apple Pay、Apple TV 和 Apple Watch 在市場上取得突破——滲透其他業務領域（音樂、相機、手錶、支付、手電筒、廣播、電視等等）。這個公司已破壞了許多行業的現有平衡，並模糊了他們之間的界限。

許多行業，包括媒體和新聞、旅遊和飯店業等等，都在經歷由數位化變革引起的一個快速而深刻的變革過程。這個過程會產生新的競爭對手，他們會打亂該行業現有的秩序，提供新的價值給客戶，並快速地佔據大量市場份額。

例如，很多年來電信巨頭對他們網路上的簡訊收費，這是一項盈利收入的重要來源。但是之後出現的 WhatsApp、微信、snapchat 等新興勢力，憑藉提供免費服務的商業模式，短時間內在數以億計的客

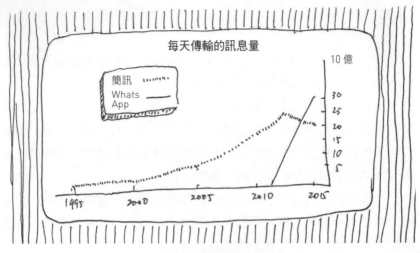

· 圖 10-1：WhatsApp 訊息量的快速增長

戶中佔據了市場份額。當電信巨頭們的搖錢樹逐漸枯萎時，他們只能被迫在一旁觀望。（圖 10-1）

可能產生數位化顛覆的行業

　　包括金融、叫車、住宿和飯店、印刷和出版、音樂等等在內的諸多行業都正在經歷著數位化力量的影響。這不再是僅僅少數幾個行業發生的邊緣現象；它已經發展成為一個廣泛而且在不斷擴大的演變。僅僅幾年以前，數位化技術還在以這樣或那樣的方式進行實驗，而現如今它正在眾多行業產生著巨大而有力的數位渦漩。像機器學習、3D 列印、AR 技術、比特幣以及區塊鏈、自動駕駛車輛等新技術正在進入商業應用領域，而且還有可能顛覆其他的經濟行業。

　　普華永道（PwC）戰略諮詢集團 Strategy & 在其名為《戰略＋商業》（Strategy + Business）的線上雜誌中預測，所有商業機構都將在未來幾年內經歷一些顛覆性的過程。他們稱當前的商業動態正在引領

我們走上一條永久性變革的道路。文中強調，雖然這些變化會造成風險，但它們也能夠為善於管理經營和利用變化的組織提供機會。《戰略＋商業》中一篇名為《七個令人驚訝的顛覆》[1]的文章，其中提出了幾個行業，它們將會使破壞過程加劇：

- **汽車產業**。深刻而顯著的變革正在重塑汽車產業。品牌忠誠度正在逐漸消失。不斷提高燃料效率和安全性群組件的需求，新的環保排放標準的出現，這些都需要使用新材料。不僅僅是電動汽車，對各種設計的需求正在引領新的生產過程。數位感測器導致車輛中的應用程式不斷推陳出新。且看「車聯網」：它具有網際網路功能，而且它可以從其感測器傳輸數據，當然也可以從外部系統接收資訊。汽車製造商們現在有義務與其傳統行業界線以外的供應商和專家們合作：汽車製造商們正在加入風險投資基金和為創業公司提供服務的投資基金，以便更接近這些創新的發展方向。它們自身對這些行業的創新發展也產生了影響，他們應該增加研發預算，專注於能夠為他們提供不斷擴大的安全和環保需求的創新解決方案。自動駕駛汽車正取得進展，並將開始一個巨大的經濟變革。共享汽車的出現，讓汽車所有權的基本理念也遭到了挑戰。
- **物流和運輸業**。這個行業正面臨著來自 3D 列印的新業務威脅。隨著使用這種新的數位化技術「列印」產品以及產品零部件的可能性越來越大，海陸空的物流和運輸服務需求將會繼續縮減。新技術意味著不再需要將部件從一個工廠運輸到另一個工廠進行組裝。多種研究發現表明，由於 3D 列印的出現，41% 的空運量、37% 的海運以及 25% 的陸地運輸均存在風險。自動化汽車的引進無疑也將為這個行業帶來日新月異的變化。

- **支付**。多虧智慧手機集成的電子錢包和電子錢，使得支付系統和服務已經成為一個全球化的行業，且正在我們的眼前發生著變化。我們看到了一個越來越強勁的電子交易的趨勢。在一些國家，如肯亞，這種支付方式甚至也是小額交易的首選（M-Pesa）。隨著數位支付變得越來越普遍（區塊鏈帶來了這方面的革命），客戶將會越來越信任數位化系統（微信支付或支付寶）。我們還可以預期信用評分（一個相對較舊、用於記錄和查找客戶信用的評級系統）將會被更先進和創新的系統所取代，這樣的系統會考慮到更多參數並借鑑更多種類的數據資源。

- **醫療保健服務**。經濟壓力、持續上升的醫療費用支出，以及客戶醫療保健方面評估方案的能力提高，將導致醫療服務行業與我們如今所瞭解的大有不同。隨著風險轉移到各種服務的提供商那裡，這個行業將會變得更具競爭力和透明度。醫療保健提供商將需要制定明確的戰略，以做好該如何應對這些挑戰的準備，並將其決策建立在對其客戶進行更深入的分析上。3D 列印技術也將帶來曾經無法想像的改進和創新。在 2000 年 3D 列印開始發展，能夠生產出人造器官和身體部位、義肢等等。使用數位化技術實現醫患間的電子訪問將成為一種遠端接受護理的公認方法。例如，American Well 等公司已經將數百萬患者與他們的醫生聯繫起來，並進行遠端影片諮詢與訪問。平安好醫生等網站讓偏遠地區的患者也能夠得到大城市醫生的諮詢。遺傳學和醫藥科學的最新發展將很快引入個人化醫療的時代。可穿戴裝置將提供相關客戶的健康狀況資訊並即時監控，並將此資訊傳播給各種服務提供者們。

- **製造業**。很多製造業公司仍認為自己對數位化顛覆和數位化變革的影響比較有免疫力；它們相信這些變化主要影響直接向客戶提供產品和服務的組織（B2C）。從長遠角度看，這

種想法可能會變得非常危險。一些工業競爭者已經理解了數位化變革的重要性，並且正在利用它去數位化增強產品、提高其供應鏈、增強產品設計流程、升級和自動化生產過程、妥善監控其設備等等。一些大型製造商如 GE、飛利浦（Philips）、西門子（Siemens）等正在大力投資物聯網（IoT）及商業分析，並為它們自己創造了明顯的競爭優勢。數位化工業環境現如今甚至擁有了自己的名字：工業 4.0 或工業物聯網（Industrial IoT）。

· **零售業**。與之前所想的電子商務會對商店造成致命打擊的想法不同，如今看來日漸明顯的是許多零售商已經意識到將實體管道（商店）與數位化管道整合並開發出綜合的全管道客戶體驗的重要性。客戶需要這種多管道；他們希望快速訪問更多、更新的相關產品的資訊，並尋求更透明的價格和庫存量指示，並且可以選擇在商店購買他們的產品。新的數位化技術允許線下商店隨時改變任何商品的價格，而這在過去是一項很繁瑣、高成本且容易出錯的工作。時尚連鎖店正在開發數位鏡子技術，讓顧客可以看到不同的衣服穿在他們身上的樣子。Burberry 是一家著名的英國全球時尚品牌，它經歷了數位化變革，並且使數位化和全管道體驗化為其收入的來源之一。吉野家和麥當勞已經在其分支機構推出大螢幕顯示器，以便客戶將他們自己的訂單匯總在一起，用電子方式付款，並花更少的排隊時間等待他們點的東西。幾乎是一夜之間，很多餐廳也實現了掃碼點餐。

· **電信業**。電信公司正在不斷的努力使其避免僅僅成為電信基礎設施的提供商，並且正在試圖滲透到越來越多的領域。他們看到其他人是如何使用他們營運的基礎設施中所提供的影片、音樂、娛樂節目、行動應用、電子錢包等內容。他們認為他們的競爭地位和他們作為先進的高品質電信提供商的形

象正在逐漸消失。這些公司會加倍努力將自己定位為高品質內容的供應商，並且能夠利用流經其網路的大量數據流。他們將嘗試滲透到如智慧家庭和智慧城市等新領域，開發應用程式以吸引客戶，為高頻寬客戶們提供技術支援服務系統等等，以捍衛他們的競爭地位。

數位渦漩模型

「數位渦漩」這一術語來源於由全球數位業務轉型中心發佈的一篇研究報告，這個中心是瑞士國際管理學院（IMD）商學院和思科（Cisco）的一項合作項目，題為《數位渦漩：數位化顛覆如何重新定義行業》[2]，這個報告對 941 位執行長或副總裁等級的高級管理人員進行調查，遍佈 13 個國家的 12 個行業——來自如食品、工業產品、金融服務、零售、技術服務生產商，以及健康、電信、教育、旅遊和飯店、製藥、媒體和娛樂、石油和天然氣以及公用事業基礎設施（電、水等等）等供應商行業。參與的公司非常多元化，代表了各種各樣的行業，年銷售額從大約 5,000 萬美元到超過 100 億美元不等。

這項研究的結果非常有趣、吸引眼球，而且令人驚訝。參與調查的高管們認為，未來五年（2015 年至 2020 年間），數位化變革浪潮將顛覆其商業領域中 10 個領先組織中的 4 個。然而，45% 的被調查組織則認為這種問題不需要在執行管理層或董事會中進行討論。43% 的組織沒有預見到他們所在行業面臨的顛覆威脅，他們也還沒有在他們的高管或董事會中認真地討論過這樣的問題。

顯然渦漩和湍流的力量在各種各樣的行業之間變化著。調查參與者被問到：「在你所在行業的十家領先公司中，由於數位顛覆，你認為未來 5 年內會有多少公司失去在前 10 名中的一席之地？」答案令人驚訝——平均有 3.7 家公司。在某些行業，參與者估計的這個數字平均起來可能超過 4 個組織，而在受影響較小的行業，估計出的平均

數約為 2.5 個組織。在圖 10-2 中，旅行和飯店管理以及金融服務顯示為數量估計最多的行業（這些行業中的 10 家大公司中將有 4.3 家公司會被取代），與此同時在石油和天然氣領域，數量最低（10 家公司中將有 2.5 家公司會被取代）。

接受調查的高管們還被問到他們認為哪些行業在數位化顛覆後會發生重大變化 —— 甚至可能對當今這些領域的領先者所構成的生存威脅。令人驚訝的是，41% 的參與者認為整個行業都受到生存的威脅，他們所在的行業包括旅遊和飯店管理、零售、媒體和娛樂以及金融服務。

儘管數位化帶來的風險很高，但 45% 的參與調查的公司都認為這個事件並不是管理議程中的首要問題，有些人更願意採用一切照舊

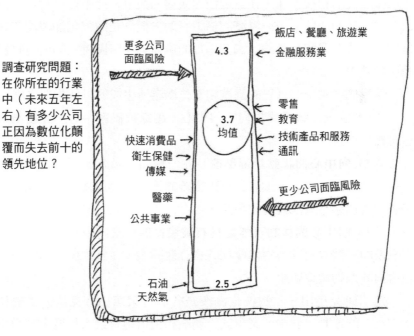

· 圖 10-2：可能從列表中前 10 名下降的公司的分類

的做法靜觀其變。僅僅 25% 的受訪者表示他們正在積極處理數位化顛覆問題，並認真考慮透過取代現有的產品或服務來顛覆他們自己行業的可能性。從這個角度來看，此項研究表明來參與的高管和公司對現實的看法與實際現實之間存在巨大差距。一方面，數位化渦漩正在擾動眾多的商業領域，使新的組織脫穎而出，而同時讓以前知名的公司逐漸沉淪（「舊王已死，新王當立」）；另一方面，參與進來的組織中一些高級管理層尚未對這些問題做適當的考慮，這一點既有趣也令人擔憂。

調查人員選擇渦漩作為隱喻，以解釋說明他們關於數位化變革是如何影響各個商業領域的概念。它像一個真正的渦漩——例如一個龍捲風，當空氣猛烈地旋轉時，被颳起的物體越是接近中心（越接近渦漩的風眼）就會遇到越強大的風壓。作者在報告中指出：「鑑於數位化顛覆的混亂和複雜性，在這個快速演變的競爭格局中難以辨別出模式或『自然的法則』……渦漩的構造有助於概念化數位化顛覆的方式是如何影響企業和行業的。渦漩施加的旋轉力，將圍繞它的所有物體吸引到其中。」

讓我們考慮一個真正的渦漩和數位渦漩所生成的三個相似之處：

（1）**渦漩將物體們拉向它的中心**。越靠近渦漩中心，速度越會呈指數型增長。

（2）**向中心的移動是混亂的**。在一瞬間，渦漩捕獲的物體可以從其外緣推到其中心，或者它可以圍繞周邊更慢地旋轉並逐漸朝中心移動。這個路徑無法被精確預測。

（3）**向中心的移動可能是具有破壞性的**。當向中心移動時，陷入渦漩的物體在與其他物體碰撞時會分散開來，並且由於碰撞的力量也會與其他物體重新組合。

這項研究指出，「數位化渦漩是各個行業無法避免捲入『數位化中心』的運動，其中商業模式、產品和價值鏈在最大程度上被數位化。」研究人員指出數位化渦漩的想法來自對調查結果的分析。參與

者透過對調查問卷中所出現的四個參數中的每個參數進行排名，來估計出由數位化導致的行業顛覆的預期程度：

（1）**投入**。使用數位化技術來改變現有商業邏輯時的金錢投入。

（2）**時機**。需要多久該行業才會被數位化顛覆影響，數位化顛覆的過程發生得有多快。

（3）**方式**。顛覆性公司將在特定行業遭遇的障礙，他們解決這些障礙時使用何種商業模式。

（4）**影響**。顛覆性過程影響的範圍和力量。例如它對組織的行業市場份額影響以及對受到影響的組織所構成的風險。

對於上述的每個問題，回答均根據參與管理者所用的排名轉化為行業排名。一個行業的排名是指特定行業中商業模式背景下的數位化顛覆的可能性。研究人員將行業排名轉化為該行業與渦漩中心的接近程度。位於中心附近的行業是更加數位化的，在這個行業成功營運的公司是數位化組織。渦漩模型並不意味著確定中心附近的行業或企業是否會消失。值得注意的是在這些行業中營運的組織面臨著嚴重的風險，並且必須加強他們的創新和數位化變革的水準才能繼續下去。渦漩中心附近行業的組織競爭優勢面臨著更大的風險，而且他們必須對新競爭對手的出現和新業務模式的出現進行快速的反應。結論就是這些組織們必須迅速變得敏捷、創新和數位化。

在前面有關商業模式的章節中，我們討論了三種類型的數位化變革。這三種轉型中的每一種都可以對不同的行業產生不同的影響。例如，在石油和天然氣領域，數位化變革主要影響公司的業務流程，但並不影響其生產和供應給客戶的最終產品（天然氣、石油）。智利國家銅礦公司（Codelco）是世界上最大的礦業公司之一，由於它採用了數位化技術，包括機器人技術、數據分析、電腦視覺識別和物聯網，它的採礦和降低礦工自身風險的能力得到了提高，因此成為一個數位化大師。

在音樂和娛樂領域，可以同時實現幾種類型的數位化轉換：（a）

將傳統的調諧器或音樂播放機轉換為數位化升級的播放機；（b）將實體產品（例如一張 CD）轉換為全數位化產品（MP3）；（c）透過虛擬商店銷售產品，商店能立即向客戶提供產品（透過 iTunes 銷售並以網際網路將音樂檔案發送到客戶的設備中）；以及（d）開發以服務為基礎的商業模式（例如一定歌曲數量的訂閱，或者限定時間段內的訂閱等等）。

圖書出版可以一次進行三個類似的轉換。當然，這些行業的數位化變革的能力會更高。

在所提供的產品或服務中具有很高的數位化變革潛力的行業中營運的組織們，將會更加接近渦漩的中心。在數位化變革潛力較小的行業中營運的組織將會離中心更遠些。

圖 10-3 呈現了前面所討論的的行業排名圖，轉換為靠近渦漩中心的程度，也就是該行業的數位化水準。從原則上講，也可列表格並按排名列出 12 個行業，但是渦漩的視覺化模型傳遞了更有力的資訊，

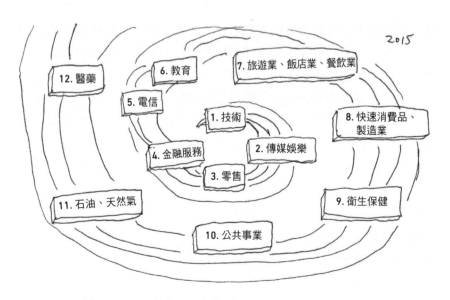

· 圖 10-3：IMD 數位化渦漩模型（2015 年）

且清楚描繪了數位化顛覆在這些行業中的力量。

（1）最接近渦漩中心的行業是**技術性產品和服務**。在這個行業工作的組織面臨著激烈競爭。他們的產品主要基於數位化技術，而且他們正處於為實現相關技術改進和創新的永無休止的競爭中。這些組織的競爭壓力在不斷加劇。例如，電腦設備製造商受到大型雲端服務提供者如 AWS（Amazon Web Service）、Amazon、微軟、Google、Salesforce 等等的威脅。一些雲端服務提供者甚至根據自己獨特的規範自己製造伺服器。個人電腦製造商的銷售數量正在經歷持續下降的過程，因為數量轉向了平板電腦或者雲端運算設備，如 Google 的 Chromebook 等在 Chrome OS 上運行，它只需提供一個網路瀏覽器，而與此同時所有其他服務則透過網際網路提供。未來的 5G 會讓這樣的模式越來越普遍，從硬體的底層改變資訊的獲取和處理。手機製造商正在進行著凶猛的且無休止的競爭，圍繞著創新設備和作業系統軟體、開發硬體功能和特殊的應用程式。

（2）第二名接近渦漩中心的是做**媒體**和**音樂**行業的組織們。報紙和雜誌相對於其數位競爭對手和數位雜誌而言在不斷縮減，這些競爭對手中一些是免費提供的或者是以相對較低的訂閱成本就可以獲得的。之前已經對音樂公司進行過討論，這裡不再贅述。

（3）排在距離渦漩中心最近的第三位是**零售業**。大型零售商如 Amazon、阿里巴巴、eBay 以及眾多中國公司，在他們的電子商務網站上提供方便快捷的購物體驗，並且透過大型國際物流快遞公司，快速地交付到客戶家中。近些年來，越來越多的實體零售商正在關門或縮減其實體店，而且速度正在加快。

（4）第四個最接近渦漩中心的則是**金融服務行業**。所有銀行都在競相提供數位化服務。針對小眾（Niche）的公司正在進入市場，並且提供投資組合管理、貸款、眾籌、或點對點（P2P）貸款、匯款等等。許多公司正在加入支付系統的競賽中（Apple Pay、Samsung Pay、Google Pay、WeChat Pay 等等）。

　　這項研究將**石油**和**天然氣**行業作為距離渦漩中心最遠的行業。在這種基礎設施行業的組織們並未直接受到數位化變革對其核心產品所構成的任何危險，但是他們正在努力利用數位化技術來提高生產力、優化業務流程、控制鑽井設備等等。智利銅礦公司 Codelco 是其中一家利用數位化技術的公司，並被視為數位化大師。

　　這項研究雖然並未涵蓋到所有已知行業。但這並不意味著未提及的行業可以避免處理數位化變革的問題。鑑於數位化變革的發展速度以及它在越來越多領域的快速滲透，據推測，這些其他行業也將在某些階段遭受到影響，並且在接近渦漩中心時被顛覆。

　　由於在各個行業之間存在差異，因此在運用和開拓數位化技術的能力方面也存在差異。IMD 後來又開展了另一項研究[3]，去檢查各個行業的變化，圖 10-4 示展示了兩年後（2017 年）各個行業在渦漩中的相對位置。顯然變化確實存在，並且一些行業已經移動到接近渦漩中心的位置。

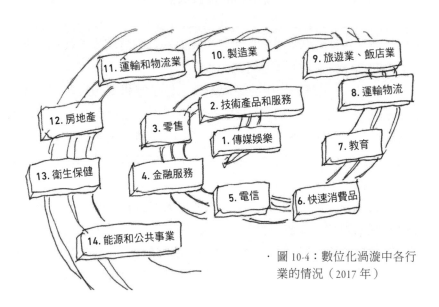

· 圖 10-4：數位化渦漩中各行業的情況（2017 年）

數位渦漩的強度：一些說明性的示例

　　隨著時間的推移，數位化顛覆的步伐也在加快。數位渦漩變得越來越強烈，且越來越多的行業被吸引到中心。德高望重的公司很可能發現他們自己也感受到了「熱度」。很多我們都已熟知的新星的名字，他們或是大型公司或是初創公司，透過使用數位化技術和創新商業模式讓行業中的許多知名組織大吃一驚——也因此打破了許多行業的平衡。我們將用幾個案例來解釋說明這些變化：

- IBM 的深藍（Deep Blue）國際象棋電腦，1997 年在一場錦標賽贏了世界冠軍卡夫帕羅夫（Garry Kasparov），這是電腦首次擊敗冠軍棋手。在此之後，IBM 憑藉其 Watson 電腦再次成功地讓世界驚歎不已。這部電腦可以回答用自然語言提出的問題。2011 年，Watson 在益智問答遊戲 Jeopardy 上贏得了一場特別比賽，對陣兩個 Jeopardy 的超級冠軍，布萊德‧魯特（Brad Rutter）和肯‧詹寧斯（Ken Jennings）。Watson 能夠快速回答事前未知、極具挑戰性的開放式問題。在比賽之前，Watson 在 4TB 的儲存空間中儲存了大約 2 億頁的內容，並且在比賽期間沒有與網際網路（Internet）連接。Watson 在人工智慧的基礎上與自然語言處理、數據分析，並行處理以及其他一些功能創新集成。IBM 將 Watson 技術定義為一種新型計算的起源：認知計算。這些具有認知能力的系統，在 2013 年 Watson 推出時，才成為現實。如今，這項技術已經邁出了它醫學診斷的第一步（重點在肺癌上），並且正在進入其他領域，包括法律，它可以在一瞬間找到複雜的判例。這種潛力非常巨大並且有可能顛覆以前免受數位化顛覆影響的其他行業，因為它們主要基於的正是人類的認知能力。
- Airbnb 利用「共享經濟」的創新模式，破壞了全球飯店業的

平衡。該公司建立了一個技術平台，實現供應（有興趣在短時間內出租公寓的公寓業主）和需求之間的虛擬市場（數百萬有興趣在短期內租用公寓或單人房的客戶）。Airbnb 讓飯店業大吃一驚，並且迅速吸引了數百萬的潛在客戶。在一些主要的城市中，飯店業反擊阻止 Airbnb 進入其市場，試圖透過工會或市政當局及政府推出新法規，避免飯店業受到的損害，批評 Airbnb 模式所引發的稅務問題。飯店行業突然發現自己在向渦漩的中心推進，並且不得不使用數位和其他手段來應對競爭。許多連鎖飯店迅速開展起自己的數位化變革，去為客戶們提供更好的飯店體驗。

- Uber、Lyft、滴滴打車等顛覆了計程車行業，並讓數百萬人能輕鬆地使用他們的智慧手機叫車，查看附近可用的計程車或私家車位置以及多久到達，甚至乘客可以直接付款給司機。在一些法規允許的國家裡，這些平台實際上可將任何司機轉變為潛在的計程車司機，他可以兼職（或全職）地在生活中提供有償乘車服務。這便是另一個成熟行業受到了一種新的數位化商業模式的影響，並迅速被數位化渦漩所席捲的例子。

- Apple 透過 Apple Watch 進入可穿戴裝置領域，Apple Watch 是一款與 iPhone 相連接的智慧數位手錶，並能提供一系列新功能，其中一些功能可以檢測手錶佩戴者的健康狀況。Apple 不是第一個進入這個新市場的公司，三星、LG、小米和其他一些公司也已開始解決這些問題 —— 儘管每當 Apple 進入任何市場時，都會產生某種新的數位化顛覆。儘管銷售速度令人失望，但這些新型數位手錶仍有可能顛覆許多行業：手錶、檢查血壓和其他健康參數的監控設備、醫療服務部門以及整個醫療行業。因為擁有這些智慧手錶，可以即時向醫療中心或主治醫生傳輸數據，並且在任何參數出現意外偏差時立即發出警報。數位化渦漩也在威脅著這些行業。

· Apple 也已進入到了支付服務領域，傳統上由信用卡公司控制，由 PayPal 和 Square 等公司控制，當然還有銀行。使用智慧手機和 Apple Pay，客戶無需信用卡即可輕鬆快速地進行購物。三星已開發出一款名為 Samsung Pay 的類似產品，該產品於 2015 年先在韓國後在美國推出。擁有大約 20 億客戶的 Facebook 也決定進入支付領域，使用 Messenger 平台進行點對點匯款，後來透過 WhatsApp 進行匯款。最近 Facebook 重金投資區塊鏈，在為未來的支付做鋪墊。受到嚴格監管的支付服務行業進入速度相對緩慢，而且可能無法滿足預期，但最終數位化渦漩肯定會威脅干擾到信用卡和支付行業。

· Tesla Motors 由埃隆·馬斯克（Elon Musk）創立，最初製造高端電動汽車。2017 年，它也開始製造較便宜的車型，並且宣佈計畫生產電動卡車。儘管其他電動汽車公司，包括以色列競爭者 Better Place 宣告失敗，但 Tesla 仍顯出成功的跡象，它的汽車銷售情況良好。它決定聚焦於高端汽車市場，並且能夠開發出創新的製造技術，以減輕車的重量，與此同時提高電池品質，使其汽車在每次電池充電間行駛距離越來越遠。只需看一下 Tesla 儀表板就可以瞭解所涉及的數位化技術範圍。儀表板上的中央專案是具有 17 英寸螢幕的平板電腦，駕駛員使用它來控制幾乎車輛的所有功能——導航，打開車頂、打開和關閉窗戶、調節照明、打開操作娛樂中心。隨著公司不斷地改進汽車的控制軟體（作業系統），它可以遠端地更新已安裝的版本，而不需要車主將汽車帶去汽修廠。因此，汽車的功能提升無窮無盡，並且為車主增加了動態的新增值專案。他們透過提供自動駕駛（Auto Pilot）的先進功能，在自動駕駛汽車方面進展順利。Tesla 正在深化巨大的汽車製造業的數位化渦漩，並且推動所有大型汽車製造商投資新車型、提供電動和混合動力汽車、開發共享交通的商業模式，以及

擴大在其車輛中的數位化技術應用。

· Tesla 汽車宣佈推出一款能源牆（Powerwall）的產品，這是一種家用電池組，在非高峰時段使用太陽能電池板或電網充電，而在夜間或高峰時段電費較貴時作為家用能源。電池組包括逆變器，逆變器將直流電改為與家用電器一起使用的交流電。如果電網斷電，電池組還可以提供備用電源。與工業電池的外觀不同，Tesla 投資其系統設計，使得讓它可以漂亮地被安裝在房屋的牆壁上。Tesla 透過能源牆產品及源於其電動汽車電池製造過程中所累積的知識進入能源行業。能源牆系統包括許多數位化元件，可控制它的運行以及它與電網的連接。顯而易見的是數位化渦漩正在逼近大型的電力公司，以及電池製造產業。

· Waymo 是 Alphabet（Google 的母公司）旗下的子公司，專門研發自動駕駛汽車。他們的實驗模型在擁擠的加州道路上成功地穿越了數百萬英里，而且很少發生事故。這種車廣泛使用數位化技術。大型汽車製造商也在開發全自動或部分自動駕駛汽車。一些自動化功能已經開始出現在賓士、BMW、奧迪、日產（Renault-Nissan-Mitsubishi Alliance）、Volvo、Toyota 等等的系列車中。其中一些已經提供相對便宜的型號，具有自動化功能，如無需駕駛員干預的自動停車（例如日產的 Qashqai）。據傳言 Apple 也在考慮進入這一領域。所有這些公司仍然面臨著涉及技術和監管挑戰的諸多問題。例如，軟體必須能夠預測到行人或其他駕駛員在路上的意圖。當自動化駕駛車輛「看到」路邊的行人時該如何去做？或許這個人打算走進街道，所以該車要減速還是停下又或是繼續行駛？人類能夠判斷（雖然並非總是正確）行人和其他駕駛員們的意圖和有時不負責任的種種行為。自動化駕駛汽車仍然難以應對人類非理性的挑戰。儘管如此，據推測，幾年內我們將看到自動化駕駛汽

　　車在公路上馳騁。

　　數位渦漩將威脅到越來越多的行業；它將模糊各個行業之間的界限，並將導致新的商業模式出現，也將重新定義商業環境。

結論：種種跡象表明你的行業將經歷數位化顛覆

　　許多執行長（CEO）和組織所擔心的問題之一就是如何確定他們所在的行業是否將會被數位化顛覆。很多行業中知名公司還沒有意識到正在發生的顛覆，當他們知道這種情況發生在他們的行業時，已為時過晚，這一點尤為令人堪憂。零售業中沒有人預料 Amazon 會購買一間有機食品公司並開始直接與食品連鎖店競爭。Amazon 還決定與銀行業巨頭摩根大通（J.P. Morgan）和巴菲特管理的波克夏（Berkshire Hathaway）合作，成立一家為其數萬名員工提供醫療服務的公司。雖然這項計畫僅僅只為這三家公司的員工提供醫療服務，但這些舉措已引起了提供健康保險的公司的一些擔憂。眾安保險公司是由傳統的平安保險公司和網際網路公司騰訊和阿里一起成立的，這家公司做網上保險業務，並在最近拿到了香港頒發的虛擬銀行牌照。

　　一篇題為《你的行業即將被顛覆的三個信號》[4]的文章中描述了三個跡象，可以提醒你，你的行業中面對數位化顛覆時會很脆弱：

　　（1）**你的行業受到嚴格的監管**。如果你的行業遭受到了嚴密監管，則可能表明顛覆即將來臨。多年以來，監管體系一直關注金融行業，但是過去的情況可能不一定對未來奏效。相對而言，在受到嚴格監管行業中的公司往往競爭力不強；因為他們感受到監管的保護，這使得一些組織變得很官僚主義和低效。新的基於數位化技術的組織傾向於超越監管，監管機構難以推行原本給舊組織制定的規則。例如，飯店業管理的法規在處理 Airbnb 的時候並不是非常奏效，就好像計程車行業的法規和 Uber 打交道就不太有效一樣，電視廣播法規對於

處理線上影音網站（Netflix）也不是很有效。運輸法規同樣也難以應付自動駕駛車輛，醫療設備的醫療保健法規將無法應對入侵其領域的創新數位化設備。結果是如果你的組織在嚴格監管的行業中營運，你應該考慮到創新發展形式的數位化顛覆可能會到來，並且可能威脅到你的公司。

（2）**你的客戶們被迫投入大量精力管理他們的成本**。潛在顛覆的另一個信號是你的客戶們必須投入大量精力來瞭解你的成本和計費結構。任何行業的成本都受供應鏈的影響，其中很多中間商只增加成本而不增加客戶體驗。例如，Tesla 直接向其客戶銷售汽車，中間沒有汽車經銷商。如果你的公司產品要求客戶與各種實體進行複雜的談判以降低成本，那麼數位化顛覆即將來臨。例如，保險公司將不得不應對數位化保險公司競爭的挑戰——這些保險公司在其業務流程中不需要保險代理人。

（3）**你的客戶體驗不足**。這可以被視為前兩個信號的一種不必要的副產品：你的行業根本不習慣提供高品質的客戶體驗。這種情況發生在缺乏激烈競爭的行業中。客戶經常會抱怨服務品質嗎？例如，客戶們過去常常抱怨關於計程車公司及其司機們。Uber 和滴滴能夠迅速滲透到該市場，因為它提供了不同的高品質客戶體驗。

如果你公司所在的行業是以一個或多個這樣的信號為特徵的，則不建議等到顛覆開始。最好立即開始著手解決該問題。你不應該躲在行業規則後面。你的組織必須努力提高客戶體驗，並將成本結構轉變為更簡單、更清晰的經營方式。如果你不這樣做，其他一些公司將會做到這一點，並且有可能將會對你的業務造成不可挽回的損失。

總之，數位化渦漩模型提供了一個不同行業數位化變革強度的概念和圖示。在這些行業營運的組織們，以及未納入該研究的行業（汽車工業、物流和運輸、公共交通、政府和公共機構、非營利組織等等）的組織必須承認這樣一個事實：「騎牆」的觀望態度在數位化時代是行不通的。

● **CHAPTER 11**

數位化成熟度

領導數位化變革是令人興奮的，但企業是否具備應對變革的數位化成熟度？
——薩班‧阿加沃（Sapan Agarwal），弗若斯特沙利文諮詢公司（Frost & Sullivan）

引言

　　組織在數位化進程中必須採取的第一步是評估其數位化成熟度。組織在多大程度上準備好開始成功的數位化變革？如果組織的目標超過了成熟度，很可能會慘遭失敗；如果組織太過低估自己，那麼組織將在這趟數位化變革之旅中毫無所得。這便是評估一般成熟度以及持續評估每個項目的成熟度是如此重要的原因。準確深入地瞭解數位化成熟度是促使組織進一步發展和取得成功的關鍵。

　　世界上不存在兩個組織處於同一起點上。每個組織都有自己獨特的優缺點，因此其**數位化變革過程也將是獨一無二的**。這解釋了即便來自同一個行業的類似組織，複製、黏貼某一個組織的數位化變革計畫是不可能的。

　　這一領域許多並一直在增長的出版物和研究報告清楚地表明：一家公司在數位化變革方面是否能取得成功，在很大程度上取決於**數位化成熟度**。數位化變革對任何組織來說都是一個重大的挑戰，失敗的可能性相對較大。為了增加成功的機率，組織必須理解並衡量其數位化成熟度。以下是數位化成熟度的定義：

> **數位化成熟度**
>
> 　　數位化成熟度是一種組織性的措施，反映了公司是否準備好使用數位化技術的水準，以及當前實施數位化技術在開展業務和創造競爭優勢方面的範圍、深度和有效性。

　　評估組織數位化成熟度的公認方法，需透過對能實現數位化成功轉型至關重要的維度。這些維度通常包括：

- **數位化願景和戰略**。公司是否制定了連貫的數位化願景和與之相匹配的戰略來實現這一願景；願景和戰略的清晰程度，

以及與所有員工的溝通情況好壞。

· **組織文化**。什麼是組織文化？它鼓勵創新嗎？組織是否鼓勵員工嘗試新想法以及組織是否準備好承擔創新過程中的風險？

· **用戶體驗**。組織提供的客戶體驗的品質如何？客戶體驗是否具有持續性？體驗是否具有高品質？組織使用什麼管道與客戶接觸，客戶對他們所接受的服務滿意度如何？

· **業務流程**。組織的業務流程品質如何，在多大程度上該流程具備數位化和敏捷性？

· **技術技能**。技術技能水準如何？有哪些是其所欠缺的？是否有留下組織人才的程式？

· **技術**。組織的技術架構如何？是封閉還是開放的，能應付新的挑戰嗎？其敏捷度如何？ IT 部門的開發和操作流程是否支援實現敏捷性開發？組織對先進技術瞭解多少？

　　成熟度評估應作為一面鏡子，生成組織多維度的簡要情況。這些情況會盡可能客觀地反映了組織對數位化變革所作出的準備，包括其優勢和劣勢；有時它還提供了與同一部門行業中類似的組織相關基準作為參考。以下是數位成熟度評估的一些假設案例和可以得出的一些結論：

· 在評估過程中，發現組織在 IT **架構、工作程式和方法論**這三方面存在嚴重的缺陷，這不適合數位化時代（因為它們過於僵化不敏捷）。該組織深陷過時的系統和技術之中，這些系統和技術難以修改並且無法與新的數位化管道（例如，網站、行動應用程式、高級數據分析、可計算應用程式等）集成。應該在開始數位化變革前就發現這些現象，它們為建立一個彌補差距的行動計畫提供了一個重要的基礎。縮小差距可能

具有挑戰性，需要投入大量資源和時間。另一種選擇 ── 忽略當前數位化成熟度，盲目開始數位化之旅是有風險的；它可能會錯誤評估事實狀況，最終使組織無法實現成功的數位化變革之旅。

· 在評估過程中，發現組織的組織文化相對薄弱。**組織文化保守，不鼓勵冒險和創新**。這種組織文化會嚴重阻礙數位化變革，為此需要創新文化，修改現有業務流程，並準備在採用新業務流程中承擔風險。瞭解這一弱點使組織能夠根據數位化變革的需要採取措施改變其組織文化。

· 評估表明，**數位化舉措由組織的許多不同部門執行，但沒有一個全面的管理方法或共同的戰略願望**。數位化變革的成功需要管理層針對所有數位化舉措制定清晰的戰略願景，並採取相應行動實現其目標。在這種情況下，組織應建立一個數位化執行委員會和數位化領導團隊，投入時間和精力來定義戰略願景，並制定企業範圍內的數位計畫，這是一種綜合性和全面的方法。

如果一個組織在沒有評估其是否做好充足準備和瞭解相關優缺點的情況下進行數位化變革，那麼它就會在數位化變革過程中深受風險，並在之後逐漸顯現出來。

衡量數位化成熟度的模型

讓我們簡單了解一下在評估組織的數位成熟度時使用的一些模型。（關於以下介紹模型的更多詳細資訊，可在公開出版的數據中找到。）這裡提出的大多數數位成熟度模型都涉及開發它們的諮詢公司所擁有的智慧財產權，因此以下描述不包括用於評估組織數位化成熟度的詳細問卷或加權計算。然而，瞭解這些模型所使用的維度可以幫

助組織從自己的角度制定相關的評估標準。當然，還有一些額外的數位成熟度模型（例如，PWC、加特納和 Altimeter）可能會有所幫助，但在這裡我們不贅述。

麥肯錫的數位商數（McKinsey's Digital Quotient）

2015 年，著名的全球商業諮詢公司 McKinsey 發表了一篇題為〈提高數位商數〉[1] 的文章。這篇文章介紹了 McKinesy 提出的專有指標——數位商數（DQ），用於評估一個組織的數位成熟度，就像評估一個人的智力一樣。DQ 是基於四個維度的加權分數，每個維度用於測量數位化管理實踐的多個領域，總共 18 個領域。圖 11-1 給出了數商模型的主要結構。

數位商數（DQ）主要從四個方面評估

數據商數評估模型決定成熟度得分，評估主要
與組織的數據和金融績效直接相關

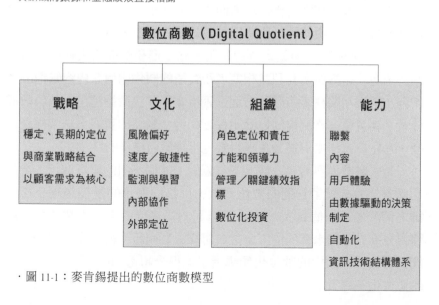

· 圖 11-1：麥肯錫提出的數位商數模型

對於模型中的每一個方面，McKinsey 透過詳細的問卷調查來評估組織並確定相應的分數。麥肯錫的 DQ 模型為每個領域分配一個權重，並計算組織的整體加權分數，範圍從 0 到 100。對於組織來說，瞭解和分析其優勢和弱點是很重要的，因為這些優勢和弱點會反映在組織每個主要維度和領域所獲得的分數中。這將使其能夠為數位化變革之旅制定自己獨特的行動計畫。讓我們簡單了解一下四個主要方面：

（1）**戰略**。與組織數位化戰略相關的一系列問題：與數位化相關的一切業務都有明確的戰略嗎？數位化戰略是否緊密結合並支持業務戰略的發展？戰略是否以客戶為中心？

（2）**文化**——與組織文化相關的一系列問題：組織的風險偏好是什麼？組織是否靈活？它是否能快速評估問題並從評估中得出結論？組織內部各部門之間的協作程度如何？組織如何徹底檢查外部並採取行動來提高外部協作水準？

（3）**組織**——與組織結構相關的一系列問題：是否有明確的角色和責任定義，特別是數位化方面的定義？組織培養人才和領導能力嗎？組織是否有明確的治理流程和關鍵績效指標？

（4）**能力**——與組織為數位化做好準備和配備的相關技能等一系列問題：組織與所有利益相關者和管道的關係如何？內容管理品質如何？組織在關注客戶體驗方面是否恰當？其決策過程是否基於數據分析？其各種業務流程的自動化程度如何？組織的資訊系統架構是什麼，它在多大程度上是為了應對數位化挑戰而構建的？

為了驗證模型的有效性，麥肯錫對 150 個不同的組織進行了全面的調查，並計算了它們的數位商數。11-2 圖顯示的是被調查公司的排名情況。平均值為 33，大多數公司的排名低於平均水準。麥肯錫將得分高於平均水準的前三分之二組織分為兩組：得分在 40 到 50 之間的稱為「成長中的數位化領導者」；得分超過 50 的稱為「有成就的數位化領導者」。

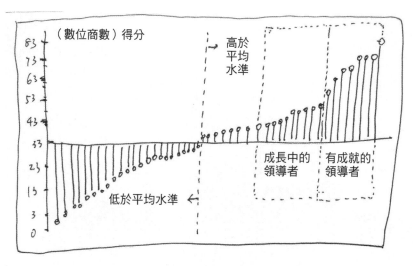

· 圖 11-2：麥肯錫調查的組織的 DQ 排名情況

IDC 的數位化成熟度模型

全球市場情報研究公司 IDC 分析提出了計算和數位化技術的發展情況和趨勢，也發佈了評估數位成熟度的模型 [2]。圖 11-3 顯示了組織數位化發展的五個不同階段，從最低階段──組織沒有挖掘開發，甚至不認為它對於數位化有需求（「數位抵制者」）開始，到達最高階段為之。在這一階段，組織正使用數位化技術來影響其營運甚至是其他組織（成為「數位顛覆者」）：

· **第 1 階段──數位化革命的「東拼西湊」方法**：「數位抵抗者」是一個不能識別數位化革命會帶來威脅的組織，在某種程度上來說，是反對整個數位化改革。這樣的組織當然不鼓勵實施數位化計畫。管理層尚未制定數位化戰略與願景，將數位化置於次要地位，同時反對不同業務部門推行數位化計畫。

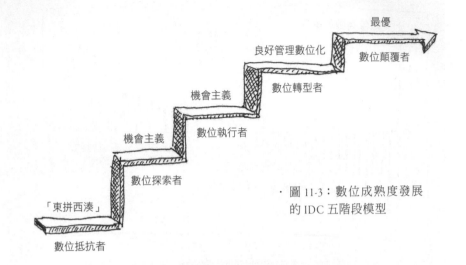

· 圖 11-3：數位成熟度發展
的 IDC 五階段模型

高級管理層不發起、指導或協調數位化變革。當前階段這一
組織提供的客戶體驗較差，只會在應對威脅時才使用數位化
技術。

· **第 2 階段——數位化革命的機會主義方法：「數位探索者」**
以機會主義的方式應對挑戰，允許業務部門啟動和試驗各種
數位化技術。管理層知道正在進行的數位化革命，但認為其
與自己所在的部門無關，因此不必耗費精力制定數位化戰略
願景。管理層和董事會都沒有討論過數位化革命，沒有集中
指導或協調數位化計畫。這種類型的組織產生的數位化產品
和經驗都不一致，難以集成。

· **第 3 階段——採取有序、統一和可重複的數位化舉措，成為
「數位執行者」**：這是一個承認和理解數位化革命的組織，
並在解決問題政策上達成了一致。組織對解決方法和治理過
程進行了定義，確保統一執行數位化計畫，集中管控項目，
並管理相應風險。公司制定了數位化的願景，儘管這一願景

並沒有得到高度的重視。該組織管理結構分明，其中包括執行委員會、情況報告部門和風險管理部門，以及有助於各部門推進數位化計畫的實施。組織提供一致的產品和經驗，但缺乏創新。

· **第 4 階段——透過系統化、管理化的方法，成為「數位轉型者」**：組織有明確的戰略數位願景，並確保整個組織進行完整溝通。執行管理層和董事會將數位化確定為一個優先的主題。該組織已經制定了數位化轉型路線圖並開始實施，同時也已經成立了一個數位化團隊來領導變革。團隊由執行長親自領導，或者由新上任的執行長領導（如數位化的副執行長），或由市場行銷副執行長和資訊技術副執行長共同承擔責任。行業領先者會提供世界級的產品和經驗。

· **第 5 階段——透過最優方法，成為「數位顛覆者」**：組織正在實施數位化轉型計畫，計畫可能已經處於高度發展中。透過採用創新的數位化模型，組織改變了原有的商業模式，甚至影響了其營運的行業和其他行業。該組織對數位化時代有著透徹的瞭解，透過發展中的共享經濟成立聯盟，創建或加入更廣泛的商業生態系統中，利用數位化技術實現差異化和取得競爭優勢。這一階段，組織對現有市場重新定義，並根據自身優勢創造新的市場。

2015 年，IDC 對 317 名 IT 經理和業務部門經理的樣本進行了評估，與此同時也評估了其組織的成熟度階段。研究結果表明，大多數（超過 62%）組織處於第 1 到第 3 階段，處於第 4 階段的組織只佔 14%，而第 5 階段——數位化成熟度的最高水準，只有 8%。研究還顯示，14% 的組織樣本處於第一階段，這意味著他們不認為數位化變革是其營運發展過程中的風險。

麻省理工學院和凱捷的數位化成熟度模型

讓我們簡要回顧一下由麻省理工學院數位商務中心和凱捷管理顧問聯合開發的數位成熟度模型。這一模型耗時三年，涵蓋範圍包括30 個國家的 390 個組織。在研究的 390 個組織中，184 個組織的年銷售額超過 10 億美元。這項研究的結果發表在學術期刊中和《領先的數位化——由技術向商業轉型》[3]（由韋斯特曼、邦尼特與麥克菲三人聯合撰寫而成）這本書中。書中對這一研究問題進行了細緻的分析，並且展示了加權指標，指標通常運用於研究人員得出被調查組織數位化成熟度水準的結論。

該數位化成熟度模型將組織的指標劃分為兩個不同的軸：縱軸是數位化技能和能力，橫軸是數位化領導能力。圖 11-4 顯示了這兩個維度以及每個維度中測量的對象。

研究人員使用了問卷調查方法，問卷包含許多不同主題的問題，

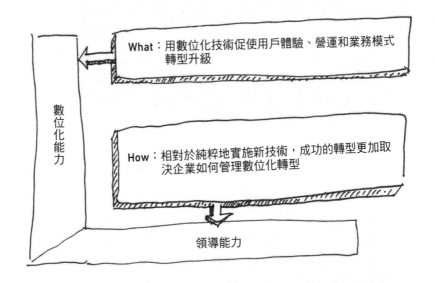

· 圖 11-4：數位化成熟度 MIT 模型的兩大維度

在某些情況下，他們還對管理者進行了個人訪談。每個組織都有兩個排名，分佈於橫軸與縱軸。

　　圖 11-5 的圓點表示沿兩軸中的任一軸組織的排名情況。研究人員將排名劃分為四個象限，代表組織數位化成熟度的階段。

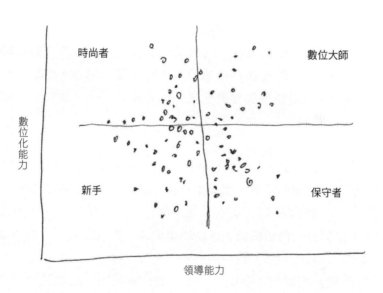

·圖 11-5：由麻省理工學院提出的分為四大維度的排名情況

· **第 1 階段：新手。**高管對數位化及數位化對公司的潛在價值帶來的影響持懷疑態度。組織有可能會進行一些數位化實驗和項目。但是組織裡幾乎不存在數位文化，這是數位化成熟度一個非常初級的階段。

· **第 2 階段：保守者。**組織已確定了數位化願景，但仍處於早期階段。有一些數位計畫，但是在業務範圍內數位技能和大多數系統都未能合理發揮作用。儘管存在治理，但治理範圍僅停留在各個業務單元，而不是整個組織。組織正採取措施

發展其數位化技術和能力。

- **第3階段：時尚者**。組織熱愛新技術，並實施先進的數位技能，如利用社群網路和行動應用程式，然而這些數位技能本質上是不同業務部門施行本地計畫的產物。高級管理層尚未制定全面的戰略願景，各種數位化舉措之間的協調度非常有限，數位文化主要存在於單個業務部門的層面。

- **第4階段：數位大師**。高管明白定義並施行清晰的數位願景與戰略，治理範圍不單單停留在各個業務單元，而是整個組織。作為組織廣闊發展前景的重要組成部分，數位化計畫正在不斷實施。

研究表明，被定義為「數位大師」的組織在績效表現上有很大的優勢。例如，「數位大師」所獲的利潤比樣本平均水準高 26%，而「數位新手」所獲利潤比樣本平均水準低 24%。事實證明，數位領導技能水準對於一個組織能否成功轉型成為「數位大師」尤為重要。研究確定了「數位大師」的四個特點：

（1）**強烈的願景**：為了成功實現數位化變革，高級管理層必須制定清晰的願景，明確提出組織希望如何在數位化時代營運，包括與不同目標細分市場的客戶建立何種關係、其營運模式和業務流程將如何隨數位化而不斷變化、組織對創新的商業模式的看法等。對於數位化變革這一主題，高級管理層發表的一般性且不具約束力的言論，不足以作為成功支持數位化變革的基礎。管理層必須投入時間和資源，在整個數位化進程中對指導性願景有明確的定義與設想。

（2）**員工參與度**：員工積極參與是數位化變革成功的必要條件。正如高管一樣，員工也需要理解、聯繫與相信公司願景。管理層需要對提出的願景作出解釋說明，與員工溝通，確保每個人都清楚。管理層還必須審查是否與員工存在雙向溝通管道以便他們也能回應、評論和分享他們的想法。內部的組織社會網路、知識管理系統、組織門

戶——所有這些都是管理層在願景傳播和同化過程中應該使用的工具。

（3）**治理**：對所有與變革和優先順序相關的事物進行清晰的治理，是數位化之旅成功的必要條件。被歸類為數位大師的組織對治理規範進行了清晰的定義，包括選擇監控項目以及投資數位化技術。一些公司設立了數據長（CDO）的職位，以協調他們的數位化變革工作，確保工作計畫中即時解決重要問題，促進以技術為基礎的新業務理念能被廣泛接受等等。其中一些組織將「治理者」這一角色交給資訊長或行銷長，或者成立一個由多個副總裁組成的團隊進行治理。

（4）**與 IT 部門建立牢固的關係**：在被定義為「數位大師」的公司中，高級管理層、各業務部門和 IT 部門之間建立了牢固而成功的聯繫。每個人都必須理解雙方的業務範圍，能有效地進行溝通：管理層必須熟悉 IT 世界，瞭解系統情況，準確瞭解部門的技術能力，及其應對數位化變革挑戰的能力，與營運長和其他關鍵人員進行戰略性對話的能力。同時，IT 人員必須學會用商業語言進行交流，並解釋數位化技術如何改善業務成果。IT 經理必須找到方法使他們的部門更靈活，能夠快速回應不斷變化的需求。研究中的一些組織採用了雙模 IT 這一模型，因此處理客戶應用的部門將使用像 SCRUM 或 DevOps 這樣的敏捷開發方法，而那些處理後台應用程式的部門將繼續使用瀑布（Waterfall）這一經典方法。

SAP 的數位能力框架

數位能力模型，也稱為數位能力框架（Digital Capability Framework, DCF），它是由歐洲軟體跨國公司 SAP 成立的業務轉型研究院開發而成的（該研究院現在是 SAP 內部的一個部門，稱為數位化思想領導與支持部門）。在開發 DCF 時，許多學術研究人員與 SAP 的高級業務顧問合作。改名之前，研究院設計出一些模型、提出了一些研究方法和出版了一些書籍。其中一些模型在《數位化企業轉型》[4]

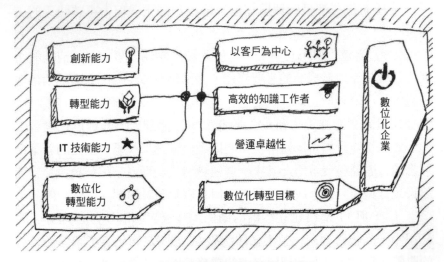

· 圖 11-6：數位化變革所需的能力與目標

一書中進行了描述。DCF 模型背後的理念是，尋求成為數位化企業的組織必須判斷識別出其潛在的業務價值及可能帶來的風險。其基本假設是，數位化變革過程的目標是將組織轉變為一個具備清晰的商業戰略、商業模式以及成功在數位化時代營運和競爭所需能力的組織。基於此，組織必須開發一系列能力，並將重點放在一些目標上。組織轉型為數位化企業的動力是集成業務能力和實現戰略目標。值得注意的是，將組織轉變為數位化企業並不是要使現有的業務流程自動化，而是要藉助數位化技術提供的新功能和制定新的業務處理方法。正如我們在本書中多次提到的，這是將技術作為一個推動者——因為數位化技術是說明實現目標的基礎設施，而並非目標本身。

對業務轉型管理（Business Transformation Management, BTM）綜合方法的完整描述超出了本書的範圍。我們需要特別關注數位能力框架（DCF），它是組織要成為數位化企業需提高的三大能力和三個主要目標。衡量這些能力和目標的方法是使用數位化成熟度的方法或模型。

　　圖 11-6 展示了 DCF 模型的六個組成部分——三大能力和三個目標。

　　讓我們首先回顧一下成為數位化企業所需的三種能力。它們可以被稱為數位化變革的推動力量：

　　（1）**創新能力**。對於組織來說，創新意味著能夠定期地將觀點轉化為產品與服務，這些產品與服務有助於促進業務流程敏捷快速化。組織必須投資開發創新這一能力，創新不是自然就存在的，也不是自發而成的，而是很大程度上依賴於組織文化而生。對於公司來說，理解創新是實現成功的重要因素之一是至關重要的。當今處於全球化時代，競爭強度不斷增強，世界各地越來越多的公司在市場上競爭。公司必須投入資源到創新中，設定相應職位，對員工進行創新培訓（例如，培訓他們的設計思維 design thinking 能力），管理創新計畫組合，從失敗中學習（再一次強調，創新產生於不斷的失敗中），定義創新的關鍵績效指標（KPI）等等。

　　（2）**轉型能力**。正如我們在書中強調的，轉型是一個漫長而富有挑戰性的過程，要想取得成功，組織必須具備一定的領導和管理能力。為此必須明確定義相關負責人；確立數位路線圖中各種舉措的優先順序；必須組建領導團隊並發揮長期作用；分配適當的資源和勞動力等等。至關重要的是，參與轉型過程的員工必須具有高度的積極性，並徹底瞭解他們參與創建的內容。公司需要進行有效的溝通，使所有利益相關者都能理解並緊跟數位化變革的步伐。我們意識到，轉型是具有挑戰性的，公司可能尚不具備相關能力，但絕不能忽視投資開發這些能力技能進行數位化變革的必要性。

　　（3）**IT 能力**。數位化變革成功很大程度上取決於公司的 IT 部門，IT 部門必須選擇正確的數位化技術，將其與現有系統集成，開發新功能，幫助使用者接納新的數位化系統，並對其進行維護和後續營運。為了成功，部門必須採用新的業務流程（例如 DevOps、雙模 IT、敏捷等）。IT 部門負責管理營運和服務這一主幹。如果 IT 部門

和業務部門之間沒有建立真正的合作夥伴關係，將會導致轉型過程中存在高風險。

　　DCF 框架與上述三種能力一起對數位化變革的三大目標作出了明確的定義，這些目標是構成任何數位化變革路線圖的必要組成部分，如下所示：

　　（1）以客戶為中心：人們普遍認為數位化時代客戶位於核心地位。與客戶進行溝通交流的管道多種多樣，透過新的升級的數位化產品和優質創新的服務可以為客戶提供價值。公司必須檢查產品供應情況和使用者體驗的品質，並瞭解「客戶消費」這趟旅程的體驗效果。所有這些都是創新產品和服務的基礎，以及創造高品質用戶體驗的一部分。在數位化時代，用戶更積極主動、知識面更豐富，他們往往會閱讀產品相關資訊和對產品作出回應，並廣泛使用社群網路。數位化組織還必須學習如何在數位化這個新世界中工作、發揮作用並且融入成為其中一員。前面章節中，我們描述了韋斯特曼的九大影響領域模型，第一個是用戶體驗，這是數位化變革中的一個重要元素。

　　然而，在我們看來，組織必須選擇適合他們的目標，而不僅僅關注客戶。例如，有些組織的業務戰略側重於諸如營運效率和成本領先，或側重於在其他領域創造差異化。例如，一個為醫院開發先進醫療設備的組織可以將其戰略著眼於創新，而不僅僅是以客戶為中心。

　　（2）高效的知識工作者：數位化時代成功的另一重要因素與組織所雇用的知識工作者和人才有關。他們必須使用門戶、內部組織使用的協作工具、知識管理系統、BI 系統和數據分析等技術，確保組織在恰當的時間擁有恰當的資訊，同時保證品質。在全球數位化時代，這些技術工具已是必不可少的。

　　（3）營運卓越性：如果組織的內部業務不能實現高效、敏捷和智慧化，那麼它就不能提供高品質和高效的用戶體驗。組織必須設立相關的內部資訊化系統，如用於資源管理的 ERP、用於客戶關係管理的 CRM、用於供應鏈管理的 SCM、用於管理電子採購的電子商務技

術等。當然，所有這些系統都是提高組織運作效率和確保業務過程的高品質和進行有效的持續性改進的基礎。

從這一簡短的概述中可以看出，數位化變革取得成功需要專業的能力、技能和明確的目標。DCF 模型在衡量數位化成熟度上分為五級：

- **第 1 級：初始級**。這一層次的特點是特殊的和混亂的過程。與此同時，過程是不成熟和不穩定的。沒有明確判斷數位化能力的基準。
- **第 2 級：反應級**。在這一階段中，組織將建立數位化原則，並傳達給相關人員。雖然沒有定義整個組織的流程，但基本確保達成最小化的一致意見，允許重複以前類似成功的專案。
- **第 3 級：定義級**。這一級的特點是對專案實施組織內部計畫。建立了格式化的組織內部標準流程，允許參與定製相關專案。
- **第 4 級：管理級**。這一階段中，實現了過程標準化，並運用定量統計技術對（數位化）產品品質進行了預測。
- **第 5 級：卓越級**。組織按例實施專案，與此同時流程在不斷改進。系統會分析問題，並且能未來資產價值做出評估。

這一方法使用蜘蛛網模式來說明組織的當前情況及對未來作出展望。六大構成要素中的每一個都是透過由 1 到 5 的成熟度等級來衡量，其中 1 表示初級，5 代表優秀。

組織應該評估其能力，並確立組織想要達到的水準。蜘蛛網圖像繪製了六種功能，並標記了組織當前情況（內圈）和希望其作為數位化變革的發展前景（外圈）。

最高等級是第 5 級，根據構成要素和組織的當前狀態，預計到達第 5 層所需時間的不定，可能需要更多或更少的時間。對於組織來說，試圖讓六大要素在同一時間內達到 5 級是不可能的。更實際的

是，目前處於 2 級創新能力水準的應爭取在一年內達到 4.5 級。（圖
11-7）

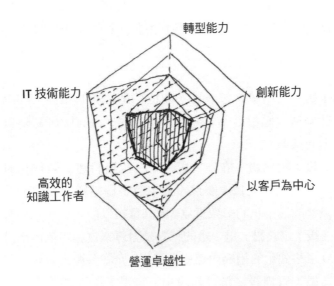

轉型能力

IT 技術能力

創新能力

高效的
知識工作者

以客戶為中心

營運卓越性

· 圖 11-7：DCF 模型關於數位化成熟度提出的蛛網模型

總結：一個不斷進化的過程

在這一章節中，我們回顧了數位化成熟度的概念，它描述了組織
在數位化變革過程中的不同階段，以及組織在準備迎接數位化挑戰具
備的能力，並且我們提出了幾種不同的模型來評估一個公司的數位化
成熟度水準。我們建議組織在數位化變革過程開始之前，便評估數位
化成熟度來彌補差距，之後再進行重複評估，縮小遺留的差距。

綜上所述，本章的目標向讀者展示評估數位化成熟度可使用的不
同模型，透過認知這些模型，方便組織能夠構建一個綜合模型，採用
現有模型的多種部分，來獲得評估組織數位化成熟度的最佳工具。

● CHAPTER 12

IT 不再重要？

變者，如蛇蛻皮；革者，化繭成蝶。
──諾爾贊・薩佛丁（Norizan Safrudin）、麥可・羅斯曼（Michael Rosemann）、簡・雷克（Jan C. Recker）、麥可・根里赫（Michael Genrich），昆士蘭科技大學教授。

引言

尼古拉斯・卡爾在《哈佛商業評論》上刊登的一篇文章從一個恰當的出發點來探討一個重要的主題——商業戰略、競爭優勢和數位化技術之間聯繫的本質。這篇題為〈IT 不再重要〉[1]的文章引起了劇烈的迴響。卡爾在文章的最後一段寫道，**「資訊技術不再是創造競爭優勢的重要因素，我們應該把它作為一種無差異化商品來對待。」**

卡爾曾擔任《哈佛商業評論》的執行主編，是一名管理和技術顧問，他的文章在知名的業界刊物上廣泛發表，影響力非常大。而且，他的文章還引發了公眾和專業人士對影響力的討論，產生了一種連鎖反應。旁觀者可能會驚訝於為什麼一篇帶有挑釁意味標題的短文會引起如此熱烈的反應，而這反應既有義憤填膺的，又有積極支持的。讀者可以在搜尋引擎中查找「尼古拉斯・卡爾」（Nicholas Carr），去瞭解他帶來的滾雪球般的討論。

只要管理者和決策者、企業主和董事會繼續將數位化力量視為對其業務的「唯一」幫助，這篇文章的重要性就會持續發揮作用。我們認為，IT（現在越來越多的人稱其為數位化）無疑是一種幫助，但它也是一種文化、一種商業模式、一種生存威脅、一種機遇，以及創新所需基礎框架的核心組成部分。

之後出現了一系列的以〈重要的是如何利用 IT〉、〈為什麼 IT 很重要〉、〈技術不那麼重要——但僅僅在哈佛〉為題的文章。它們引用了卡爾的文章，並在《電腦世界》（*Computer World*）、《資訊週刊》（*Information Week*）、《紐約時報》（*The New York Times*）、《華盛頓郵報》（*The Washington Post*）等其他的業界刊物和大眾媒體上發表。許多專業會議都討論了卡爾提出的問題，他成為了一名明星講師和演說家。微軟的比爾・蓋茨（Bill Gates）、惠普的卡莉・菲奧莉娜（Carly Fiorina）、太陽（Sun）公司的史考特・麥克尼利（Scott McNealy）、Intel 的克雷格・巴雷特（Craig Barrett）等（當時）科

技行業的傑出人物、高級電腦行業的經理、專業人士、顧問和學者對
卡爾的文章作出了回應。卡爾創建了一個網站 [2] 可供查閱各種評論。
風波平息後，卡爾出版了一本名為《IT 重要嗎？——資訊技術與競
爭優勢的衰敗》[3] 的書，引發了第二輪激烈的爭論。

　　卡爾成功地提出了一些關鍵問題：

- 資訊技術在現代商業環境下充當什麼角色？
- 企業投資資訊技術的方式正確嗎？
- 這些投資是否實現了預期目標？
- 資訊技術真的已經成為任何一家公司都可以購買的無差異化
  商品——很快抵消競爭對手享有的競爭優勢嗎？
- 資訊技術革命結束了嗎？

　　一個有趣的挑戰是：如何處理卡爾的結論與我們今天熟悉的商業
現實之間的矛盾。在當前情況下（2019-2020），數位化技術，特別
是資訊技術，提供了持續的業務創新平台和創新商業模式，包括了業
務流程化、業務智慧分析、客戶關係管理、企業資源規劃、供應鏈管
理、知識管理和協作、關鍵績效指標和平衡的記分卡、電子商務、機
器學習和機器人技術等等。

　　這些都是至關重要的問題，影響著所有商業組織及其管理者、
技術製造商和供應商、顧問，甚至是任何想要瞭解數位化時代本質的
人。

數位化技術不再是競爭優勢的來源嗎？

　　儘管許多管理者得出的結論是，資訊技術的廣泛分佈必然意味著
是種競爭優勢，但卡爾認為，這一結論從根本上是錯誤的。他的論點
是，稀缺性而非普遍性才能創造一種戰略優勢。在他看來，一個組織

可以利用它所擁有獨特資源來獲取競爭優勢，或者透過不同於其他組織的營運方式來獲得競爭優勢，即透過創造差異化的方式。

什麼是資訊技術和數位化技術？

在我們看來，數位化技術作為一個整體，是資訊技術的延伸，包括一系列創新的技術，例如人工智慧、機器人技術、3D 列印技術、無人機、區塊鏈技術等等。這些都不是傳統意義上的資訊技術，而是技術基於相似組件的延伸。這些元件有強大的處理器和記憶體、快速和複雜的電信工具和協議、能夠高速和大量儲存多種格式數據的快速數據庫、執行複雜演算法的軟體等等。總之，我們在文中交替使用「數位化技術」、「資訊技術」、「數位化力量」這三個術語。

為了支援自己的論點，卡爾指出資訊技術和其他技術之間的相似性——比如蒸汽機、鐵路、電網、電報、電話和消防車。他主張，在每一項技術中，有三個確定的主要發展階段：

- **突破階段**：在這個階段，技術是私人專有的，用戶很少，因此可以透過既稀缺又專有的技術來提供競爭優勢（通常稱為專有優勢）。
- **拓展階段**：在這個階段，技術快速傳播，並有能力刺激商業和生活方式發生變化。另一方面，隨著時間的推移，分散度的提高，技術的競爭優勢趨於下降，導致一段時間內競爭優勢逐漸減弱。
- **廣泛分散階段**：在這個階段，技術變得普遍和明顯，因此幾乎不為人注意，成為一種接近看不見的無差異化商品。在這個階段，技術所賦予的競爭優勢是非常微弱的。

當技術發展到第三階段的時候，它不再是創造力、創新或競爭優勢的源泉，而是一種無差異化商品，一種人人都能獲得的原材料。

電力就是個恰當的例子。一開始，電力只是一項少數用戶可以使用的專有技術，並為這些用戶提供了競爭優勢。隨著時間的推移，它成為了每個人都可以使用的公共基礎設施技術，不再被視為一種戰略資源。由於每個人都可以使用電力，所以它只是生產過程中的一個投入，而不是競爭優勢的來源。如今沒有任何一個組織圍繞電力來制定戰略，而是將資源投資於可以有效和節約的開發電力方面，並應對相關風險，如故障或停電。

卡爾區分了以下兩種類型的技術：

- **專有技術**：這一種技術有供不應求、少數用戶、受專利保護、擁有商業機密和獨家許可等特徵。例如，製藥公司專利藥品的生產，其生產過程是由一個工業企業、一家可以為產品提供較長保存期限包裝材料的食品公司等組成，是一個獨特的生產過程。
- **基礎設施技術**：這一種技術可以輕易獲得、人人都可以使用。技術越普遍、使用者越多，其價值就越大。例如，鐵路的價值隨著其地理範圍的擴大和車站數量的增加而增加；隨著越來越多的電腦接入到網際網路，網際網路變得越來越有價值。一些專有技術最終成為了基礎設施技術。

卡爾總結道：只要一項技術是專有的並且供應不足，它就是競爭力的來源。隨著技術的廣泛分佈和普遍使用，它就成為了一種生產要素，而不是一種競爭要素。

卡爾認為，資訊技術也有相似的發展路線。從供應短缺的專有技術，變成了人人可以使用的基礎設施技術。卡爾指出，儘管無法預測資訊技術擴張時期的準確終點，但有跡象表明，資訊技術目前更接近

其擴張時期的終點，而非在開始階段。資訊技術正在成為每個人都可以使用的基礎設施。網際網路實際上正在加速資訊技術商品化趨勢。越來越多的組織可以透過使用外部供應商提供的雲端服務和網路服務，獲取電力或電信服務的方式，來解決其資訊相關需求的問題。

　　為了支援自己的論點，卡爾指出資訊技術的廣泛應用、IT 供應商成為基礎設施提供者、光纖的過剩以及 IT 產品中多餘的功能，這些大多數都不是必要的。他提到了兩個著名的組織，它們依靠資訊技術的基礎來創造競爭優勢。美國航空公司的 SABRE 系統，是第一個提出了飛行常客想法的航空公司；以及 American Hospital Supply（美國醫院供應公司），他們的 ASAP 系統將醫院和藥房連接到供應網路。隨著時間的推移，當競爭對手開發類似的系統，甚至更好的系統時，這些組織就失去了競爭優勢。隨著相關資訊技術的標準化、普遍化和實用化，競爭障礙將迅速減少。

　　據卡爾估計，在資訊技術上浪費資源可能會冒很大的風險，甚至出現競爭劣勢，並不會出現競爭優勢。一方面，由於資訊技術已經成為一種無差異化商品，所以其價格不斷下降；另一方面，資訊技術幾乎被集成到每一個業務流程，進而要求大量的開銷，這對於一個組織來說是沉重的負擔。為了維繫業務，組織必須在資訊技術上花費越來越多的錢。卡爾的結論是，組織應該對這些投資進行約束，並且更全面地檢查投資報酬率（ROI）。同時，只在必要的業務進行謹慎投資。卡爾舉了個人電腦、伺服器和軟體領域的例子。這些領域上的產品不斷推陳出新。一般情況下，客戶不需要升級其中的大部分產品，而且升級可能不會帶來任何附加值的增加，而且升級成本可能會很高。他指出，硬碟空間的持續擴展，有利於電子郵件、照片、文件、視訊短片的儲存，而這些擴展與生產流程或客戶服務無關。（值得注意的是，在「數據分析」時代，資訊技術是重要資訊的來源，可以用來分析、創造差異化和形成競爭優勢）。

　　在卡爾看來，數位化技術與火車、電力和汽車一樣，是商業所

需的一項現代基礎設施。不可否認的是，這些技術已經成為現代商業
發展的支柱，而**數位化技術所創造出競爭優勢的潛力卻正在消失**。他
說，組織現在很容易受到資訊技術大眾化所帶來的風險影響，比如停
工、故障、不可靠的供應商、安全性漏洞甚至是恐怖攻擊。任何資訊
系統的關閉都可能對組織造成嚴重的損害，有時甚至是完全癱瘓。卡
爾的觀點是，組織在權衡如何利用資訊技術獲得競爭優勢上投入了太
多時間，而忽略了這裡面枯燥的工作，也就是應該如何處理資訊技術
的成本帶來的固有風險。

　　卡爾的建議是：

- **減少投資**：研究表明只有少數資訊技術的投資可以帶來競爭
  優勢。在這種情況下，由於技術正日益成為無差異化商品，
  一個組織在這方面浪費資金只會帶來非常嚴重的後果，因此，
  限制這方面的投資是非常恰當的。
- **跟隨其他人的腳步**：摩爾定律保證了耐心等待可以降低一個
  組織面臨技術迅速過時的風險。處於領先地位並不是合算的，
  最好是讓其他人成為創新試驗的領導者。除非與創新有關的
  風險比較低，否則做一個跟隨者是一個更好的選擇。
- **關注風險和弱點，而不是機會**：由於技術故障具有很大的破
  壞性，所以一個組織會發現自己應該更關注資訊技術的風險
  問題（如系統崩潰和故障、病毒、數據安全問題、數據竊
  取），而不是如何用資訊技術本身創造機會。

　　圍繞卡爾的文章所展開的廣泛討論可能有助於我們更準確地把注
意力放在資訊技術在現代所扮演的角色上，從而有助於防止在過於簡
單化的觀點中犯錯。就像任何一個新生行業一樣，資訊技術也會出現
錯誤、失敗的或者不必要的投資，而且一項技術並不是總能符合相關
生產商、供應商和諮詢公司的高期望。然而，在我們看來，不應該讓

這些錯誤導致我們得出不正確的結論。

資訊技術不是同質化的

　　卡爾將 IT 定義為處理數據的數位分析、儲存和傳輸（電信）的技術集合。這對一個非常寬廣的領域，定義過於簡單。在我們更深入地討論卡爾的看法之前，讓我們先來定義兩種主要的數位化技術類型——基礎設施技術和應用程式。我們將這些技術分為以下兩類：

- **基礎設施**：由硬體、軟體和電信技術組成，包括各種應用程式構建和操作的必要基礎。例如，伺服器、工作站（PC）、有線和無線電信設備、儲存系統、作業系統、數據庫管理系統、數據電信系統、控制和檢測系統、網路時代的數據保護軟體、法規遵從性軟體、擁有軟硬體功能的軟體（EAI- 應用集成）、數據庫軟體（ETL- 抽取、交互轉換、載入）；無線技術，如行動電話、Wi-Fi、定位技術（GPS）、射頻識別技術（RFID）等。此外，虛擬實境（VR）眼鏡和耳機、擴增實境（AR）系統、雲端運算、3D 列印、無人機、區塊鏈技術等先進的數位化技術都可算入其行列。
- **應用程式**：由各種各樣的電腦程式、演算法和數據庫組成，服務於業務流程的組織和執行。例如，計費、企業資源計畫（ERP）、客戶關係管理（CRM）、銀行應用、保險應用程式、醫療應用程式、工業應用、工程應用、為數據庫決策和分析提供支援、數據採擷、商業分析、人工智慧（AI）和機器學習、管理知識和數據共用；以及諸如門戶、電子郵件、文檔管理系統、工作流和業務流程管理（BPM）系統、社群網路、電子商務應用等工具。其中一些應用程式可以在組織內進行獨立開發，也可以購買現成的軟體（make vs buy）。供應商

或組織利用基礎設施技術來開發應用程式，並根據需要集成這些技術。

卡爾未給出的區分：卡爾沒有突出應用程式在資訊技術應用的中心地位。他所舉的例子和主題大多來自基礎設施領域，並得出關於整個 IT 領域的結論。我們認為不能用處理基礎設施相同的方式來看待應用程式，特別是涉及到它們對組織戰略的貢獻時。應用程式作出的貢獻是直接的，而基礎設施是間接的。事實上，就某些基礎設施而言，特別是隨著雲端運算概念的發展，該技術已經（或正在）非常接近一種無差異化商品。應用程式即使在雲端中運行，也會有每個組織的獨特流程。例如，他提出的電力技術與資訊技術之間進行類比的例子是個錯誤。電力技術是一項基礎設施技術，與構成資訊技術的相當一大部分應用程式完全不同。

應用程式為一個組織業務流程的執行提供支援：從產品規劃階段到生產，從取得一個新訂單到交付產品給客戶，從記錄故障到修復，從策劃行銷活動到衡量成敗，從要求報價到商品入庫，從雇用員工在組織的整個生命週期到他們離職，從確定組織預算到監督預算的執行等等。應用程式將組織與利益相關者（客戶、員工、商業夥伴和供應商）聯繫起來。這些應用程式為業務決策提供支援（稱為決策支援），並支援資訊的管理和共用。

這些應用程式還為組織客戶、產品、員工、帳戶、庫存、活動、供應商和合作夥伴的**數據庫提供支援**，以及圖紙、地圖、圖表、照片、錄音、影片、文件、電子郵件等檔案。這些數據庫是組織至關重要的資產，是組織專有知識的記錄。這種資產的價值只增不減。怎麼可以將銅線的電流或者火車上的貨物，與管理和支援組織業務流程、客戶關係、客戶自身體驗和組織決策流程的應用程式進行比較呢？

另一方面，值得注意的是，之前的一些應用程式未來可能成為基礎設施。事實上，數位化世界的一個關鍵挑戰是應用程式在基礎設施

中的商品化。現代雲端運算是這一趨勢的主要助推器。

數位化技術是一種無差異化的商品嗎？

讓我們先探討一下卡爾提出的稀缺性原則。IT 真的成為了一種基礎設施技術，被廣泛應用並變成了實際的生產要素了嗎？的確，從基礎設施技術出現至今，資訊技術與基礎設施技術的發展道路極為相似。起初，IT 也供不應求，使用人數有限，只有少數人有能力購買電腦和開發應用程式。隨著時間的推移，處理器和儲存成本下降、個人電腦普及、電信和數據庫標準被制定、軟體工程和開發流程更規範、套裝軟體在各個領域出現，資訊技術最終走向了普遍化。如今，我們可以在任何組織中發現資訊技術，或大或小，資訊技術幾乎是每個產品或服務的一部分。問題來了：資訊技術由於不再稀缺，所以就已經轉化為基礎設施技術了嗎？在我們看來，答案是否定的。

事實上，很難將 IT 與卡爾所例舉的鐵路、電力、電話和消防車的例子進行比較。所有基礎設施技術所執行的任務都超出了人類的能力範圍（舉起重物、給機器供電、照明辦公室、遠距離運輸貨物和人員、在偏遠地區進行通訊等等），而資訊技術則具有不同的性質；事實上，**資訊技術是人類大腦認知能力的擴展和完善**，包括與人類進行決策所需要的解釋、分析、儲存和傳遞資訊的功能。資訊技術賦能予員工，有利於員工完成更複雜的工作，與此同時，資訊技術透過展示和分析決策所需的資訊也能賦能予管理者。資訊技術猶如一個平台，促進了組織人才、創造力、多樣性和創新以及管理和組織思維能力的發展。資訊技術使每個組織的獨特業務流程得以實現，包括了關於組織活動、客戶、供應商和產品的數據庫（智慧儲存庫）。

競爭優勢的取得不是透過獲取資訊技術，而是由組織獨特的實現其功能和使用資訊技術的方式決定的。很大程度上，這些技術是其製造者、生產者和創造者的工具。它們在不同組織中呈現出完全不同

的形式，並將自己與其他組織區別開來。為了說明這些差異，麥可・施拉格（Michael Schrage）提出了以下想法[4]：假設我們為資訊技術領域的三個競爭組織如 Nike、銳跑（Reebok）和愛迪達提供了 1 億美元的投資。這三個組織是否會投資完全相同的技術呢？答案是否定的。我們可以進行合理的假設，某些組織會從新的投資中獲得比其他組織更多的收益。也就是說，還有其他因素促進了附加值的增加。事實證明，不同組織在做類似的事情上並不是具有同樣的優勢。一種資源的可獲得性、分佈和價格不足以決定它是否具有競爭優勢。**競爭優勢不是來自於獲得了資訊技術，而是取決於不同的使用方式**。為了更準確地分析，我們可以查看在相同領域競爭併購買了同樣軟體的組織，它們由於有不同的業務流程，所以實現資訊技術的方式截然不同。每個組織在其業務流程的原創性和創造性、管理供應鏈的特定方式、與供應商和分銷商的獨特聯繫、管理風格和組織文化等方面會有不同的表現。每個組織應對著不同的集成挑戰。進而，組織在相同的 ERP 系統下的業務流程（如財務、物流、人力資源等）會有完全不同的技術實現模式。

那麼資訊技術應該被稱為是基礎設施還是無差異化的商品呢？

卡爾的觀點在這種情況下是正確的：特定的組織在一定時期內，**可以透過專有的資訊技術將最初的商業想法轉變成競爭優勢**（如美國航空公司的 SABRE 系統和為醫院提供醫療設備的美國醫療供應公司的 ASAP 系統）。這種優勢可以持續一段時間，直到其他組織效仿這種商業模式並研發這項業務為止。毫無疑問的是，率先推出市場可以帶來優勢，即所謂的先發優勢。但是，問題來了，一個組織有了原始的商業模式或特定技術，能否在長期競爭中都保持住自己一開始的優勢呢？答案並不取決於技術，而是取決於其他額外的因素。

隨著時間的推移，一些 IT 產品的元件演變為無差異化的商品，如個人電腦、智慧手機、硬碟、伺服器、路由器、印表機等。這些產品的價格不斷下降（同步於 IT 的不斷擴展）。而且，由於它們擁有

公認的規範和標準，可以隨插即用。我們必須記住的是，系統由部件組成，**即便每一個部件本身是一種無差異化商品，系統本身卻不一定是無差異化商品**。每一個組織中的基礎設施技術是如此複雜和獨特，以至於將基礎設施技術當做無差異化商品來理解是錯誤的。每一個元素在放入組織技術環境之前必須經過廣泛的測試。元件間的集成可能會導致故障，並引發集成、控制與檢查、標準化、知識、維護和數據保護等問題。

卡爾錯誤地理解了問題的根源：資訊技術的稀缺性不在於其使用方式，而是相關業務流程的實現以及所涉及的各種技術之間的獨特集成。時至今日，每個組織都可以獲取資訊技術，而這僅僅是開始。在資訊技術獲取的系統中，組織必須集內容、自己的管理世界觀、管理風格、業務模式和獨特的流程於一體，也就是說，組織使用資訊技術的方式成為了系統的一部分。這些都是買不到的，這些因素區分了不同組織間的績效。資訊技術與其實際應用之間的差距實在太大了。

結論：真正稀缺的不是技術，而是正確利用這些技術創造價值的管理人才。

換句話說：IT 不重要，重要的是你做了什麼以及如何利用好IT。

一個公司成功的祕訣是什麼？

吉姆·柯林斯（Jim Collins）在他的兩本暢銷書《基業長青》[5]和《從優秀到卓越》[6]中，調查了企業獲得持續競爭優勢的因素。在第二本書中，他探討了是什麼讓一個優秀的組織變得強大。他指出了參與調查的大多數組織共有的六大因素：**領導風格、管理團隊、處理困境的能力、理解核心事務並努力成為核心領域領導者的能力、組織文化和規律以及技術助推器。**

六大因素中，與我們討論相關的是**技術助推器**。成功的組織對技

術的作用有不同的看法。他們從不把技術作為促使他們從優秀組織向卓越組織轉變的原始手段。他們在謹慎選擇技術上走在前列。在這些組織中，**技術本身不是成功或者失敗的最初因素，也不是最根本的因素。**

　　正如我們前面所說，資訊技術本身並不是一個長期可持續的競爭因素。還要瞭解組織盈利來源和獨特之處、擁有一個成功的經營理念、一個強大的品牌、一個優秀的領導和管理團隊、組織紀律和決心、一個成熟的願景、組織文化、創意和創新、客戶導向、堅持高水準的使用者服務體驗、高品質的產品、產品升級、擴大供應、改進生產過程等等，構成了組織蓬勃發展的基石。

　　哈佛商學院教授麥可‧波特是競爭戰略領域的著名思想家。他提出，當一個組織能夠以較低的價格為客戶提供同等價值的商品（成本優勢），或者提供競爭對手沒有的獨特商品（差異化優勢）時，競爭優勢就會出現。

　　一個組織透過整合其人才和資源來建立競爭優勢。這些資源可以是專利和商業機密、專有知識、客戶基礎、聲譽和品牌。一個組織需要人才來巧妙的開發這些資源，例如，人才能夠在競爭對手發佈產品之前將其產品推向市場。除此之外，組織的才能還表現在業務流程、為實現價值鏈而進行的活動以及獨特的資訊技術集成中。波特指出：**「戰略定位是一種以不同方式競爭的藝術。」** [7]

　　為了取得長期的成功，組織必須要有一個清晰的戰略，這個戰略必須與組織所處的動態競爭環境相適應。組織必須檢查和採用新的業務模式、構建原始並有效的業務流程、關注客戶的需求並開發一個可以分析和瞭解客戶需求的基礎結構。組織必須擴大生產線來適應不同的客戶情況，改進服務並為客戶提供優於競爭對手的附加價值。這種資源和人才的整合創造力競爭優勢，而不是由 IT 或任何其他技術創造的。事實上，資訊技術不是孤立的技術，而是為業務創新提供必要基礎設施的技術。

本書作者之一張曉泉教授在麻省理工學院讀博士時的導師布林約爾森教授研究過一個諾貝爾經濟學獎得主羅伯特·索羅（Robert Solow）提出的著名問題，就是為什麼我們在 IT 的投資無法反映在生產力的提高上。當時索羅教授觀察到在美國無論從微觀的公司還是宏觀的經濟層面，投資 IT 的力度都很大，但是整個經濟中並無法測量到生產力的提高。布林約爾森教授的研究有一個重要的結論，就是對 IT 的投資需要對組織相應的調整，從而使得組織的商業和管理流程更適應 IT 的發展。

結論：技術可以推動和加速發展，但就其本身來說，技術從來不是卓越或者失敗的根源。

換句話說：IT 本身並不能給你帶來競爭優勢，技術和商業結合才是成功的關鍵。

資訊技術可以成為競爭優勢嗎？

讓我們從《商業週刊》[8]的一個故事開始：墨西哥西麥斯集團（Cemex）的故事發生在墨西哥蒙特雷。該公司生產水泥和其他建築材料，並向建築行業的承包商提供產品，看起來不是那麼光鮮亮麗。在很多人看來，水泥是一種以相同方式生產了很長時間的商品。

Cemex 一直面臨的一個問題是：難以預測其工廠生產的 8,000 種不同水泥和混凝土的需求。大約一半的訂單會在稍後發生更改，有時僅在交付的前幾個小時。訂單在最後一刻變更，給生產主管、送貨司機和客戶帶來了很多不便之處。

於是 Cemex 決定走向數位化。該公司的執行長表示：「這項技術可以使公司以一種不同於以往的方式來發展業務。我們不僅將數位化運用於產品供應，還運用於銷售服務。」卡車設有無線電信終端和 GPS 系統，因此，管理者可以瞭解到每一輛卡車在什麼時候往什麼方向行駛（當時，GPS 並不是一種嵌入於行動裝置的商品）。管理

者使用 ERP 系統來記錄訂單、管理庫存、製作發票和更新數據，並創建了一套為卡車尋找最佳路線的複雜系統。以上這些使得公司能夠派出最合適的卡車來提取所需的水泥，並以最快速度運輸到目的地。而且，還可以在交通繁忙時，即時改變卡車路線，有效地應對各種變化直到最後一刻。**該公司設法將 3 個小時的訂貨到交貨的時間縮短到 20 分鐘**。Cemex 既提高了客戶滿意度，又為卡車節省燃料和維護成本，並縮減了 35% 的車隊規模。

　　後來，Cemex 藉助網際網路，促使客戶既可以從網上下訂單，又可以即時查詢到貨時間和單據狀態，種種這些都無需與客戶服務代表商討，就可以進行。這反過來又使該公司將人力資源從簡單的服務崗位轉移到客戶關係處理方面。與此同時，公司和員工更瞭解並滿足了客戶的需求。新模式下，管理者能夠根據新的數據做出決策，並能對客戶需求和競爭對手的發展做出即時反應。Cemex 成功地將資訊技術應用於節省稀缺資源上，如卡車、輪船和勞動力。幾年之內，該公司成為了北美第三大水泥供應商。Cemex 沒有使用專有資訊技術，而是制定了一種基於資訊技術的獨特商業模式，促進了創新業務流程的執行。公司獨創的這種集成模式是無法用錢直接買來的，而是需要針對當時的情景發明出來並用成熟技術實現，因此，這樣的創新其他公司也難以模仿。

　　我們來說說達美樂披薩、Starbucks、Dell、Cisco、Amazon、FedEx、eBay、Walmart、華為、**螞蟻金服**、今日頭條、航旅縱橫等其他公司的故事。這些公司憑藉獨特的商業模式和資訊技術，成功地創造了自己的競爭優勢。上述的所有組織都將資訊技術作為一種改變商業模式的變革機制。儘管競爭對手試圖模仿他們的方法，但是他們創造了一種長期可持續發展的競爭優勢。這些組織早在數位化變革這個術語出現之前就已經率先領導了數位化變革。

　　事實上，卡爾在《哈佛商業評論》發表文章的同一期中，有一篇描述哈拉娛樂公司（Harrah's Entertainment）的文章[9]。這家公司充

分利用了數據分析技術來實現競爭優勢，在美國的 13 個州經營 26 家賭場，並達到 40 億美元的年營業額。資訊技術提供了一個平台，促進競爭差異化和發揮自身優勢，提高業務流程的實施率，並且將專業知識轉化為競爭優勢。不容置疑的是，IT 成就了如今的 Dell、思科、星巴克和華為。競爭優勢形成的原因是將原有的商業模式、創造性的管理、知識、高品質的產品、組織文化、客戶和技術導向融合起來。數位化技術不應該僅僅成為組織業務的推動者，更應該成為創新業務的源泉。

處於領先地位的成功企業非常重視資訊技術方面的投資。他們清楚自己的目標（改變商業模式、競爭優勢和經營風格等）也正在竭力利用資訊技術實現目標。如果達到目標，他們就會迅速採取行動來補救。他們清楚資訊技術對組織文化的影響，並且為了確保投資到位，他們採取積極的管理政策。經驗表明，如果組織不採用創新技術，管理無法推動技術創新，技術創新就變得毫無意義。所有的成功案例都有一個共通點：領導者時時準備著對業務流程進行必要的更改，以確保新技術可以取得計畫收益。成功的組織明白一個真理：**數位化技術的應用首先是一個商業項目，而不是技術項目。**

不幸的是，仍有許多組織的執行長和管理團隊對資訊技術充滿恐懼，不懂得利用資訊技術作為其業務成功的助推器；並將資訊技術複雜化、危險化和恐怖化。他們為了避免失敗，不繼續傾注時間。對於這些管理者來說，卡爾的文章可能提供了一個理由去避免挑戰和限制對 IT 的投資，而這也給組織的未來發展埋下了不確定因素的種子。

結論：資訊技術本身並不重要，重要的是領導力、正確的商業模式和 IT 使用方式之間的融合。

換句話說，IT 不重要，商業模式、領導力和 IT 之間的融合才是重要的。

應該減少對 IT 的投資嗎？

讓我們使用一種模型來管理專案投資組合，並將資訊技術的投資分為兩類：

- **商業運行的投資（有時稱為持續經營）**：這些投資是業務運行的必要投資，維護了現有系統的良好秩序和促進其持續運行。比如，軟體人員維護現有系統和基礎設施、系統管理人員、延遲軟體許可證使用期限的費用、各種元件升級的費用（如 Windows、Oracle 或 SAP 新版本、升級伺服器、改進電信元件、擴充硬碟容量、增添許可證和使用者等等）。所有這些投資（費用）都用於維護現有的業務並不斷提升業務能力。
- **擴展業務的投資（有時稱為轉換業務）**：這些投資旨在擴展組織業務範圍。無論是透過功能性擴展現有的系統（增添業務模式、改進現有模式），還是透過引入新技術系統或轉換業務執行方式。

這兩種不同類型的投資需要分別對待。就運行現有業務而言，組織必須注重業務運行的高效與低成本。如轉移至雲端、整合伺服器和磁盤至虛擬伺服器、使用低成本的磁盤技術、從終端伺服器轉化到精簡型電腦、使用可循環碳粉的印表機等。就擴展業務而言，組織必須注重投資服務於業務戰略，即權衡投資的預期費用、使用成本效益分析（ROI 模型或者價值實現模型，儘管很難量化結果）以及風險評估和技術的影響評估。

因此，卡爾的建議需進行重塑。組織應該建立一個目標，其依據是，精簡現有的投資，將投資放於符合公司戰略目標和其他經濟目標的業務上。有些企業沒有意識到這一點，斥鉅資購買了不符合自身需

求的基礎設施，或者為員工配置了最先進的電腦，購買了速度最快的電信網路，到最後卻發現，只是在做無用功。他們沒有考慮到自己的目標，以及擴展業務投資和運行現有業務投資之間的關係。

卡爾忽略了時機與順序，這一點也是在確定投資之前需要考慮的重要一點。麥肯錫公司（McKinsey & Company）的戴安娜·法雷爾（Diana Farrell）做了一項研究[10]，研究了何時投資資訊技術可以獲得成功，最後發現，投資的時機和順序是重要因素之一。應用程式以某種邏輯順序組建，而且它們之間有複雜的聯繫。一些組織鋌而走險，在沒有完成某些應用程式工作的情況下，投資其他應用程式，最終，結果大失所望，或者需要再次投資來彌補錯誤。正確的投資方案是，瞭解系統之間的聯繫，並按照嚴謹的方法來進行投資。

以 Walmart 為例子，Walmart 上世紀 90 年代就開始了 IT 投資。最初，它在供應系統中安裝了一個物流和庫存管理的系統，涉及到供應商、配送中心、倉庫和商店。在完成這項任務後，它著手於提高自身業務效率，和其他供應商區別開來。之後，它投資應用程式，以確保每個商店中有正確的產品組合和最佳的庫存更新策略。最終，它構建了一個數據庫來支援複雜的決策。該公司在電子商務領域也進行了大量的投資，現在也依然如此。由於它之前忽略電子商務領域，所以無法與電子商務巨頭 Amazon 和阿里巴巴進行競爭。Walmart 收購 Jet.com 是為了促進其電子商務網站的發展。收購之後，其電子商務確實有了顯著而持續的改善。相比之下，Kmart 犯了幾個錯誤，它在建立公司和供應商之間物流和管理需求波動實施系統之前，就投資了管理銷售活動的應用程式，因此後者無法達到預期利益。

結論：在瞭解的基礎上進行投資，並要有正確的投資順序，哪些投資是需要擴展業務的，哪些是需要維持現有業務的。

換句話說，在 IT 方面進行投資，並創造競爭優勢和利用當前的 IT 系統。

一馬當先還是後續發力？

　　柯林斯書中提到了一些不是第一個採用新技術的組織[11]。這些組織仔細研究了如何利用新技術來增強他們的商業模式。這些組織與技術的關係，就像他們與任何決策的關係一樣。也就是說，如果一項技術是恰當的，並且有利於他們核心業務的發展，他們就會積極和持續地使用這項技術。相反，他們會忽視各種雜音和騷動，繼續冷靜地做自己手上的事情。正如柯林斯所說，「嚴謹的人進行嚴謹的思考，然後採取嚴謹的行動。」

　　技術創新本身不是目的。當然，要時時注意潮流和各種口號。不幸的是，IT 行業以驚人的速度創造了許多口號（每次都有一組新的英文縮寫）。是否採用一項新技術取決於它的性質。如果它是一項基礎設施技術，人們必須瞭解這項技術實施的動機、風險和可以節省多少錢。如果它是一項擴展業務性投資，人們必須瞭解這項技術的即時市場需求，能否成為商業引擎、能否支援一個有價值的業務流程、是否是基於其他應用程式發展起來、能否推動組織應對競爭對手的挑戰等等。如果答案是肯定的，必須立即採用新的技術，哪怕需要創新技術。最終，新技術的應用在很大程度上取決於組織文化。**這項新技術是一個領先組織為了回應變化在創造性思維的條件下發展的，還是一個跟隨者害怕落後於其他組織而發展的呢？**這很大程度上決定了組織在採用新技術時所願意承擔的風險水準。

　　值得關注的是，邦諾書店（Barnes & Noble）、美林（Merrill Lynch）和 CVS 公司為了縮小與 Amazon、佳信理財（Charles Schwab）和沃爾格林（Walgreens）之間差距所做的各種努力。一旦一個組織在資訊技術的幫助下取得了領先地位，並改變了商業模式，那對於那些跟隨者來說，縮小差距變得無比艱難。這些跟隨者雖然避免了成為領導者所需要承擔的風險，但失去了市場份額。更糟的是，如今的市場地位也岌岌可危。

結論：一馬當先還是後來居上取決於投資的類型，以及組織的性質和文化。一個組織是否喜歡挑戰、能否將 IT 和其他因素結合起來、是否有領導變革的經驗都會影響投資決定。

換句話說，一馬當先還是後來居上，取決於許多因素。

你應該關注風險和漏洞，還是機遇？

組織對資訊技術的依賴日益增強，導致了許多風險。最初，風險主要來自數據丟失和系統崩潰。為了應對風險，將工作重心轉移到管理備份和基礎設施的適應性。當組織接入網際網路時，風險急劇上升。病毒、駭客、商業資訊洩露、身分和資訊盜取、惡意當機、商業間諜等，成為了真正的威脅。恐怖攻擊讓人們深刻地意識到一個組織關閉其資訊系統和數據庫破壞所要付出的沉重代價。這促進了組織向雲端的加速轉換，建立了備份設施，並開發了業務生存方法（專業術語是 DRP 和 BCP）。這個主題已經寫在了許多的議程上，現在大多數組織都擁有一個備用伺服器，可以用於數據備份和保留公司根基。如果使用主動體系結構，備份可以在中央處理器關機後的幾秒鐘或幾個小時內（這取決於組織類型和資訊系統的重要程度）順利進行。將資訊系統轉移至雲端，組織可以享受雲端提供的高水準備份和頑強的生存能力。

組織傾向於問題和風險最小化。但很少有執行長要求他們的 IT 經理進行風險調查，並仔細探討降低風險的方法。這種漠不關心會引發災難。恐怖攻擊、地震、火災、洪水、病毒、駭客惡意攻擊導致的網路癱瘓、資訊洩露，種種這些都是潛在的風險，需要及時做好防範措施。等到風險發生後，就後悔莫及了，還要付出沉重的代價。**近年來，我們看到人們對這些問題的認識日益提高，公司董事會也參與進來，要求收到有關 IT 的風險評估報告**（當然還有其他風險評估）。銀行業、金融業、資本市場和保險業的監管機構也緊鑼密鼓地開展工

作，發佈了技術方面的監管規定。

結論：關注風險和漏洞，但不應以付出機遇為代價，應等量齊觀。

換句話說：像關注機遇那樣，關注風險和漏洞。

總結：數位化技術的獨特重要性

在過去的幾十年裡，商業環境戲劇性發展，發生了巨大的改變。20 世紀初，卡內基（Andrew Carnegie）將自己的鋼鐵公司賣給新成立的美國鋼鐵公司（United States Steel Corporation）後，成為了世界首富。當時，美國鋼鐵公司擁有 10 億美元的資產和 149 家鋼鐵廠。到了 21 世紀初，儘管微軟、Apple、Google、Amazon 和 Facebook 等這些公司雇用的員工只占美國鋼鐵公司上個世紀所雇用員工的一小部分，卻擁有最高的市值，超過了美國整個鋼鐵行業。在 2000 年，擁有 5.5 萬員工的微軟市值是麥當勞的十倍，而麥當勞的員工是微軟的十倍。（摘自《商業週刊》[12]）。在這短短的 100 年裡，商業環境發生了非常戲劇性的變化。

在過去的五六十年裡，全球經濟從工業時代進入到了新資訊時代，或者更準確來說，是數位化時代。數據時代的特點是：數據、資訊和知識的重要性與日俱增；相比於工業產品（汽車、設備、工具、機械等），數位產品（音樂、報紙、新聞娛樂、服務、廣告、出版等）發展迅速。從漢堡到軟體，或者是從原子到比特和位元組的轉變，象徵著經濟在過去的幾十年裡發生的巨大轉變。數位化技術是新時代的基石和引擎，猶如其他技術是工業時代的基石。

為了瞭解資訊技術和數位化技術的複雜性以及它們帶來的機遇，我們自然而然地想從早期的技術如鐵路、電力、無線電和電話中獲取知識。當然，也可以瞭解它們的相似點，如突破階段、擴展階段以及變成實用基礎設施階段的發展模式。與其同時，必須謹慎分析模式、提取問題和得出結論。預測是最危險的事情，假設在過去的條件下，

未來會是什麼樣的。新技術的發展和影響是線性的，這一點與其他技術具有相似點。

資訊時代還很年輕，我們才剛開始瞭解如何利用資訊和數位化技術。不久以前，資訊技術還停留在手工流程的機械化和自動化的處理，主要涉及到後台支援流程，如文書、工資和庫存管理。但在短短幾年之內，數位化技術就取得了驚人的進步，成為了我們日常生活和商業環境中不可或缺的一部分。數位化技術變得非常複雜，並漸漸走向全球化。由於競爭壓力和動力不斷加強和不確定性增加、修復或補救的時間縮短、監管的影響擴大和對熟練人力資源的需求增加，所以必須提高資源協調的即時性。以上種種擴大了對數位化技術的需求。數位化技術將繼續成為一種革命性的商業基礎設施，對商業環境、交易和交易方式、組織結構和組織間的關係、工作開展方式以及我們的日常生活產生重大影響。數位化技術在全球範圍內快速、輕鬆傳遞資訊的能力，可以與卡車、輪船、火車和飛機的運載能力相媲美。

我們必須強調的是，數位化技術與其他技術的關鍵區分：

- **業務流程和活動的集成**：數位化技術是每一項業務活動、決策和業務管理中不可或缺的一部分。數位化技術代表著組織技能的擴展，並作為創新和業務差異化的基礎設施，也是賦能予員工的一種手段。
- **本身是產品的一部分**：越來越多的企業正在轉向數位化生產產品，包括處理器、電信、數據和軟體（包括汽車、電視、數位相機、手機、MP3 播放機，以及冰箱、烤箱、照明器、恒溫器和微波爐等家用電器）。這些產品可以促進交流、報告故障、呼叫技術人員，並進行定位。Apple 在 iPod 和 iTunes 的推動下發展成為世界上最大的音樂商店、智慧手機可以與 Nikon 和 Cannon 在相機市場一爭高下、微軟透過 Skype 和大型電信合作可以與任天堂（Nintendo）和索尼（Sony）在家

庭遊戲機市場平分秋色；Amazon 會成為世界最大的商業貿易公司之一，並打入雲端服務市場和透過 Echo 智慧音箱、Amazon Alexa 和語音辨識軟體等進入智慧家居市場，種種這些都是人們沒有預料到的。

- **創造新的商業機會**：數位化技術為部門內的組織競爭帶來了新的機遇。組織或透過提高效率和降低價格，或透過改變商業模式和市場進入方式，或透過將目標市場轉向全球來尋求新機遇。

- **電子商務的基礎**：電子商務的發展是出乎意料的。阿里巴巴和 Amazon 在光棍節和黑色星期五的銷售額是如此的驚人。無論何時何地，只要人們願意，一切都可以在網際網路上實現，如比較價格、讀取其他購物者的評分、訂購產品、追蹤訂單或派送情況、接收發票、付款、故障報告和下載升級等。這些都是補充性功能，而沒有這些功能，組織就無法與其他組織競爭。數位化技術已經成為了組織管理與客戶和供應商關係的關鍵部分。在未來，我們能夠為每一個產品標記一個小 RFID 晶片，這一晶片將成為產品的一部分，有利於我們進行物流監控（計算庫存）、評估產品的地理分散情況和分析產品的軟體版本等。

- **行動性的基礎**：4G 網路的運用和 5G 的即將問世，大大提高了高速傳輸數據的能力。這種改善雖然剛剛開始，卻加速發展。寬頻讓看新聞、電影、瞭解股市動態、玩遊戲、談生意、接收銷售狀態提醒、召開視訊會議等各種事情成為可能。Wi-Fi 幾乎無處不在，遍佈各地。無論是家裡、咖啡館、機場、飯店還是會議中心，寬頻連線無所不在。萬物皆相連，萬物皆線上。用於短距離傳輸數據的藍牙技術正滲透在許多消費品中，如耳機、汽車鑰匙、家庭鑰匙等。

- **改變遊戲規則**：數位化技術使客戶、供應商和組織之間能夠

採取行動,並共享庫存、產品、價格、預估和交付時間的資訊,猶如它們都在一個組織之中。在這方面,數位化技術使整個行業發生巨大的改變(旅行社和房產經紀人就是一個很好的例子)。數位化技術創造了一個全新的產業、改變了我們的工作方式(從家裡、車上、國外飯店裡)、拓寬了我們的視野、改變了我們在商店的購物方式(從自助結帳到無需排隊結帳,就像 Amazon Go 一樣)、改變了我們與朋友的交流方式和打發時間的方式,也改變了我們消費娛樂方式。

· **持續性變化**:融合的時代即將到來,處理器、寬頻電信、行動性、數據處理和分析能力與物聯網、機器學習和數據分析等相對較新的技術相互交融。這種融合將創造難以預估的新機會。

今天,一些數位化技術還是太複雜。對簡化、標準化和靈活性的追求是顯而易見和至關重要的。雲端運算體系結構、針對服務的體系結構、網路服務、開放資源、事件驅動、網格計算、按需計算、記憶體計算,這些基礎設施在未來的幾年可能變得更簡單、更靈活、更開放,趨向於成為一種商品。也許這些發展可以使人們做自己想做的事情,而不是如何做事情。我們正在見證雲端運算的巨大發展。這樣看來,卡爾稱讚了數位化技術這個行業,而 60 年的時間還不足以把數位化技術變成一種商品。

儘管卡爾文章的標題是引人注目的,但是,我們要明確的是,卡爾的觀點不是數位化技術不重要,而是數位化技術已經成為一種無差異化商品,所以,在某種程度上,促進了競爭優勢的實現。因此,卡爾認為,組織應該認真地考慮要在數位化技術上投資多少,同時,還要考慮投資回報率。

談及這篇文章的重要性,首先在於作者提出了數位化這一主題(將其提到了討論時程上來),並引發了一場關於數位化技術作用的

重大討論。即使我們不贊成卡爾提出的結論，但我們欣賞其指出的論據的重要性。儘管對數位化投資各方面和隨之的風險需要謹慎關注和對待，在位於現代商業環境中數位化技術的作用和已投入且未來仍持續的巨額投資這些方面上，也需要對數位化地位和如何服務組織的商業模式並支援促進競爭優勢展開持續的審查。

顯而易見的是，卡爾的「IT 不重要」的理論和基本原理還沒有得到證實。似乎有理由說，從 2003 年他發表文章以來，事實證明情況恰恰相反。**數位化技術已經顛覆了整個世界**。人工智慧、機器學習、物聯網、先進的機器人、3D 列印、無人機等技術，持續促進了這一改變。醫藥、銀行金融、農業、工業、交通運輸、商業、旅遊和飯店行業也發生了變化，而且在數位化技術的推動下也將持續發展。

這些技術，以及他們的使用方式並不是無差別商品，需要創造力和專門的知識將這些技術集成到組織和資訊系統的操作中。特別是，組織的管理人需要制定一個清晰的願景和明白其自身想要透過技術實現什麼目標，以及組織未來的發展。購買一項技術並無法提高競爭優勢或組織的運行效率。在新時代下，成功與失敗的區別在於組織如何定義其業務目標，以及如何將技術與產品、操作環境和業務流程結合起來，實際上，這就是一個組織的 DNA。正如這本書想要表明的，數位化變革是近年來我們在數位領域看到的驚人創新的自然結果。

總之，數位化技術本身並不重要。持久的競爭優勢來源於組織持續為客戶提供增值的能力。創新、原創的商業模式、高品質的產品、對客戶的關注以及持續提供增值的能力和改進業務流程，這些對於一個組織來說是非常重要的，而數位化技術是實現這些目標的必要基礎設施。數位化技術不是創造競爭優勢的唯一因素，但它是促進持續競爭的基礎設施，並以無法預測的方式和形式成為創造力和創新的無窮源泉。加里・哈摩爾（Gary Hamel）是一位頗有影響力的商學教授、顧問，他在管理學的著作中寫道：「想像和現實之間的距離從未像現在如此接近」[13]；而數位化技術是成因之一。

因此，我們可以從卡爾的文章得出的結論是：IT 比以往更重要。

PART 3

●

實踐篇

● CHAPTER 13

如何實施數位化變革

成功的數位化變革就像毛毛蟲蛻變成美麗的蝴蝶，而一旦數位化變革失敗，你所擁有的僅是一條爬得快的毛毛蟲。
——喬治・韋斯特曼博士（Dr. George Westerman），麻省理工學院斯隆數位經濟計畫的首席研究科學家

引言：步驟介紹

在前面幾章中，我們討論了模型、理論和工具方法，主要包括數位化定義、數位化變革、數位化達爾文主義、數位化渦漩、數位化變革的類型、組織商業戰略的關鍵轉型、創新、顛覆性創新和數位化顛覆創新、商業模式和數位化成熟度這些部分。

基於前面的概念介紹，現在介紹實施數位化變革的方法。圖13-1是實施數位化變革的基本方法概述，這一方法基於餅狀模型（計畫、實施與評估）──一項突出開發和執行戰略的三階段的組織方法。我們運用該模型作為數位化變革的概念基礎[1]。

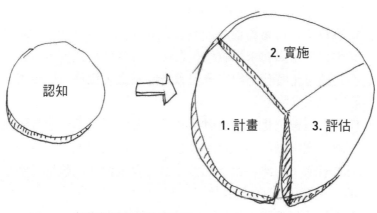

· 圖 13-1：數位化變革的基本方法

步驟 0：認知

中國有句古語說，「千里之行，始於足下。」在推動數位化變革過程中，認知階段是組織必須採取的第一步。這一階段主要由以下部分構成：

- **高管的認知和承諾**：首先管理層對組織使命的認知、理解、動員和承諾對數位化成功轉型具有關鍵影響。組織必須意識到依據業務環境變化進行改革轉型的重要性，並且清楚將會面臨的機遇和風險。許多研究表明，如果沒有管理層的承諾，組織將會面臨巨大的執行困難。高管通常是經過一個或多個步驟進行動員實施數位化變革，在這一過程中，他們會接觸到各種概念、理論觀點和模式，例如：第四次工業革命、數位化變革類型、數位化變革影響的領域、創新的重要性、數位化顛覆創新和隨之帶來的風險、數位化商業模式、數據在數位化時代的重要性以及數據貨幣化的實現方式、評估組織數位化成熟度的重要性等。當瞭解足夠的資訊，管理層便會做好充足準備討論並制定明確的數位化變革目標。
- **定義數位化商業願景**：管理層必須制定組織的數位化願景。其中包括組織在未來數位化環境中的運作模式。這一願景既作為數位化時代下組織業務戰略的基礎，也是組織整體商業戰略的組成部分。
- **任命實施數位化的領導層**：為了在數位化變革中取得成功，管理層應指派一名負責領導數位化工作的經理。作為一項長期的組織（內部）和業務（外部）變革模式，數位化變革需要一名高級經理來領導執行。
- **組建數位化團隊**：數位化變革是一項重要任務，因此，不能也不應該只由一名管理者來執行。也就是說，它需要團隊的共同努力來協調工作。為此，組織應根據需要在外部專家的支援下，集結公司各部門經理組建一個跨部門數位化團隊。這一團隊應進行適當培訓，學習設計思維、藍海戰略、商業獲利模式畫布等方法，進而制定組織相關的數位化計畫方案。

步驟 1：**計畫**

數位化變革包含一系列具有雙重價值的計畫方案（一項計畫可以包含多個專案）；在創造業務價值的同時，也在提升組織能力。這些計畫組成組織的數位化路線圖 —— 即組織計畫實施的數位化方案涵蓋範圍，依據優先順序和順序實施計畫的時間，以及所需資源等。路線圖由數位化團隊制定。讓我們簡單看一下計畫階段的每個步驟。

（1）**評估組織當前的數位化成熟度**：團隊可以選擇前面章節中介紹的模式，評估組織的數位化成熟度，並確定其中與組織相關的維度。實施「準確」的評估是必要的，因為這有助於制定一個實際的未來計畫方案。

（2）**分析用戶體驗圖**：團隊應比較組織服務的不同客戶類型（角色），如第 4 章所述，分析每種類型的用戶體驗。使用者體驗圖是以下步驟的基礎。

（3）**分析當前和未來的商業模式**：首先團隊應深入瞭解當前的商業模式，可以使用第 5 章介紹的商業獲利模式畫布來記錄當前模型，並討論和開發新的模型。

（4）**數位化計畫圖**：這一階段，團隊致力於識別和開發組織未來的數位化計畫方案。由麻省理工學院提出的九大影響領域（也稱之為韋斯特曼模型）成為這一階段有效的實現數位化變革的檢查單。這樣的檢查單需保證能調查分析到所有相關和潛在的領域。

（5）**優先轉化數位化計畫為數位化路線圖**：團隊收集實施數位化計畫的各種意見，透過可行性研究、成本／效益分析和風險分析，確定計劃優先順序並制定數位化路線圖。路線圖將建議實施的計畫方案顯示在時間軸上。

圖 13-2 來源於《數位化企業轉型》[2] 一書中，該圖展示的是實施數位化計畫的長期路線圖，主要由幾類構成：以客戶為中心、營運卓越性、IT 卓越性以及有助於組織的知識工作者提高能力的工具。值得注意的是：組織可以決定使用不同類別，因為這些類別具有關聯性。

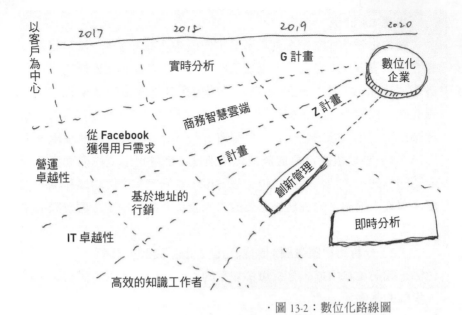

・圖 13-2：數位化路線圖

　　對於組織來說，這也是評估路線圖中數位計畫組合是否達到平衡的好機會。也就是說，這一數位計畫組合是否包括類似的計畫方案，這些方案或有助於改善當前狀況，或能擴展當前提供的產品和服務類型，或能改變組織的業務運行模式和服務的市場。值得注意的是，許多組織傾向於在產品和服務上實施創新，而對與未來可能會破壞當前業務模式的數位化競爭對手抗衡持謹慎態度。

　　審核數位化路線圖：最後，管理層將對繪製的路線圖進行審核。管理層應對提出的建議、所需資源、建議優先處理的項目、實施項目帶來的影響及相關風險有充分的瞭解。如有必要，管理層可以更改數位化變革項目或退回原計劃方案要求團隊考慮實施其他方案。

步驟 2：實施

　　在這一階段，組織將實施數位化計畫方案。這一計畫方案在數位

化路線圖中進行定義並由管理層審核批准確定。實施階段是轉型過程中最複雜和最具挑戰性的階段。

　　組織必須任命專案負責人並為每個計畫方案組建團隊，制定詳細的工作計畫，選擇供應商和技術、開發必要軟體、整合所有元件、進行軟體發展和接受度測試、安裝和作業系統。採取分階段方法取得成功是很重要的。透過使用最小可行產品（Minimum Viable Product，簡稱 MVP）概念和敏捷開發方法，有助於組織在較短時間內推出交付成果。

　　組織應明確定義數位化專案（數位化專案管控）並在執行過程中運用管控機制進行管理。必須為每個專案成立特定的指導委員會，並確定決策機構、風險管理機制、報告方法和問題上報程式。管控機制有利於確保複雜和長期專案（如數位化變革）取得成功。

步驟 3：評估

　　正如我們前面所提及的，隨著新技術引進、新的競爭對手進入市場、創新的商業模式出現等、數位化環境處於不斷變化中。由於數位化時代具備動態性，組織必須即時監督和感知新變化，根據需要更新數位化路線圖。這一舉措確保了在業務環境不斷變化和新的挑戰層出不窮的情況下，數位化路線圖具備關聯度和現代化。

數位化變革的頂層視圖

　　圖 13-3 展示的是數位化變革的主要構成部分和形成階段。該圖由麻省理工學院與凱捷管理顧問共同合作研究得來，並收錄在《數位化變革：十億美元級組織的路線圖》[3] 一書中。這一概述將本書介紹的數位化變革的組成部分聯繫起來；在實施數位化變革過程中，組織可以將這一頂層視圖作為檢查表，同時必須把圖中的各組成成分考慮入內。

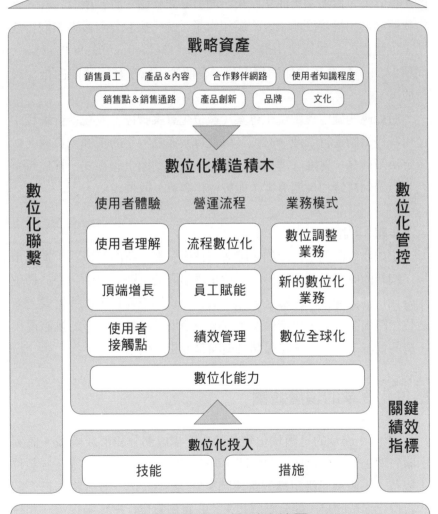

· 圖 13-3：數位化變革的頂層視圖

讓我們簡單地看一下頂層視圖的組成部分：

（1）**數位化變革願景**：數位化變革必須從公司確定數位化時代的目標和願景開始。這一願景明確了組織如何運用數位化技術改善顧客關係，進而提高顧客滿意度，以及如何增強業務實踐達到卓越並實施創新的業務模式。在很大程度上，這是指引數位化變革的方向。實施數位化變革的組織必須確立願景和長期目標。它必須重新思考自己在數位化時代的形象和運作方式。該願景主要透過確立組織在數位化時代的業務運作模式來實現的。作為寶貴的溝通工具，願景能將組織的意圖簡潔精煉地傳遞給所有的管理層和員工。那些瞭解自身優勢並巧妙利用優勢的組織，都在數位化變革過程中取得了成功。

為了突出願景的力量，我們選擇了一些行業領先組織的願景描述。這些願景指引他們多年來取得成功和實施數位化技術：

- Google：管理全世界的資訊使其具有普及性和可用性。
- Amazon：成為地球上最注重客戶、以客戶為中心的公司；（線上）建立一個人們可以找到和發現任何他們想買的東西的地方。
- Tesla：加速世界向可持續能源轉變。
- Dell：成為世界上最出色的電腦公司，在服務的市場中提供最佳的用戶體驗。Dell 將滿足客戶對高質和領先技術的期望。
- 景順：「我們完全專注於提供有助於人們從生活中獲得更多樂趣的投資體驗……因為我們所做的就是投資，我們只專注於使用對客戶有意義的方式為客戶服務。」
- 2006 年，Burberry 宣佈它打算成為第一家完全數位化的公司。「我們透過六大戰略性支柱、四大收入驅動因素來實現戰略，重新激發品牌活力並增強奢侈品消費者參與度（透過溝通、產品、分銷和數位化這四種方式），除此之外，還有兩大推動因素（卓越營運和激勵員工）。這些舉措確保我們繼續聚

焦生產力發展和簡化程式,並有能力實現願景。」

（2）**數位化（戰略）資產**：在數位化變革過程的開始,組織必須識別數位化資產。如前所述,數位化變革的目標是在數位化時代充分利用和調整公司的能力和資產。這些是組織的優勢和基礎,在這個基礎上,它可以實現數位化變革。組織必須明確定義那些可透過數位化技術加以利用的資產,以幫助其在數位化時代成功營運。此類資產可包括：

- **銷售人員**：利用和增強銷售人員可以顯著促進組織在數位化時代取得成功。對於組織來說,如何在不造成衝突的情況下對不同銷售管道的銷售人員賦能頗具重要性。數位化技術可以幫助客戶選擇青睞的購買管道進而增強組織與客戶的聯繫。數位化技術可以為銷售人員提供大量資訊,透過分析數據預測客戶可能需要的產品類型、所需時間與獲得方式等。
- **銷售點和分銷管道**：儘管不斷向電子商務過渡,但銷售點和實體經濟仍然具有許多優勢。客戶期望能獲得線上線下相結合的用戶體驗。組織應研究其銷售線,並決定如何將這一銷售線作為數位化時代的資產投入使用。如今,許多組織運用銷售點作為數位化採購商品的取貨點。
- **產品和內容**：那些進行內容（報紙、雜誌、音樂等）銷售的組織應瞭解到高品質的內容便是資產,並尋求如何在數位化時代合理運用這些資產。生產電器、電子設備、醫療器械等設備的組織,應當研究如何將設備與智慧網際網路相連接推出智慧型產品（IoT）、如何利用收集的數據、改進設備的維護程式等。設備數位化,毫無疑問是一個發展潛力巨大的領域。與產品相關的服務——銷售服務、維修服務和其他服務——也可以在豐富的數位化資源中獲益。

- **產品／服務創新**：正如我們在第 8 章討論的一樣，數位化時代強調創新。組織必須研究如何促進和利用產品／服務中的創新，以及如何運用數位化技術推動創新。
- **商業合作夥伴網路**：商業合作夥伴是每個組織「生態系統」的關鍵組成部分。組織應檢查合作夥伴關係網絡，以及如何在數位化時代透過創建組織間的數位化聯繫、進行協作創新、輕鬆便捷的業務交易等方式來利用這一資產。
- **品牌**：品牌仍是每個組織最重要的資產之一。數位化時代有助於在許多層面提高品牌知名度──例如，創建新的客戶管道、積極參與社群媒體、與客戶建立重要聯繫等。
- **客戶知識**：在數位化時代，顧客的資訊和知識也非常重要。多年來，組織收集了大量客戶數據，但不知道如何利用這些數據創造價值。數位化技術提高了數據和數據分析的重要性。數據是新時代的能源；業務分析、技術和數據分析已成為現代化組織的主要資產。
- **組織文化**：在進入數位化時代之前，一些組織已經具備良好的組織文化──鼓勵創新和承擔風險、協作、不斷改進業務流程等。這些都是數位化時代的關鍵資產。組織應該映射組織文化（例如，使用工具評估組織的數位化成熟度），並填補發現的任何差距。組織文化是推動和實現數位化變革成功的關鍵因素。

（3）**數位化構建模組**：這是數位化變革過程的核心。在討論「韋斯特曼模式」時，我們對這些構建模組做了基本的闡述。這些構建模組分為三大類和九大影響區域。實施數位化變革的組織應將此模型用作分析九大領域對組織的相關度和重要性的檢查表。

我們再次強調組織數位化能力的重要性。這是其他所有積木的基礎，是基於 IT 部門的人力資源、軟體發展、維護和生命週期管理的

方法。

（4）**數位化投入**：數位化變革取決於數位化計畫實施和數位化能力的發展情況。這需要大量的投資和努力。像與創新相關的所有事情一樣，期初階段投資報酬率（ROI）並不總是很清晰。組織應採取各種方法來降低風險，例如，透過小步快速前進，推出尚未完成的產品（最小可行產品）等。然而不能因為投資回報率不清晰，就阻止組織進行該類投資。數位化變革過程需要承擔風險。預測投資回報率很難，但如果成功的話，帶來的好處是顯而易見的。有時候不投資的風險比投資的風險要高得多。

在這種情況下，需要留意的是數位化技術和人才相當稀缺。組織應努力招募合適的員工，進行培養並留住他們。數位化變革還依賴於供應商和外部業務合作夥伴；組織應該投資於與合作夥伴構建良好的業務關係上，這（良好的業務關係）是成功的一項重要因素。很難找到分析數據方面的人才。然而，如果沒有他們，組織很難對數據進行分析並獲得見解，為此，組織必須招募一些這樣的人才。原則上公司可以將分析業務外包出去，但內部培養分析這一技能也尤為重要。

（5）**數位化參與度**：數位化變革能否取得成功，很大程度上取決於管理層和董事會的參與度和所作出的承諾。自頂向下的領導力與自底向上的員工主動性的巧妙融合是數位化變革成功的祕訣。除了管理層參與指導和協調數位化計畫方案外，從管理層的角度向組織傳遞任務也尤為重要。這種持續性交流可以提供數位化過程的最新進展，並可以與參與任務的管理者和員工加強聯繫。使用數位化工具（電子郵件、組織門戶和知識管理系統、內部社會網路、定期通訊等），可以實現與利益相關者進行輕鬆、高效和快速的溝通。執行長和管理層的數位化領導能力是數位化變革成功的必備條件，它能確保數位化能力和創新價值成為組織 DNA 的一部分。基於此，數位化管理者和員工將更瞭解數位化時代的變化和轉型的重要性。

（6）**數位化管控和關鍵績效指標**：數位化變革是整個組織的使

命，而不僅僅是特定部門的職責。因此，儘早實施先進的管理是非常重要的。數位化變革涉及到大量管理者、員工和其他一系列資源，因此需要適當的投資和有序的風險管理。組織應採用現代化管理工具和方法，如指導委員會、團隊協作以及有效應對問題和風險的程式。應明確定義這些管理工具，並確定負責每個專案的經理以及明確的關鍵績效指標（KPIs）。例如，「兩年內，40% 的銷售額應該透過數位化管道獲得。」組織還必須持續監控各項數位化方案進程。如果沒有這些治理工具，數位化變革計畫可能會延遲甚至失敗。

總結

這一章，我們向大家介紹了數位化變革的四階段方法：

（1）**起始**階段的認知，透過說服高層意識到數位化變革的重要性，並取得高層人員支持。

（2）**計畫**階段包括數位化路線圖，該路線圖確定了一系列潛在的數位方案，這些方案主要由組織透過成本／效益分析進行評估、確定優先順序以及識別和減輕風險制定而成。

（3）**實施**階段是數位化方案過程中實施數位化變革過程的核心。

（4）**評估**階段涉及對技術和商業環境正在發生的情況做持續不斷的更新。如有必要，應即時更新數位化路線圖。

餅狀模型的三階段——計畫、實施和評估，是沒有終點的循環過程，需要持續不斷的努力。

我們介紹的方法運用了本書各章中提到的工具和理論，這一方法是組織需要在數位化變革過程中執行的系統化步驟。

我們對本章做個小結，為了促進數位化變革取得成功，以下幾點需要考慮：

・**管理層承諾**：這聽起來很平常，幾乎每本企業管理或專案管

理的書都會提到管理層承諾的重要性。然而，這對於漫長而富有挑戰性的數位化變革能夠取得成功至關重要。管理層越早任命越好。組織應確定團隊成員，並儘快和盡可能廣泛地進行動員。在這一過程中可能會有許多反對者（有時被稱為否決者），這使得這些變革者尤為重要。

- **從小處著手**：如前所述，千里之行始於足下。最初的數位化方案具有合理的規模和可接受的風險——不太大，也不至於太小而被忽視，這一點對數位化變革能否取得成功顯得尤為重要。最初的成功會激發並致使之後的成功。在組織中進行成功的傳遞是重要的，這有助於加快數位化進程。

- **快速失敗**：失敗本身不是目標，卻是數位化進程中的重要組成部分。組織應該鼓勵快速失敗，進而繼續前進。吸取教訓很重要，但對失敗作出的懲罰行為則不利於創新發展。

- **步伐只會加快**：數位化技術在不斷進步發展，技術能提供的與組織能吸收之間的差距在不斷擴大。這不是造成失敗的根源；組織應該積極主動研究技術發展和創新性商業模式，並盡可能地解決過程中出現的問題。

- **變革管理**：數位化變革處於不斷變化之中。必須合理分配資源以應對變化與隨之而來的挑戰。大多數經理和員工不喜歡改變——他們更喜歡待在舒適區裡。一旦組織進入數位化時代，便面臨著一項重大挑戰——數位化變革的挑戰。對於一個建立在前數位化時代的大型組織來說（也被稱作「數位移民」），這一挑戰令人生畏。技術是數位化變革的推動者，但如果業務流程、組織文化以及管理層和員工的數位能力沒有隨之改變，轉型很容易失敗。

● CHAPTER 14

數位化領導力

不要因為你的失敗而感到尷尬，要從中吸取教訓並且重新開始。
——理查·布蘭森（Richard Branson），維珍集團執行長

引言

數位化變革過程的意義和組織所面臨的挑戰，自然地會浮現出管理上和程式上的問題：誰該領導這一戰略性數位化使命呢？下面有一些選項，沒有標準的答案：

- 數位長（Chief Digital Officer, CDO）是一個新的高級管理職位，負責引領數位化變革。安盛（AXA）、GE、CVS、米其林、開拓重工（Caterpillar）和 Starbucks 都是選擇任命數據長的先驅組織。
- 除了本身的職責以外，其他組織決定任命高級管理人員或董事會成員當中的一名擔任數位化負責人或數位化副總裁（VP Digital）。
- 在一些組織中，執行長決定親自負責數位化變革工作。

隨著數位化變革的不斷演變，其他職位開始以「數位化」的名義出現——儘管他們的角色不同。例如在市場行銷部門中使用「數位化經理」頭銜的角色為行銷經理服務，該行銷經理被分配到負責在數位化管道（網站、行動、社群媒體、電子郵件等等）中的行銷和推廣。數位化頻道如今正在以犧牲已建立的頻道（報紙、廣播、電視）為代價吸引更多的關注和資源。行銷數位化經理通常負責一個特定領域——數位化管道的行銷和推廣，而不全權負責組織的數位化變革。

數位化變革引發了另一種現象：數據量指數般快速增長。最近除了主要來自組織自身資訊系統的內部數據來源外，還出現了新的數據來源，包括電子郵件資訊、圖片、文件和外部數據來源的數據（行動裝置、全球定位系統 GPS 的位置數據、感測器、社群媒體、地圖、視訊短片等等）。組織們已開始認識到數據應該被視為是一項重要的資產。數據作為組織和戰略資產的重要性與日俱增，促使組織創建了

數據長（Chief Deta Officer, CDO）的這個新職位。

　　近年來也出現了雙重頭銜：一些組織選擇將數位領導者和數據長的角色結合起來，創建了**數位與數據長**（CDDO）的新職位。

領導數位化挑戰的不同角色

　　有點困惑嗎？不僅僅是你！在這個章節中，我們將映射和定義各種管理職位，並去探究不同組織如何以不同方式開展他們的數位化活動。

數位長

　　很多組織們在認識到數位化變革的複雜性和廣度，以及任命一位高級管理人員引導這一過程的重要性之後，創建了數位長這一創新頭銜。數位長要解決的主要問題包括：

- 為組織明確闡述針對數位化技術及其如何適應業務戰略的總體戰略。
- 在各個領域開啟創新的數位化措施。
- 不斷地評估技術發展，競爭對手和業務模式，保持高度警覺（hyperawareness）。
- 在組織中實施創新過程。
- 領導組織的數位化團隊。
- 確定和獲取實施數位化措施所需的資源。
- 確定關鍵績效指標（KPI），以監測數位化創新的成功。
- 同步、協調和發展所有數位化革新的「高屋建瓴」。
- 設立各項措施的優先次序。
- 發展並持續地維護數位化路線圖並依照一個最新的方法實施它。

注意：數位長的目標不是制定單獨的數位化戰略，而是將數位化方案納入到組織的商業戰略中去。如前幾章所講，該組織不需要一個單獨的數位化相關戰略；相反，它需要一個適應數位化時代的商業戰略。數位長應該是一名具有出色的人際交往能力，能夠建立良好夥伴關係並領導變革過程的管理者，充分發揮他們建立弱連接的屬性。數位長對數位化領域和業務營運發展的深刻理解也很重要。數位長的過往經驗可以在諸多業務領域，例如行銷、服務、營運或 IT。

數位行銷長

網路、社群媒體和數位化使用者管道（行動應用程式、電子郵件、聊天、簡訊等等）的廣泛使用使得組織們將其預算和資源的不斷增長份額投入到數位化領域。行銷部門將他們的大部分注意力和資金從傳統管道（報紙、廣播、電視、看板）轉移到數位化管道：

- 公司的網站。
- 電子商務能力。
- 搜尋引擎的優化（SEO）。
- 分析組織網站上的使用者體驗。
- 行動應用程式。
- 監控在社群媒體上公司的品牌和產品效應。
- 對 Twitter 的推文，或 Facebook 的發文、微博或公眾號的回覆或任何社群媒體的快速回應。
- YouTube、B 站、抖音上的推廣影片。
- 利用行銷自動化工具。
- 分析師和數據科學家分析的**數據**和**模型**，讓他們如今也能處理數據分析，並透過進一步分析提出見解。
- 與充當內容聚合器的網站們（如旅遊領域的 TripIt、Trivago、TripAdvisor、馬蜂窩、頭條和 Booking.com）的合作。

　　所有這些領域都需要特別的注意力、專業知識和專用資源。數位行銷方面已成為眾多組織中最重要的主題之一，並要求不同的和相對較新的專業化技能。

　　組織的行銷焦點變化導致了新職位的產生——數位行銷長，雖然這個頭銜通常被縮短為數位長或 CDO（所以很容易與上述 CDO 更全面的作用相混淆）。在一些組織中，這項功能由一個行銷部門內的特殊部門去執行。有時，數位化行銷經理會向公司的行銷副總裁（通常稱為行銷長 CMO）彙報，而並不是公司執行管理層的成員。

　　數位行銷長應該熟悉數位化管道、搜尋引擎的優化方法，以及如 Google Analytics 等一些其他工具。被任命為這個角色的人員應該充分瞭解如何組建公司的網站和登入頁面、使用行銷自動化工具、優化數位化管道中的用戶體驗、從社群媒體中接收所含內容和資訊、監控社群媒體對品牌的看法、回應社群媒體上所發生的事件、決策分配給社群媒體及數位化頻道的廣告預算與傳統頻道的比例等等。這些是新的和特殊的能力，並且這要基於對行銷領域的理解和行銷技能之上。

數據長

　　在第 6 章中，我們討論了數據主題，而且**將數據稱之為數位化時代的石油**。我們注意到數位化環境會生成大量的數據。

　　在採用數據管理方面，組織們均處於不同的成熟階段。被資訊技術部門所掌控的來自內部的資源，數據管理已成為必須妥善安排的一項戰略資源。每個組織都已著手進行著自己的數據管理之旅。數據範圍和重要性的發展導致一些組織指定一名高級員工來引領組織，並變革其為最佳利用數據資源的組織。因此，數據長的角色油然而生。在大型組織中，分配這項責任的人通常是執行管理團隊的成員；在其他情況下，數據長要向一位高級管理人員（例如，數位長或資訊長）彙報。

　　數據長的主要職責包括：

- 明確敘述組織的數據戰略和政策。
- 領導和協調組織的所有數據相關措施。
- 描繪出組織的所有數據和資訊資產。
- 發展數據治理的原則。
- 制定監督與數據相關的各種法規。
- 提升數據庫的利用,改善決策的進程。
- 培養數據產品的研發。
- 識別將數據轉化為新收入來源的商機(透過數據盈利)。
- 不斷地應用數據。
- 促進如個人隱私等的價值觀。
- 發展數據保護和風險管理政策,例如歐盟最近推出的通用數據保護條例(GDPR)。
- 使用 API(應用程式設計發展介面)與其他組織的數據庫互動交流。
- 增強恒定數據的品質。
- 向其他組織和公眾開放組織的數據庫,推廣開放數據方法,並使用公共和政府的開放數據資源開發新的應用程式。

根據加特納的預測,90% 的大型組織將在 2019 年擁有數據長。該管理者擁有一個嶄新且獨特的職位,這個現象反映出該組織對數據資產的重要性認知。數據豐富的數位化環境正在引領組織投入資源來管理和利用這項資產,以便其實現價值最大化。

加特納概括了一些針對數據長的建議,以確保他們取得成功:

- 聚焦於根據組織的商業戰略詳細敘述資訊管理的組織戰略。
- 致力於促進組織中所有利益相關者之間的信任,尤其是與資訊長之間的信任。

- 投資資源培訓高級管理人員，以便他們能理解數據價值和促進組織的業務成功。
- 定義數據管理和盈利的起點，以衡量組織在這些領域的進展情況。
- 定義將業務指標與數據操作相關聯的明確關鍵業績指標（KPI）。
- 在整個組織中宣傳關鍵績效指標。

　　近年來，集成分析和數據管理責任的趨勢日益加強。一些組織正在將分析長與數據長的角色整合在一起，並且一個新興角色正在誕生──數據與分析長（CDAO）。人工智慧和機器學習的出現以及它們與數據分析的聯繫，都將進一步推動這一趨勢。為了獲取數據的價值，人們應該掌握其本質。

數位與數據長

　　一些組織已決定將數位長和數據長的角色結合起來，並定義出了一個新的頭銜：數位與數據長（CDDO）。這些通常是為廣大的客戶群提供服務並且管理著大量有價值數據的組織。他們已經意識到創新的重要部分將來自於利用組織的數據資產以及數位化過程和服務。

實施數位化領導者角色的替代方案

　　數位化領導者的角色是管理組織的數位化變革過程。出於我們的目的，一個數位化領導者是負責實施組織的數位化願景並使組織的業務戰略適應數位化時代的任何管理者。圖 14-1 顯示了一些可實施的替代方案。

　　讓我們描述幾種不同的選擇：

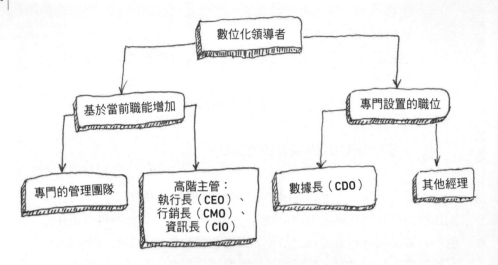

· 圖 14-1：任命數位化領導者的不同舉措

- 帶有數位化領導者或數據長頭銜的專職職位——他們被賦予對組織數位化變革過程的全面職責。這個人通常是一個高級管理人員，並且他將大部分時間用於企劃、發展和應用組織的數位化路線圖，與執行管理團隊的其他成員協作。
- 一個具有另一個頭銜的專職職位——一些組織已經決定任命一個具有另一個頭銜的人來領導數位化變革——比如一位創新長。這些組織知道當前的大多數創新都是以這種或那種方式與數位化技術相關的，因此決定指派這一職位以共同促進創新和數位化。
- 執行長或執行管理團隊的另一名成員——在這種情況下，數位化領導者在他現有的職責之上承擔起這一責任。在一些組織中，執行長已決定根據其重要性親自指引數位化變革。執行長也可以選擇任命該組織的其他高級管理人員來引領這項

工作。可能涉及到的候選人包括行銷副總裁、資訊長或任何其他高級管理人員，他們的職責、技能和興趣都在數位化領域。

· 一個專用團隊——在一些組織中，執行長決定將指引數位化變革的任務安排給由兩名高級管理人員組成的團隊，他們除了現有的職責外，還要承擔額外的職責、這種雙重的領導形式有時被稱為「兩人一盒」（two in a box）。這個團隊可能由行銷副總裁和資訊長組成。他們一起制定路線圖，然後各自都對接近其原始角色的主題負責。例如，行銷副總裁（VP Marketing）執行領導變革流程和新產品的開發，而資訊長則致力於技術和供應商，以及發展、部署和維護數位化技術。

數位化領導者們的分佈

讓我們簡單回顧一下 2017 年 6 月由 PWC 的子公司 Strategy& 發佈的《新一類數位化領導者》[1]調查的兩項結果。此研究基於 2,500 名領導者的回饋，他們是眾多公司、商業領域和國家擔任數位化工作的領導者們。調查顯示，在 2016 年有 19% 的組織擁有指定的數位化領導者，而一年前才只有 6%。自 2015 年以來，該研究中指出大約 60% 的數位化領導者被任命——也就是說，近年來這一過程日益迅猛。

圖 14-2 顯示了數位化領導者的等級和彙報水準。19% 的數位化領導者是副總裁；40% 是「C 級」管理者（他們的英文頭銜中有「Chief」——數位長、技術長、資訊長等等）；17% 是排名較低的管理者，他們需要向執行管理團隊的一名成員彙報；還有 24% 是處於其他等級。大約 60% 的數位化領導者是該組織的執行管理團隊成員。

圖 14-3 顯示了跨業務部門的數位化領導者的分佈情況。保險行

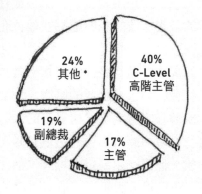

·圖 14-2：調查顯示數位化
　領導者的管理等級

* 可能是企業獨有的職位
如：「全球數位化轉型主管」、「數位化戰略總監」，或「數位化創新主管」

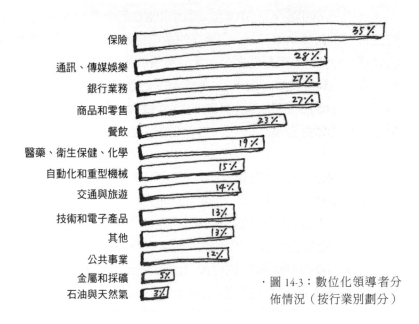

·圖 14-3：數位化領導者分
　佈情況（按行業別劃分）

業位居第一；通訊、媒體和娛樂公司排在第二位，銀行業緊隨其後，位居第三位。

　　另一項調查顯示負責領導數位化變革的官員們分佈情況。該調查是《經濟學人》為英國電信做研究的部門於 2017 年 4 月進行的[2]，其中包括在 13 個國家的跨國公司中的 400 名執行長。在參與調查的 47% 的組織中，資訊長負責數位化變革；在 26% 的組織中，責任安排給數據長；在 22% 的組織中，執行長決定親自領導該過程。調查結果如圖 14-4 所示。

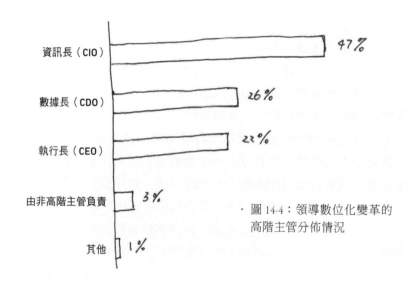

· 圖 14-4：領導數位化變革的
高階主管分佈情況

小結：數位化變革需要一位領導者

　　我們回顧了組織在安排數位化領導者職位時可選擇的幾條路徑：創建執行這個職能的專職職位，任命一位在其現有職責之上再填補此職位的管理者，或任命一個小型跨部門的數位化團隊。

這裡沒有正確或錯誤的答案。各個組織都可以選擇實施這種以最適合其業務目標、組織結構、工作進度、組織文化和有能力人員的方式指定數位化領導者的想法。但是，有一件事是明確的：必須有人對數位化變革工作擔負全部的責任，因為這是一項圍繞著整個組織的戰略性任務。

一個有趣的問題浮現了：數位化領導者的角色與資訊長的角色是怎樣的？這會是下一節的側重點。

資訊長角色的變化

如前面部分所講，選擇一個人來領導組織的數位化變革工作取決於許多因素。無論組織是否將資訊長指定為它的數位化領導者，還是選擇另一位高級管理人員來領導數位化變革，有一點是肯定的——數位化變革會極大地影響資訊長這個角色。

它成為一個雙重角色：資訊長繼續領導組織的 IT 部門，同時還擔任首要或次要的數位化領導者——無論是官方指定的，又或是作為一個領導組織數位化工作團隊中的關鍵成員。資訊長負責幫助組織利用數位化技術，並應理解到其角色對於數位化旅程的成功至關重要。

變革帶來機遇與風險，並且這絕對適用於資訊長面對組織的數位化變革。這種變化對整個組織，特別是對資訊長構成了挑戰。為了應對新的挑戰，現代的資訊長必須採用不同的方法，改變對他們角色的認知，並且要為工作帶來新的技能。最後，由每個資訊長來決定如何應對新的挑戰——是否要尋找一個領導角色，主動發起和協作以規劃數位化議事日程，或者是否要採用更應激和被動的方式，等待指示和根據他人定義的需求去執行任務。我們相信，在現代商業環境中，資訊長們必須選擇一個積極主動的態度來進行自我調整。

多年來，資訊長的角色經歷了很多變化，從電腦化的早期階段開始，時至今日，數位化技術發揮著如此至關重要的作用。圖 14-5 取

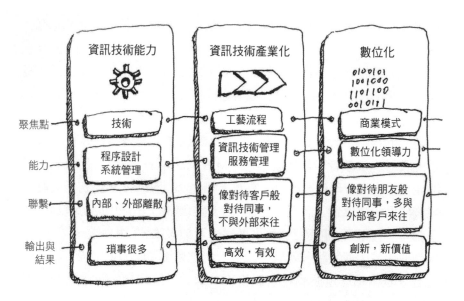

· 圖 14-5：多年來資訊技術（IT）的三個時期

自加特納題為《馴服數位龍：資訊長議程》[3]的研究，其中呈現了 IT 這個角色的三個主要時期以及每個時期內這個角色所發生的一些變化。

讓我們回顧一下這三個時期：

（1）IT **能力**：在第一個數位化時期，這些技術主要聚焦數據處理和相關的簡單業務流程（如薪水、人員和會計）的自動化。強調軟體發展，先是大型電腦，再是微型電腦。軟體發展需要特殊技能、程式設計語言的知識，和以相對簡單的結構處理應用文件。隨著數據通訊時代的到來，以及基礎設施的不斷發展，將多個和遠端使用者連接到一台電腦上已經成為可能，它主要用於輸入數據和接收報告。在此期間，IT 經理被稱為**數據處理經理**（Data Processing Manager）。這是一個嶄新的、有點奇怪的職位，與組織中的其他業務部門相分離。數據處理部門聚焦在一個昂貴資源的使用高效性和最佳利用率上。該

組織其他業務部門的大多數管理人員都不理解數據處理經理所說的語言（包括與技術相關的概念和三個字母的首字母縮寫詞），這使得這個新職業看起來更加神祕。在此期間，數據處理經理不是執行管理團隊的成員，且通常要向財務長或營運經理作報告。

（2）**IT 產業化**：隨著電腦化被運用到許多不同的領域，並延伸至組織的核心活動，IT 經理的工作重點也隨之改變。這導致產生了新的職稱——執行資訊系統經理（MIS Manager——反映出資訊系統開始直接支援管理流程的這一事實。早在 20 世紀 80 年代初期，個人電腦問世，這導致了計算的迅速民主化和傳播：組織中的每個員工現在都有一台電腦；應用程式擴展並變得更加複雜，「用戶端—伺服器」模型取代了大型電腦。隨著電腦進入到越來越多的領域中去，組織變得越來越依賴於電腦化和資訊技術；因此，該組織的電腦部門負責人——現在被稱為 IT 經理／總監——被視為扮演著一位更加重要的角色。在廣泛使用資訊技術的大型組織中，重點轉向數位化手動業務流程。數位化技術從組織的幕後向台前邁出了重要的一步，並開始支援客戶關係管理（CRM）、決策支持業務分析、與供應商和供應鏈的關係管理、增強利益相關者之間的溝通等等。在這個階段，出現了一個新的頭銜：資訊長。資訊長加入了執行管理團隊，專注於開發大型 IT 系統，以支援業務流程，集成複雜多樣的 IT 系統元件，以及實施創新解決方案。隨著組織對數位化技術的依賴性增加，資訊長還需要關注其部門內部為使用者提供服務的品質。資訊技術預算飆升，資訊長被期望像管理組織內部的業務一樣管理他的部門（「IT 作為一項業務」），透過投資報酬率（ROI）模型進行分析投資，智慧地管理該專案和投資組合，管理風險並制定現代化方法。CMMI、Cobit和 ITIL 的方法論開始發展，現代化的資訊長們在他們的組織中引入並使用標準的方法論。

（3）**數位化變革**：這是現階段當前時期，並且我們才剛剛開始。隨著數位化技術在客戶體驗、業務流程和創新領域無所不在，其對資

訊長的角色也有了新的期望；開發新的商業模式、確定新的收入來源，以及數位化擴展產品和服務。除了瞭解數位化技術和管理一個大型複雜化技術陣營外，資訊長還有望成為該組織的數位化領導者或它的數位化團隊的成員。

資訊長的稱呼變得廣泛且普遍，先是大型組織，後是中型和小型組織。隨著數位化變革的日漸強大，資訊長中的字母「I」開始呈現出新的解釋。資訊長外出現了新的頭銜，這些可以被視為同一角色。圖14-6顯示了這些人物，反映出對資訊長在組織中的角色的期望（有時被誇大）。

該圖呈現了多年來對資訊長這個頭銜的各種解釋。如果我們再加上時間維度，我們可以看到從一個強調技術方面到傾向更多商業思維的進展過程。由於該組織的技術基礎設施越來越複雜，**基礎設施長**的角色被加到資訊長的初始職位描述中。隨後，隨著數據的激增和系統集成的日益複雜，**整合長**的角色也被添加到了資訊長的職權範圍內。

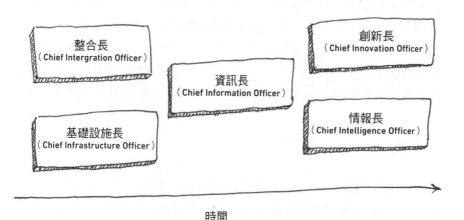

· 圖 14-6：資訊長角色的不同方面

隨著數位化變革的發展和崛起，創新題材成為管理層議事日程的核心專案，也是組織業務策略的一項重要組成部分。數位化技術有助於加快創新過程，並成為新商機的一個來源，同時也是一個風險因素。

為了應對創新的挑戰，組織們意識到需要去任命一位高級管理人員來提升創新並幫助組織應對其造成的挑戰。因此，**創新長**這個新頭銜誕生了。一些組織已將此角色添加到資訊長的職責中，與此同時其他組織已決定任命另一位高管來引領其組織的創新工作。雖然資訊長非常熟悉數位化技術和創新過程，但他並不總是那個最適合應對創新挑戰的人。

隨著商務分析的重要性不斷增強，組織們開始使用更大的數據庫和各種演示及其分析工具，資訊長的個人數據中被添加了另一個方面（和另一個頭銜）：**情報長**。近些年來，隨著數據分析技術的浮現，龐大的數據庫（包含文件、影片、圖片、地圖、音訊和其他類型的數據）成為 IT 行業的熱門話題，強調了對管理者業務智商的明確需求。組織通常指定專業從事數據分析和統計方法的人員，所以現在我們會找到具有新職位的組織，如分析長和數據長。

圖 14-7 概述了 IT 經理角色演變的一些階段——從數據處理經理（主要需要技術化技能）開始，且經過兩個中間階段的發展，再到資訊長階段（這也需要業務知識及數位化領導和創新技能）。

當今的大多數大型組織中，資訊長是執行管理團隊的成員，具有VP 等級。這裡資訊長的使命包括：

· 利用資訊技術去幫助組織實現其業務目標。
· 支援組織的業務策略並產生競爭優勢。
· 推進盈利能力並使組織與其競爭對手區分開來。

現今的組織希望資訊長能夠展現管理和業務技能，以便管理包含

・圖 14-7：IT 經理角色的演變

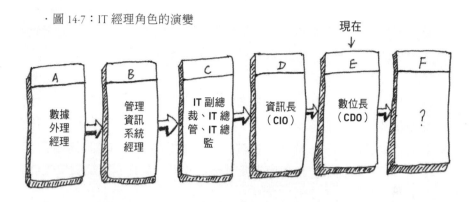

大批員工和大量資源的大型業務部門。資訊長必須：

・ 會說商業語言。
・ 透過數位化技術參與制訂商業策略，創造差異化並提升競爭
　優勢。
・ 開啟並領導創新過程，研究和應用創新的數位化商業模式。

　　資訊長是負責向組織的所有客戶提供數位化技術，而不僅僅是為
組織的內部營運服務，這些技術是產品本身的　部分。原本，IT 部
門主要服務於內部使用者。如今，它開發的應用程式被外部使用者用
於行動裝置、網際網路網站和自助服務站，直接為成千上萬甚至數百
萬的客戶提供服務。

　　幾乎每一個新的商業理念，組織所尋求採用的每一個創新業務過
程，每一個新的商業模式，與客戶的每一個溝通管道，現在都依賴於
數位化技術。這個過程要求資訊長成為執行長（CEO）和執行管理團
隊所有成員的業務合作夥伴和一個值得信賴的顧問，並且需要有不斷
的創新想法和專案倡議。

圖 14-7 包括一個未來階段 F，很難預測到資訊長這個角色的未來將是如何進一步發展的。在當前階段，數位化技術已牢固地集成並嵌入到組織中、在開展業務的過程中和在組織的產品和服務中。有一件事是清楚的，關於資訊長角色的最後一句話還沒有被提到。「那塊乳酪被動過了。」因此，尋找繼續引領數位化時代的資訊長必須做出改變並讓他們自己適應新的環境。如今，我們將著眼於資訊長這角色嶄新的重要領域們——他們是否被指定為他們組織的數位化領導者，又或者他們是否與數位化領導者及其他高管們一起作為組織數位化團隊的成員。

資訊長角色的新重點

國際諮詢和技術公司 EY（前身為安永會計師事務所）發佈了題為《天生就是數位化——頂級資訊長如何為數位化變革做準備》[4]的綜合性報告。該報告指出，基於數位化技術的新一輪創新浪潮，創造了這樣一種情形，每個組織都應該專注於創新、尋求新的收入來源、開發創新的業務模式，同時還要努力使其營運合理化。對於那些天生就是數位化的組織（如 eBay、Amazon、Apply、Google、Facebook 等），這一點很寶貴，他們不知道採取其他額外的行動方法。現今數位化的需求已經成為了每個組織的需求，包括那些不是數位化的數位化外來者們。

安永（EY）的研究調查了人們對引領高資訊技術化密集型行業的資訊長（數位化就緒型資訊長們）角色的認知，並將其與資訊長在非資訊技術密集型行業中的角色進行比較。該研究發現了數位化就緒型資訊長的六個獨特特徵，如圖 14-8 所示。

讓我們來看看這六個不同的特徵：

（1）**一個戰略願景和實施戰略願景的能力**：資訊長必須發展出一個願景並清楚地瞭解數位化技術會如何影響組織。資訊長必須瞭解

**為實施數位化做好充足準備的
資訊長的六大特徵**

1. 從戰略視角上認知技術將如何實現業務轉型，
   同時清楚如何實施業務轉型

2. 對創新堅持不懈

3. 密切關注驅動成長 —— 以及與如何推動成長實
   現之間的關係

4. 確保提出的願景通俗易懂被接受

5. 不侷限於營運層面和已有的基礎設施資源

6. 敢於冒險

· 圖 14-8 資訊長的六個主要特徵

這些技術可以將一個實體產品轉變為一個數位化產品，瞭解如何與客戶一起擴展數位化管道、策劃數位化解決方案以及確立新的收入來源。資訊長必須瞭解組織的願景和戰略，並相應地決策出數位化技術在支援戰略和提高組織競爭優勢方面的作用。資訊長必須能夠解釋執行戰略所需投資的經濟原因，並根據其業務目標確定出組織的優先事項。資訊長應該很好地理解組織當前的業務模式、未來的業務模式，以及作為業務模式一部分開發的數位化層，或者組織追求發展的嶄新數位化業務模式。這需要為資訊長們做出巨大的努力和重大的改變，特別是那些習慣於被動接收和滿足業務部門要求的人。如今要求資訊長們帶著對願景、戰略和創新的理解，做到積極主動——簡而言之，就是那些立大志有野心的人。

　　與此同時，資訊長還應該有發展引領複雜項目的能力；評估和
選擇備選方案；領導複雜的組織變革，去影響到組織中幾乎每一個員
工和經理；管理風險；並與業務部門建立全面的合作夥伴關係。完成
任務的能力通常是比制定願景和戰略更重要（可以從外部完成）的能
力。資訊長應該熟悉組織營運的市場和行業、組織的產品和服務、組
織服務的客戶群以及組織的價值鏈。資訊長們還應該檢查創新的業務
模式，或許來自其他行業，並且可以在其組織中學到和應用些內容。
他們需要發展自己的財務技能，以便能夠權衡備選方案並為管理層提
出建議。這還需要熟悉最新的數位化技術，瞭解它們的潛力，以及這
些技術如何幫助組織應對其面臨的挑戰。在大型和全球性組織中，資
訊長應建立共用技術中心，來增強組織的靈活性和高效性。

　　（2）**一個不斷創新的領導者**：資訊長應該成為創新的催化劑，
瞭解主要的新技術以及這些技術如何為客戶創造特別的價值。他們的
使命包括研究如何增強客戶體驗、完善銷售、更瞭解客戶群，以便使
組織能夠覆蓋到新的客戶群。資訊長應與市場行銷經理合作，嘗試識
別技術或創新業務模式所帶來的新機遇和潛在威脅。這意味著資訊長
應該與執行管理團隊一起，成為合作夥伴，共同塑造數位化技術在新
產品和服務發展中的角色作用。隨著資訊長對創新參與的與日俱增，
管理層將對他有更高的期望，並將資訊長視為推動創新的關鍵合作夥
伴和領軍人物。

　　（3）**聚焦發展**：資訊長們應致力於與組織中各個業務部門建立
密切的關係，為他們提供先進的分析工具，開發支持場地工作的員工
們行動應用程式（銷售人員、技術人員），同時還能幫助組織的客戶
購買和接受服務。現如今很明顯，數據分析領域的高級分析功能可以
帶來明智的見解並促進銷售和服務陣營的效率（例如，哪些客戶希望
購買額外的產品，這些資訊可以透過提供給客戶的公司網站，以防該
客戶有可能流失給競爭對手等）。這要求資訊長與組織的前台部門密
切合作——行銷和銷售人員、客服人員、場地技術人員等。資訊長

必須瞭解這些業務流程，如何使用數位化技術增強這些流程，以及如何透過各種管道如互動式語音應答（Interactive Voice Response），聊天機器人或數位化服務將一些與客戶的聯繫服務轉變為自助服務。所以，資訊長應與行銷經理、銷售經理和服務經理們建立深厚而牢固的關係，並透過拓展數位化維度來幫助他們擴展組織的產品，服務和業務流程。資訊長必須承擔一個重要變革：從思考如何將業務流程電腦化，到思考流程本身，再到關於產品以及嶄新和創新的業務模式。如今的資訊長必須考慮到發展，並與組織中的所有利益相關者合作，將其作為團隊的一部分——有時還要直接與組織的終端客戶合作，而不僅僅與其內部客戶合作。

（4）**努力確保願景被理解**：數位化資訊長僅僅對數位化技術如何支持其業務策略有清晰的理解和展望是不夠的。資訊長還必須能夠清楚地將這一願景傳達給組織中的所有商務合作夥伴，還有所有資訊技術經理和員工們。對於資訊長來說，得到他們的信任並動員他們共同踏上數位化之旅是必要的。資訊長必須知道如何出現在觀眾面前，以至於令受眾者信服、描繪願景並確保其能夠覆蓋組織的所有部分。在數位化時代，資訊長的溝通和人際交往技巧都至關重要。資訊長必須知道如何「講述故事」——說服力的重要性並不亞於故事本身。不是每個人都有能力展望到未來，並說服人們瞭解未來的發展方向；不是每個人都有能力動員他人實行所需的變革，當變革是複雜而痛苦的時候。為了實現這些目標，資訊長應經常與其他高級管理人員會面，組建跨組織的管理團隊，並在各種論壇中闡述有說服力的演示稿。說服力是如今的資訊長必須發展起來的一項技能組合中的關鍵組成部分。隨著數位化技術越來越多地推動創新，資訊長的溝通和說服能力成為他的一個重要工具。這裡應該包括瞭解如何使用內部社群媒體傳播他的見解。

（5）**減少對營運和基礎設施的關注**：資訊長面臨的主要挑戰之一就是那個持續存在的問題（時不時發生的問題／故障、技術升級、

與供應商的商務談判、專案管理等等）佔用了他們大把的時間。致力於持續問題的時間，通常是以資訊長應該投入到考慮戰略、發展、創新以及如何將數據和資訊轉化為競爭優勢的時間為代價。資訊長有時必須就如何分配時間做艱難而大膽的決定——也就是說，決定他將解決以及他將委託哪些問題給其他經理去解決。經驗表明，同時成功地執行這兩項任務是不可能的：管理維持營運和基礎設施，同時還要考慮策略、發展、創新和新商務模式。這並不意味著營運問題不那麼重要。這意味著資訊長必須找到一種方法來減少他參與到這些問題中去，並將權力委託給向他彙報的經理們。換言之，資訊長應該有意識地花費較少的時間來「持續關注」，並將更多的時間花在與「轉型業務」相關的問題上。

資訊長應該將他的團隊的聚焦點放在帶來最大價值化的領域，並且鼓勵使用外包、雲端技術等等。創新和敏捷的組織已轉向雲端模式，使資訊長及其部門能夠參與價值創造過程中來。資訊長應鼓勵實施敏捷軟體發展的方法並加快產品發佈週期。另外，資訊長應制定採購合同和工作方案，以便實現更強大的靈活性和快速增減人員——以應對意外的需求。對於一些資訊長而言，這些變化——對他們工作的認知、對優先事項的定義以及對時間和注意力上的分配——並不容易，並且構成了一個複雜的個人挑戰。一些資訊長們在資訊技術部門中崛起並存在於他們的舒適區中。他們不習慣管理層的商業語言或考慮收入增長的來源和嶄新數位化業務模式；這些東西通常都存在在他們的舒適圈之外。數位化的轉變和角色的變化要求他們走出自己的舒適圈，進入不太熟悉的異域——商業和金融高談闊論的區域。

（6）**勇敢地且準備承擔風險**：不存在無風險的創新。這是許多創新組織們所學到的教訓。創新有時需要採用新技術，伴隨著客戶少經驗少，進入不熟悉的領域。多年以來，資訊長們已經形成了一種「風險嫌惡」的態度。他們非常清楚地意識到他們所監督的技術系統需要穩定。評估資訊長的標準之一就是系統故障的次數和系統恢復的

速度。這使他們擔心承擔風險。如果他們被要求進入新的領域，他們會非常謹慎地照做。資訊長最喜歡的表達方式之一就是「如果它沒有壞掉，就不要修理它。」數位化變革，加快創新步伐，以及來自競爭對手所採取的措施，都迫使資訊長們轉變他們對待風險的態度。避免風險有時可能會使組織在中長期發展階段內付出慘重代價——例如，當競爭對手部署創新技術並且組織陷入困境和無法做出回應時。當然，這並不意味著資訊長應該肆無忌憚地行事並連累組織。結論應該是需要一種全新的、平衡的、更大膽的方法來面對風險。在這個數位化時代，簡單講別無他法。

結論：擁抱變革

隨著數位化變革的日益崛起，資訊長的角色經歷了許多變化並將繼續逐步演變。希望在數位化時代創造價值的資訊長一定要讓自己和他的角色對這個嶄新的商業環境及其產生的期望們有所適應。無論資訊長是組織的數位化領導者還是其他高級管理人員和數位化領導者一起演繹這個角色，他們都是團隊的成員，這一點毋庸置疑。

在這個章節中，我們闡述了數位化資訊長必須瞭解和內化的六個特徵，以便其在數位化時代引領他的組織。他的時間應該致力於學習來白全球戰略和管理領域（發展策略、商業模式、價值鏈、顛覆性創新、業務分析、藍海戰略等）的新概念和模式。作為該組織的數位化指南針，資訊長應該接觸市場上大量的先進技術。資訊長們還應發展溝通和勸說技巧，以幫助他們動員其他高級管理人員，去支援新的目標和機會；他們也應該做好冒更大的風險和更加開放創新的準備。

我們可以假設一些現有的資訊長們已成功地改變自己和對其角色的認知，與此同時其他人則發現做出必要的改變無比艱難，而無法適應新的挑戰。

● CHAPTER 15

數位化變革案例研究

現在不再是大魚吃小魚，而是以快打慢。
——埃里克·皮爾森（Eric Pearson），洲際酒店集團 CIO

引言：每個組織的獨特旅程

本章介紹了以下組織數位化變革之旅的案例研究：

- 連鎖飯店巨頭雅高酒店
- 領先的披薩連鎖公司達美樂披薩
- 時尚連鎖品牌 Burberry
- 以色列最大的零售連鎖公司（Shufersal）
- 智利國家銅礦公司（Codelco）
- 皇家馬德里俱樂部
- Starbucks

我們希望透過這些案例研究，與讀者深入而多角度地分享數位化變革之旅。

案例研究：雅高酒店

為了詮釋大型企業的數位化變革之旅，我們從飯店業選擇一個案例研究，隨著 Trivago、Expedia、Booking.com、TripAdvisor、Airbnb 等公司的出現，該行業面臨巨大衝擊。上述這些公司都是數位化競爭者，試圖在全球飯店行業價值中分一杯羹。

我們選擇的案例——雅高酒店，是全球最大的連鎖飯店之一。這個案例證明即便是傳統行業中的成型企業也能夠應對數位化變革所帶來的挑戰。一個成型的企業可利用數位化技術開展革新，與競爭對手競爭從而取得成功。雅高酒店成功展開數位化變革的旅程，實現了銷售和利潤增長。

2019 年，雅高酒店經營 4,500 家不同品牌的飯店（比如 Ibis、Novetel、Sofitel、Mecurer 等等），擁有員工 25 萬名，在 100 個國家

都有雅高的身影。研究分析商業環境以及數位公司所帶來的威脅，雅高酒店在 2014 年決定展開數位化變革之旅。雅高將公司的願景定位領軍飯店行業，並以此為開端，將策略命名為「領軍數位化飯店」[1]。該連鎖飯店的管理層成立了一個資深團隊，從客戶決定開始考慮旅行的那一刻開始，對他們的行程進行深入的研究，包括選擇飯店、預訂房間、飯店住宿本身、結束住宿後與朋友分享經歷與印象等等不同階段。

　　雅高酒店的數位化變革專門小組擬定了一個橫跨數年的計畫，加強客戶的數位體驗。圖 15-1 是該連鎖飯店數位旅程的主要階段概覽。專門小組決定，從評估飯店行業面臨的數位衝擊以及在此情況之下，該連鎖飯店的定位入手。下一步是為這一數位化時代制定飯店的願

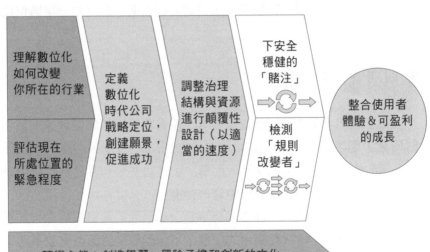

· 圖 15-1：雅高酒店數位化變革之旅

景。接著，專門小組繪製路線圖、調整組織架構、分配資源，以便開展數位化變革和各項舉措。尤其值得注意的是，他們決定直面挑戰來改變企業的思維定式，創造創新文化氛圍。

　　該連鎖飯店著手為在其生態系統中的所有主要利益相關者開發數位解決方案：包括其客戶、員工和商業合作夥伴。雅高從八大主要領域開啟這一旅程，每一個領域均有明確的 KPI。圖 15-2 展示了這 8 項數位舉措；其中四項客戶導向型專案，一項是員工導向型，一項為合作夥伴導向型，剩餘兩項注重基礎設施技術和商業分析。

　　讓我們簡單看一下數年來，雅高在數位化變革的歷程中，採取的數位舉措：

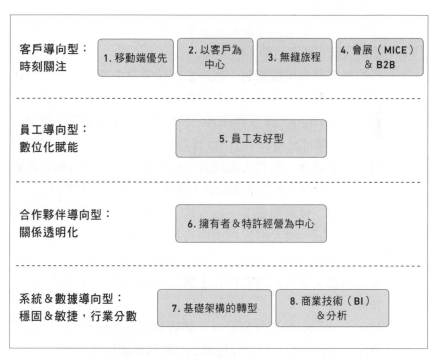

· 圖 15-2：雅高酒店數位化變革之旅的數位化舉措

- AccorHotels.com：公司網站經過重新設計，能夠為客戶的整個旅程提供一個統一的平台，包括房間預訂、餐廳預約、SPA 預約等等。客戶的數據在行程的不同階段均自動可見。網站可根據 32 個國家和語言調整展示內容。

- **照片數據庫**：考慮到客戶決定預訂飯店時，視覺體驗的重要性，雅高決定重建飯店、餐廳和客房的整個照片數據庫。

- TARS **預約引擎**：預約引擎是雅高數位生態系統的里程碑。雅高升級了引擎，如今每年運用該引擎處理價值 55 億美元業務；每月有 2,400 萬用戶使用該網站。該引擎支援 16 種語言與 24 種不同貨幣支付。每 1.2 秒就有新的預約下達，飯店全天候更新價格。

- **加強行動端客戶體驗**：行動端是登錄 AccorHotel.com 最為普遍的方式，飯店決定為此開發新的功能，讓客戶只需簡單點擊兩次就可預訂房間。

- **客戶俱樂部和虛擬錢包**：雅高酒店決定發開虛擬錢包，以便讓客戶方便快捷地支付房費和餐費。只需點擊一次，客戶就能完成 check-in，享受雅高客戶俱樂部 Le Club 服務，營運六年來，俱樂部已發展了 1,700 萬名會員。

- **預約會議設備**：飯店決定開發一個程式，方便公司和旅遊經營者預定房間以及會議設備供大量參會人員召開專業會議。

- **虛擬禮賓**：雅高開發了一個程式，為其客戶提供關於飯店及其設備資訊，以及關於城市中有趣的景點、餐館推薦、旅行和交通等資訊。

- **雅高新聞**：該程式讓客戶在手機上接收報紙上的新聞，提供多種語言。

- AccorLive：AccorLive 服務能夠讓客戶看到地區新聞，接收到特殊的服務等等。每月有超過 200 萬頁面瀏覽量。

- **協作**——雅高決定與 TripAdvisor 加強合作，讓客戶更方便地

發佈飯店的評價、閱讀其他客戶所寫的評價等。

· **個性化**：這是一個新的程式，基於對客人具體需求和偏好的瞭解，它能夠讓飯店的員工用一種個人化的方式歡迎和接待每一位客人。

· **商業夥伴門戶**：門戶為雅高及其業務夥伴提供了方便快捷的記帳方式，包括提供動態價格更新以及特別折扣等。

· **商業分析程式**：飯店決定開發基於數據分析平台的高級分析程式，用於數據和趨勢分析，同時為每一個飯店以及每一種服務開發儀表板應用程式。

· **Wi-Fi 熱點**：雅高酒店決定在旗下所有飯店安裝 Wi-Fi，支援每天一百萬人次的上網需求。

· **網路角**：飯店決定創建 1,800 個電腦網站，全部使用 Mac 或 Dell 電腦，客人可以使用這些電腦上網。

· **與微軟的試點專案**：飯店決定在 310 家飯店中安裝 Xbox 遊戲機，同時在 120 家飯店中試點 Kinect 系統。

· **扶持創新**：飯店開始與巴黎的創新工廠創業孵化器合作，將企業家、專業人士和學生聚集在一起，討論新的創意、開發程式，從而加快發展進程。

· **旅程規劃**：飯店決定收購 Wipolo，這是一個旅程規劃的領軍網站。雅高與 Wipolo 共同努力與 Facebook 和 Twitter 融合，讓客人方便地分享他們的旅行經歷和回饋，同時也很快收到回覆。

　　而這些僅僅只是一部分！這一系列的活動需要大量資源，長期計畫遠不止這些，這是一支瞭解飯店情況的自身管理團隊管理實施。這支團隊引導了整個數位化變革之旅，設立了這段旅程的排程以及優先事項，並且監控期間的過程。這不是一個單一的項目，而是一項綜合的，包含了多個專案的重大工程，旨在幾年內完成清晰的目標。公司

明確的目標在每個管道的方方面面都得到了體現——促進「行動端優先」的方式，提供有關客人即時和相關資訊的解決方案，並促進與社群媒體和旅遊行業領先的數位公司合作。雅高酒店明確的目標是「拓展旅遊價值產業鏈並引領行業」。

案例研究：達美樂披薩

說到成型的公司展開令人印象深刻圓滿成功的數位化變革之旅，達美樂則是另一個例子。你能想到這個製作和外送披薩、在傳統領域運作的公司，近年來股票的表現能超越 Amazon、Netflix 和 Google ？事實上，過去五年來，該公司股票飆升 630%，過去 10 年則暴增 1,200%。對於一個非科技類的公司而言，這樣的表現非同凡響。國際諮詢公司凱捷管理發佈了精彩的報告[2]，講述了該公司不俗的故事，以及它是如何變成一個數位大師的。（圖 15-3）

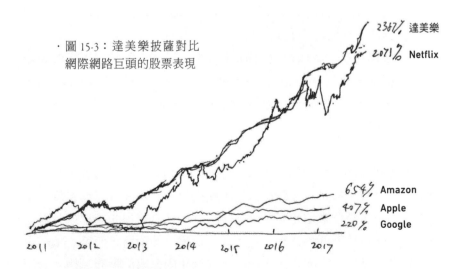

· 圖 15-3：達美樂披薩對比
網際網路巨頭的股票表現

　　達美樂經過一段時期的成功以及全球性的擴張後，公司經歷了一段不成功的時期，在 2009 年甚至在一項顧客調查中位居最末。股價大跌，利潤陡然下滑。2010 年，公司決定撤換執行總裁，以彼得・杜爾（Peter Doyle）作為新的 CEO，後者開啟了重建過程。他很快就明白需要專注在兩大方面：披薩品質以及改善公司的配送系統。新上任的 CEO 改變了食譜和食材，大大改善了披薩的品質。隨著品質的改善，他還宣佈，達美樂披薩計畫將業務擴展到披薩之鄉——義大利，以展示公司對品牌以及產品品質的信心。同時，這一披薩連鎖巨頭透過開發新的顧客下單管道，改善披薩外送安排，開始加大投入，讓公司變得更加數位化，更具有科技性。

　　杜爾在一次公開場合表示，「**我們不僅是一個披薩公司，也同樣是一個科技公司。**」如今該公司大約 60% 的銷售額是透過數位管道的訂單完成的（其競爭對手大約僅為 20%）。（圖 15-4）

　　2015 年，達美樂披薩發佈了新的數位平台——AnyWare，能夠讓顧客透過一系列管道下訂單，包括 Smart Watch、Twitter、

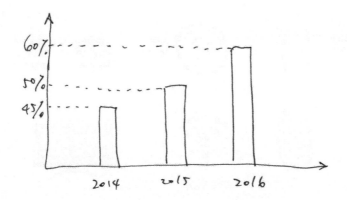

・圖 15-4：透過數位管道訂購達美樂披薩的佔比

Facebook、Messenger、Google Home、Smart TV 等等。達美樂的這個App 在美國的點餐程式的評比中獲得了第二名。

　　該公司總部的 800 名員工中大約有一半是數據專家，從事分析研究公司的業務表現以及各個不同的管道。（圖 15-5）

　　作為其數位化道路的一部分，達美樂披薩尋求非傳統的方式改善客戶體驗，縮短他們訂購最喜歡口味的披薩的過程。公司為 AppleWatch 開發了一款程式，讓顧客只要輕輕一點，就能訂購披薩。所有相關的資訊，包括顧客最喜歡的口味以及他的地址，公司早已經知道了。為了防止訂購的時候出現錯誤，在手錶上的碰觸會引發 10 秒的倒數，只有倒數結束之後，訂單才會發送出去。（圖 15-6）

　　公司開始與雪佛蘭合作開發並生產一款小型車輛，專門用於運送披薩，保持披薩熱騰騰新鮮的狀態。這種車輛叫做達美樂 DXP（運

· 圖 15-5：點餐的數位化管道

透過 **Apple Watch**
下訂單

零點擊應用程式
10 秒倒數計時窗口

· 圖 15-6： 在 Apple
Watch 上，只需輕
輕一點就能訂購
披薩

送專家），只有一個座位（司機），有一個可以加熱 80 個披薩托盤的爐子，還有放置飲料和披薩餡料的地方。公司正在使用眾包的方式，遴選車輛設計的創意。他們把這個車輛叫做乳酪愛好者的蝙蝠戰車。（圖 15-7）

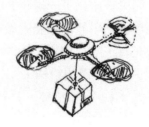

物流車　　　　　　自動配送機器人　　　　　　無人機配送

· 圖 15-7：多種配送方式

　　除了這種特別車輛，達美樂披薩還在繼續尋求創新的方式將披薩運送到顧客的家中——自主機器人車輛和無人機。公司已經在紐西蘭開始試點透過無人機運送披薩。

正如你所見，創新無限，即便是在披薩製作和外送這樣的傳統行業。達美樂披薩的數位化之旅仍在繼續，我們期待看到這家公司繼續在數位化浪潮中乘風破浪，改善顧客體驗，提升公司業績。

案例研究：Burberry

這個奢侈品連鎖巨頭成立於 1856 年，總部位於倫敦。該公司設計、生產以及銷售奢侈時尚產品，包括服飾、香水、包具、眼鏡等等，品牌名字為 Burberry。最為人所熟知的產品之一就是 145 年前面世的 Gabardian 夾克，後來成為了一款眾所周知的風衣。該品牌在 50 個國家大約擁有 500 間實體店，年收入達 27 億英鎊。Burberry 曾一度式微，銷售額大跌，吸引的年輕顧客相對而言很少，之後安琪拉·阿倫茲（Angela Ahrendts）在 2006 年被任命為 CEO，重振該公司。（阿倫茲 2014 年離開 Burberry，成為 Apple 的零售部資深副總裁，她負責 Apple 店的不斷發展壯大。）

阿倫茲確立了一條新的戰略：成為首家完全數位化的公司，並且透過廣泛應用社群媒體與顧客連接，「建立一個社群企業」。專注數位化是為了吸引相對年輕的受眾，如今，Burberry 在各大社群媒體上有超過 4,800 萬的粉絲。

為了與受眾連接，公司確定了其多數受眾活躍的網際空間：Instagram、Twitter、Facebook 等等。這裡就是 Burberry 數位之旅開啟和繼續的地方。這趟成功的旅程，讓品牌再度受到追捧，當然在市值和股票市場得到了展現。

讓我們看看這個連鎖巨頭在數位化變革之旅中採取的一些關鍵的數位化舉措。

（1）**風衣的藝術**：風衣的藝術市場行銷活動於 2009 年展開，是其首次廣泛地應用數位社群媒體。公司與時尚領域的知名部落客簽約，鼓勵他的讀者發佈穿著 Burberry 外套的照片，回覆 Facebook 和

Twitter 上的照片並且向公司發郵件。一年之後，也就是 2010 年，Burberry 的 Facebook 頁面就已經有超過 100 萬粉絲了，公司的電子商務網站銷量猛增 50%。公司意識到顧客很享受「片刻成名的感受」——那麼為什麼不好好利用這一點呢？（圖 15-8）

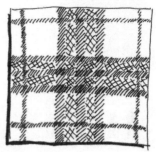

· 圖 15-8：Burberry 產品

（2）**使用音樂**：2010 年，公司啟動了 Burberry 原聲音樂專案，這是一群穿戴該公司產品的年輕的英國歌手。這個創意為的是鼓勵有才華的年輕人，同時為品牌注入活力，並且向年輕受眾推廣。該專案受到了熱烈的追捧，在社群媒體上創造了不俗的口碑。

（3）Tweetwalk：2011 年公司與 Twitter 合作啟動了此次行銷活動。在此次行銷中，公司發佈服裝新生產線產品照片的推文，這些產品在尚未在店內上架。受到推文的人可以在產品發佈前，提前預定。

（4）Kisses：2013 年公司與 Google 啟動了本次行銷活動，旨在提振 Burberry 化妝品的銷量，尤其是口紅。此次行銷活動中，顧客發佈唇印的照片以及他們所選擇的顏色，連帶著個人的資訊把虛擬的 Burberry 之吻發送給朋友。使用 Google 街景試圖和 3D 技術，顧客能追蹤到他們的資訊到達收件人的這段「虛擬旅程」。在這一次有趣而成功的 10 天市場行銷活動中，超過 100 萬顧客向世界上超過 1,300 個城市的人送出了他們的親吻。

（5）Burberry.com：公司發佈了改頭換面後的網站，被公認為時尚領域最令人印象深刻的網站之一。該網站的技術使得所有類型的設備都能訪問，提供一種愉悅而引人入勝的用戶體驗。當然，網站很容易導航，支援線上購買公司產品，包括最新的產品。公司還提供免費送貨和 30 天包換的政策。這個網站還囊括了聊天軟體技術，以及一

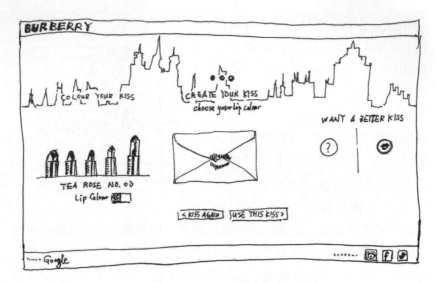

· 圖 15-9：Burberry 的「親吻」行銷

個「Call Me」選項，能夠要求公司代表致電給顧客。（圖 15-9）

（6）**旗艦店**：Burberry 在倫敦攝政街開設了旗艦店，這家店面高級兼具數位化與實體性，令人印象深刻。內部的建築設計仿造了公司網站的特點。店內有 100 個數位顯示屏和 500 個音響，售賣的一些產品還有 RFID（無線射頻身分識別）標籤，當顧客在試衣間或是站在其中某個螢幕旁的時候，產品相關的影片片段就會播放。公司非常成功地將實體店體驗轉變為基於網路的加強版商務體驗。就像 CEO 說的，「在這些門之間穿梭，就好像走進了我們的網站。」

（7）Burberry Bespoke：公司能讓顧客個人化某些產品：顧客能依照自己的偏好對那件著名的風衣或是圍巾進行個人定製，甚至是在風衣上或圍巾上加上自己的字母印花。公司還提供 Burberry Bespoke 香水系列。（圖 15-10）

這些數位化舉措產生了快速的收益。銷售業績攀升，公司進入成長最快公司榜單。Burberry 繼續投資升級，繼續追隨其數位化歷程。

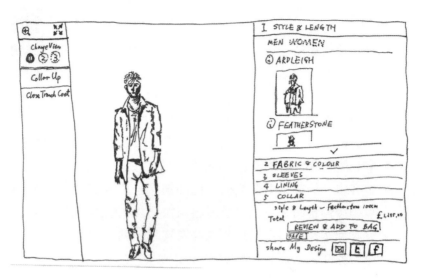

· 圖 15-10：Burberry 產品個人化定製

這是透過數位化變革實現業務重整的成功案例。

案例研究：Shufersal

　　Shufersal 是以色列最大的超市連鎖巨頭，也是採用了數位科技改善經營業績的成功案例。近幾年，該公司採取了很多數位化舉措，幫助公司在嚴峻的競爭環境下提升了銷售業績。

- Shufersal Online：公司投資開發了一個電子商務網站，能讓顧客方便地訂購商品，在家等候送貨上門。越來越多的消費者傾向於透過該網站來採購食品。
- **個性化禮券**：Shufersal 根據其顧客俱樂部成員的購物情況收集數據，該俱樂部是以色列最大的顧客俱樂部。透過分析利用數據，對應顧客個人購物習慣的促銷和打折禮券會送到客

戶手中。

- **自動結帳網站**：該公司在多數大型店面中都安裝了自助結帳網站。這些網站能讓顧客掃描顧客卡以及他們所要購買的商品，不需要收銀員就可以支付帳單。

- **自動購物車站點**：Shufersal 在一些店面中為購物車安裝了智慧數位系統。不像其他地方需要在卡槽裡投入一個硬幣才能拿到購物車，新的數位系統讓顧客在特別的網站，輕掃一下顧客卡，隨後指引他們前往已經被電子鎖釋放的購物車。在購物後歸還購物車，消費者也只需要再次輕掃卡片，接著就會收到指示，將車歸還到某條購物車佇列中即可。方便、快捷、數位化，還不需要硬幣。

- Shufersal **智慧手機程式**：公司為顧客開發了一個方便快捷的程式，顧客可以藉助這個程式進行一系列的操作。他們可以下載禮券到這個程式中，使用想要用的禮券即可，而不需要列印出來。透過輸入文字、拍照或掃描某件商品，顧客能在這個程式上創建一個購物清單。這個程式還能讓他們創建最喜歡商品列表，在 Shufersal 網上商店購物，在購物過程中獲取指引、尋找實體店位置及營業時間等等。

- **掃描和購買服務**：公司正在開展一個試點專案，顧客能在購物過程中，透過手機上的掃描器和購買程式，或者是進店時可以拿到的一個特殊設備來掃描商品。除了能節約檢出櫃檯上的時間外，這個掃描購買服務能夠馬上顯示顧客需要購買的每個商品的最終價格，以及所有商品的總價。顧客能夠用電子秤稱重按重量售賣的商品（水果、蔬菜），這些電子秤就安裝在這些商品旁邊，然後掃描電子秤貼紙上的條碼。在試點階段後，公司計畫在連鎖超市的所有實體店都安裝這一系統。（圖 15-11）

- **物流中心**：公司投資建設了一個成熟的物流中心。該中心的

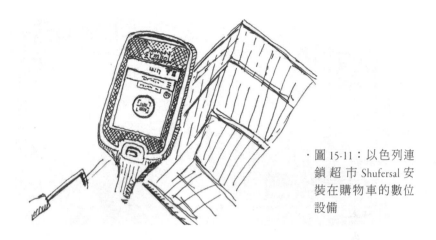

·圖 15-11：以色列連鎖超市 Shufersal 安裝在購物車的數位設備

自動化和機器人簡化了從供應商獲取貨物到派送到各個門店的過程。

案例研究：智利國家銅礦公司

世界上最大的銅礦公司，智利國家銅礦公司（Codelco）說明數位化變革不僅僅適用於 B2C 公司。

Codelco 成立於 1976 年，是一家國有企業，員工近 2 萬名。21 世紀初，公司面臨複雜的商業挑戰：確保員工安全的同時，還需要提升生產力、保護環境。（圖 15-12）

公司決定為未來發展探索新的戰略。其中一項決策就是在採礦過程中引入自動化設備，從人工勞動轉向利用技術和資訊達成其戰略目標。2003 年該公司啟動了 Codelco 數位化專案，旨在促進採礦過程中的自動化倡議，幫助 CEO 傳達將 Codelco 轉型成數位化公司的重要意義。採取該戰略後，Codelco 就在部分礦場使用高水準自動化設備和機器人的決定達成一致：公司使用自動卡車，遠端監控採礦過程，使用先進的機器人技術，並分析資訊以改善其業務流程。

· 圖 15-12：Codelco 的一個礦場

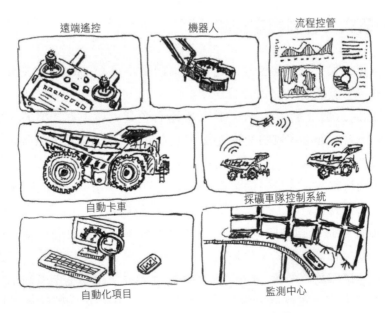

· 圖 15-13：Codelco 的數位化舉措

　　Codelco 的數位化變革是一項科技挑戰，同時也是一項人類挑戰——在員工中開發新的技能，改變組織的文化等等。正如公司一位經理表示，「我們的公司非常保守。組織文化的改變對我們來說是核心挑戰。我們設立了獎項鼓勵創新，為的就是想明確向員工傳達我們注重創新的資訊。」

　　回想起來，Codelco 十多年來致力於實施高級的流程管控（APC）系統和操作員培訓（OPT）系統。公司很清楚身處轉型之旅的途中，不可能明確知道這一趟旅程最終會帶領公司走向何處。

　　2016 年，Codelco 宣佈計畫使用雲端技術和數據分析分析該公司從感測器及其他設備處接收到的大量資訊，期望改善公司的業績表現。現在公司的業務和操作流程都是自動化和數位化的，這樣就能利用分析將生產力提升到新水準。（圖 15-13）

案例研究：皇家馬德里俱樂部

　　在全球範圍內擁有五億球迷的皇家馬德里俱樂部是世界上營運頂級體育賽事最成功的俱樂部之一，但這五億球迷只有很小一部分位於西班牙本土，俱樂部需要有一種有效的方式來密切連結每一個球迷，以保持球迷對俱樂部的熱情和忠誠。為了實現這一目標，皇家馬德里俱樂部與微軟企業服務團隊緊密合作，構想、設計、開發並成功地在全球範圍內部署了一套基於微軟 Azure 的數位化體育平台解決方案，利用微軟 Azure 雲端平台全球化的雲端服務能力，為全球任何地方的球迷和群體提供一致的數位化體驗。

　　皇家馬德里俱樂部可以透過該解決方案，和球迷進行一對一的溝通，並提供個人化的數位內容，如賽事影片、球員訪談、球迷活動等，也可以根據數據和分析追蹤球迷的行為，為其推送針對性的促銷活動。在成功實施了這一數位化體育平台後，整個俱樂部的數位化內容及基於數位化管道的服務收入增長了 30%，同時也進一步奠定了整

個俱樂部進行數位化轉型的決心。

展望數位化轉型的願景

數位化轉型的第一步是將俱樂部的關鍵利益關係人集中到一起，明確每一個關係人對於數位化如何豐富俱樂部與球迷互動方式的願景，正如俱樂部執行長所指出的，俱樂部想與所有支持皇馬的人建立聯繫，大約 97% 的球迷居住在西班牙以外，如何理解和學習他們是至關重要的，因為最終俱樂部屬於他們。

團隊花費了大量時間來討論如何與球迷密切溝通來提升潛在商業價值，以及如何透過不同的方式來實現這種密切溝通。在這個技術專家占多數的團隊中，業務目標的清晰度和優先順序被放在首位，而確立了業務目標後，下一步是定義一個戰略專案框架，以指導開發一個具有全球影響力的皇馬數位化體育平台。後者的能力是至關重要的，大部分球迷散佈在全球各個地區，這種碎片化的分佈使得皇家馬德里俱樂部無法像通常那樣定義一個「典型」的球迷及其行為。因此，透過數據捕捉和分析球迷行為將是成功的關鍵。

將技術帶入體育賽事

皇家馬德里俱樂部與微軟企業服務部數位化轉型專家們一起緊密合作，基於對微軟 Azure 雲端服務的廣泛應用，建立了一個全面的平台即服務（PaaS）解決方案。

皇家馬德里俱樂部核心業務是足球，所以讓技術合作夥伴來管理技術基礎設施是尤為重要的，Azure 平台將幫助皇家馬德里俱樂部隨時隨地為全球五億球迷提供他們想要的服務，因為 Azure 可以賦予計算基礎設施所需的全球可用性和可伸縮性，並解除了俱樂部 IT 員工管理其數位體育平台所需的複雜基礎設施的負擔。因此，俱樂部不再需要增加 IT 人員來管理技術，而是增加了它的數位服務團隊來專注

於如何為球迷提供數位化的內容和服務。

連結全世界的球迷

今天，這個平台已經成為一個充分營運的、能提供豐富的數位化內容的，並能對球迷行為實現精準洞察的數位化體育平台，它包括球迷溝通平台、擴展影片平台和消費者應用。

皇家馬德里俱樂部的數位化轉型促進了俱樂部與球迷溝通與聯繫，皇馬的數位化體育平台已經與球迷們建立了寶貴的新聯繫，以充分瞭解每個球迷是誰、他們在哪裡，以及他們想要得到什麼。可以針對每一位球迷量身定做一個溝通策略，無論他們是誰或在哪裡。數位化體育平台的能力正在影響俱樂部營運的方方面面，並為其所有者開闢了新的收入來源。

特別是基於數位化內容的收入，提供了超過 30% 的複合增長。皇家馬德里俱樂部相信為數位化平台的投資的回報是巨大的，並且有著光明的未來。

案例研究：Starbucks

走進世界上任何地方的星巴克商店，你都會遇到類似的景象：咖啡豆正在被研磨，咖啡機散發著香氣，顧客在訂單製作時與咖啡師交談。

這個過程看起來像一個簡單的日常場景，但它是精心策劃的，為星巴克每週超過 1 億的顧客服務。星巴克透過和微軟合作，實施從雲端運算到區塊鏈等先進技術，在實體店中打造出更加個性化、無縫的客戶體驗。

「我們擁有一支世界一流的技術專家團隊，每天都在進行突破性創新。他們的創造力和好奇心與他們對星巴克體驗的執著相得益彰，在這個過程中數位技術無處不在。」星巴克執行副總裁和技術長格

莉‧馬丁—菲里金格（Gerri Martin-Flickinger）說。

「我們在技術方面所做的一切，都圍繞著商店中的客戶聯繫：一個人、一杯咖啡、一個社區中的人的連接。」

在微軟 Build 2019 大會上，微軟執行長薩蒂亞‧納德拉（Satya Nadella）展示了星巴克如何透過新技術提供其標誌性的客戶體驗。

用強化學習提升個性化建議

星巴克一直在使用強化學習技術（一種機器學習技術，系統根據外部回饋學習，在複雜、不可預測的環境中做出決策）使星巴克 APP 的用戶得到更好的個人化建議。

在 APP 中，客戶會收到透過在 Microsoft Azure 中構建和託管的強化學習平台生成的定製訂單的個性化建議。透過這項技術和星巴克數據科學家的工作，APP 可以分析當地商店庫存、流行的選擇、天氣、一天內的時間、社區偏好和客戶以前的訂單，對 1,600 萬活躍的星巴克會員提出非常周到的事務和飲料的個性化建議。

星巴克分析和市場研究高級副總裁喬‧法蘭西斯（Jon Francis）表示：「就像他們從咖啡師那裡建立起來的個人的關係一樣，客戶從我們的數位平台獲得同樣的關懷和個人化建議。」

這種個人化意味著客戶更有可能獲得有關他們喜歡的專案的建議。例如，如果客戶始終訂購無乳製品飲料，該平台可以推斷出非乳製品偏好，避免推薦含有乳製品的物品，並建議不含乳製品的食品和飲料。

從本質上講，強化學習使 APP 能夠更瞭解每個客戶。雖然建議是由機器驅動的，但最終目標是個人化的互動。

馬丁—菲里金格說：「作為一個深度應用工程和數位化技術的組織，讓我們非常興奮的就是利用數據不斷改善客戶和合作夥伴的體驗。使用數據進行個性化服務對我們的 APP 至關重要。」

星巴克目前正在西雅圖的 Tryer 創新中心測試這些技術，並計畫很快推出。強化學習在星巴克的許多其他應用中也將發揮重要作用。

馬丁–菲里金格表示：「我們利用機器學習和人工智慧來瞭解和預測客戶的個人偏好，從而在店內或 APP 中與客戶會面。機器學習在我們如何思考商店設計、與合作夥伴互動、優化庫存和創建咖啡師時間表方面也起到了一定的作用。此功能最終將觸及我們營運業務的各個方面。」

實施 IoT 以提供流暢的咖啡體驗

星巴克的每家商店都有十幾台設備，從咖啡機、研磨機到攪拌機，每天必須運行 16 小時左右。這些設備中的任何一個故障都可能需要報修，並會增加維修成本。更重要的是，設備問題可能會干擾星巴克提供始終如一的高品質客戶體驗的首要目標。

星巴克全球設備副總裁那塔拉揚·文卡塔克里什南（Natarajan Venkatakrishnan）說：「每當我們能夠在合作夥伴和客戶之間創造額外的連結時，我們都希望探索無限的可能性。我們從合作夥伴採購的機器使我們能夠生產咖啡這種特殊的飲料，確保機器正常工作至關重要。」

為了減少對該體驗的中斷並安全地將其設備連接到雲端中，星巴克與微軟合作部署了 Azure Sphere，旨在把物聯網（IoT）設備連接在所有店內的重要設備上。

支援 IoT 的機器每提取一次濃縮咖啡，都會收集十多個數據點，從使用的咖啡豆類型到咖啡的溫度和水質，在 8 小時的班次中生成超過 5 MB 的數據。微軟與星巴克合作開發了一種被稱為「守護神模組」的外部設備，用於將公司的各種設備連接到 Azure Sphere，以便安全地聚合數據並主動識別機器的問題。

該解決方案還使星巴克能夠將新的咖啡配方直接從雲端發送到機器，而之前他們是透過隨身碟每年多次手動將配方送到商店的。

現在，只需按下一個按鈕，配方即可安全地從雲端傳遞到啟用 Azure Sphere 的設備。

星巴克科技零售和核心技術服務高級副總裁傑夫・威爾（Jeff Wile）表示：「想想這件事的複雜性，我們必須在 80 個國家的 3 萬家實體店更新這些配方。這種雲端配方推送節約了大量的成本。」

Azure Sphere 的首要目標是從被動維護轉向預測預防，在問題發生之前解決問題。長期而言，星巴克還設想將 Azure Sphere 用於其他用途，例如管理庫存和訂購耗材，並鼓勵設備供應商將這個解決方案構建到他們產品的未來版本中。

使用區塊鏈與客戶分享咖啡之旅

星巴克也在對用戶體驗進行創新，以追溯其咖啡從農場到杯子的製作過程，並將飲用咖啡的人與種植咖啡的人聯繫起來。

他們正在開發一個 APP 的功能，向客戶顯示他們買的咖啡來自哪裡、在哪裡種植、什麼時候烘製、品嘗筆記，以及星巴克正在做什麼來支持這些地方的種植者等等。

對於長期致力於道德採購（ethical sourcing）的星巴克來說，知道咖啡的來源並不是新聞。僅去年一年，星巴克就與超過 38 萬個咖啡農場合作。但是，數位即時可追溯性將使客戶更瞭解他們的咖啡豆。也許更重要的和更與眾不同的潛在好處是，咖啡種植者在出售咖啡豆後知道了咖啡豆的去向。

這種新的透明度由微軟的 Azure 區塊鏈服務提供支援，該服務允許供應鏈參與者跟蹤咖啡的移動和從咖啡豆到最終產品的轉變。每個狀態更改都記錄到一個共用的不可篡改的分散式帳本中，為各方提供了產品旅程的更完整視圖。

這樣不僅可以讓農民在咖啡豆離開農場後獲得更多的資訊和可見性，還可以讓客戶看到他們購買咖啡的行為怎樣給咖啡豆種植者帶來真正的支持。

星巴克全球咖啡與茶高級副總裁蜜雪兒‧伯恩斯（Michelle Burns）表示：「雖然高品質的手工飲料非常重要，但正是故事、人、關係、咖啡背後的人性激勵著我們所做的一切。這種透明度使客戶有機會看到他們從我們這裡享用的咖啡是許多人深切關懷的結果。」

星巴克在 2019 年 3 月份的年會上為股東們預示了數位可追溯性。最終，客戶將能夠使用星巴克的 APP 來追蹤星巴克咖啡的全部歷程。

伯恩斯說：「我們目前在採訪哥斯大黎加、哥倫比亞和盧安達的咖啡種植者，詳細瞭解他們的故事、智慧和他們的需求，以確定數位可追溯性如何給他們帶來最大的好處。我們正在開闢新的天地，因此，我們很高興能在未來的一段時間報告更多的情況。」

總結：從案例研究中學習

本章我們列出了幾個數位化變革之旅的案例。在這些案例中提到的各個公司組織，在強大的領導力指引下，確立了適合數位化時代的願景和戰略，取得了非凡的成就。他們變成了數位大師——能夠利用數位化技術，在數位化時代調整業務方式，相對而言他們還屬於少數的一批公司。

案例研究清晰地顯示，類似的數位化之旅需要數年，並且在未來幾年內還將繼續。這些公司組織並不滿足已有的成績；他們都理解繼續這一旅程的必要性。他們承認需要監控商業環境中的發展情況，並關注由數位科技帶來的不斷創新。

● CHAPTER 16

數位化旅程啟航前：提示和風險

對公司未來成功的最大阻礙是該公司過去的成功。
——丹·舒爾曼（Dan Schulman），PayPal 執行長

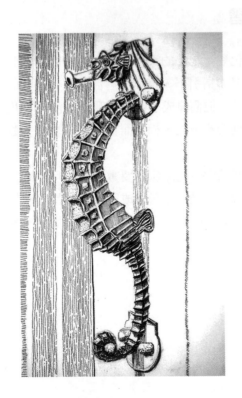

引言

至此你應該像我們一樣相信：數位化力量將塑造組織的未來。當然，正在進行的數位化變革過程對每個組織而言都是獨一無二的，即使它們專注於相似的產品及服務並於同一部門營運。

每個組織都將經歷一個不同的旅程，每個旅程都來源於這樣幾個層面：當前數位化技術的採用水準、組織投資增強客戶體驗和管道的準備、它的數位成熟水準、創新實施水準、其商務營運過程的品質。大多數情況下，股東價值和管理者執行的能力決定了數位旅程的節奏和營運。

本章節中，我們聚焦於準備旅程時組織必須要解決的六個關鍵問題上。組織應該將時間花費在解決並認識到它們的重要性上，以確保最妥善的解決問題。

以下是我們討論的問題：

（1）為什麼我們要重新開始數位化旅程？

（2）數位化對組織行業的意義是什麼？

（3）組織對數位旅程的準備程度是多少？

（4）組織是否定義了一個願景及商業策略？

（5）誰在指引數位化變革？

（6）組織是否定義了董事會的職責？

為什麼我們要重新開始數位化旅程

許多經理們認為他們的組織已經是數位化的了。因此，他們沒有充分理解為什麼他們必須要為自己和他們的組織帶來一個新的數位化變革之旅。從他們的角度來看，該組織已經實施了所需的數位化，根本無需額外的步驟。為了支持這種爭論，這些經理將談及他們的組織已實施了企業資源規劃（ERP）系統、客戶關係管理（CRM）系統、

供應鏈管理（SCM）系統和商務智慧（BI）系統。維護一個組織內部的門戶網頁；擁有一個電子商務網站；管理一個 Facebook 或微信公眾號上的最新商業頁面和一個活躍的微博帳戶；使用行動 APP；監控社群媒體上的評論，等等。

事實上，這種爭議很大程度上是合理的 —— 很多組織的確是數位化的。但是，它們之中的大部分仍處於第二個數位化時代的某個階段，並且可能仍未充分運用出第二個數位化時代的潛力。在這個階段，他們應該開始學習和理解第三個數位化時代，研發創新技術並熟練掌握基於它們的新商業模式。在某些情況下，組織們應該開始瞭解和運用這些技術並發展新型的商業模式。例如，Amazon 推出了一個沒有結帳櫃檯或收銀機的店鋪（Amazon Go）；達美樂披薩正在紐西蘭的一個試點專案中提供無人機運送披薩服務；工廠正在調動更多的智慧型機器人；組織們正在運用資訊對話機器人（聊天機器人），並正在為語音對話（會話式商務）時代做準備；全數位化銀行正在進入金融市場，專注於滿足客戶需求；保險公司正在提供更多基於單次使用付費等等的高智慧保險策略。

小結：大多數組織已經完成了我們所說的「數位化變革 1.0」，現在正處於我們所說的「數位化變革 2.0」之中。他們必須繼續提高他們的數位化情況，並在他們的數位化變革之旅中不斷研發新的商業模式。此外，他們應該試著去實驗並開始運用一些新的數位化技術。如果管理層聲稱組織不需要實施數位化變革，因為它覺得自己已經是數位化的了，那麼從一個業務角度來看，這會使其組織陷入危機。

數位化對你組織行業的意義是什麼？

如上所述，每個組織都在一個明確的商業環境和獨特的商業領域營運中，並在其數位化旅程中處於不同的位置上。數位化維度的中心因行業不同而存在差異。顯然，數位化對零售行業組織營運的影響不

同於對例如電池製造等製造業組織營運的影響。對於組織來說重要的是必須瞭解其所在領域正在發生的事，聚焦數位化元件所圍繞的一些問題。首先：數位化技術是否改變了他們所在行業的商務營運方式？

以下三個競爭行業闡述了向數位化技術轉型的重大影響：

（1）行動服務：行動服務的供應商在競爭激烈的市場中營運，並且每個行動服務都力求將自己定位為物聯網（IoT）、電視和娛樂供應商。如今他們為客戶提供一系列自助式服務選項——電子郵件帳單、更換行動網路計畫、添加訂閱帳戶、使用機器人進行故障檢修、監控修復的過程，當修復完成時交給實驗室並能即時收到數位化通知，在服務中心進行一個數位化預約，等等。

（2）健康管理組織（HMO）：如今，大多數健康管理組織提供豐富的數位化服務，包括設置預約、直接向藥房輸送處方、透過檢測結果與醫生進行數位化諮詢。

（3）零售連鎖店：數位化創新也正在改變零售連鎖店，為客戶提供更多有價值的服務的同時，客戶對這些服務的需求也在不斷增長。這裡包括線上訂貨和送貨上門，運用管理購物清單的行動應用程式並透過購物清單在商店中進行定位導航，為折扣和特賣所提供的電子優惠券等等。

如果你的組織屬於這些行業之一，那麼瞭解你的組織所處的位置是至關重要的——以確保它不落後掉隊。而且，組織應檢查數位化元素是如何影響供應鏈的，關注一些問題如：組織如何管理它國內和國際供應商以及商務合作夥伴的關係？他們是否與物流中心相連，是否使用自動化貨倉？貨品如何運送到分支機構？如何管理需求的？

小結：每個組織都應該針對它現有的競爭對手進行自我審視，並估算出要進入該領域的新競爭對手的可能性。這些新競爭者可能來自其他行業——例如，進入計程車行業的 Uber 和滴滴打車；進入電腦領域的 Amazon 和阿里雲，一舉成為全球最大的雲端服務供應商；Tesla，創造了以電池為家庭能源系統的製造產業；Apple，進入音樂

和手錶領域；以及進入了客棧和飯店業的 Airbnb。像這樣的新競爭者，不僅熟悉他們的競爭對手，而且可能擾亂組織營運的部門。他們透過技術和創新商業模式的完美結合來實現這一目標。前面章節介紹的渦漩模型解釋了大多數商業領域是如何不斷向著渦漩中心的方向發展的──也就是說，它們正在變得更加數位化。總而言之，對於組織來說，最重要的一點就是，評估其所在行業的位置並盡一切努力，不要因為快速發展轉變的數位化創新和擾亂而掉隊，即使實施了數位化營運行動，該組織也不能滿足於現有讚譽。

組織的數位化旅程準備程度是多少？

假設組織已經決定啟航數位化旅程，那麼它應該檢查自己的準備程度，不僅要從技術方面，還要根據其他方面的準備，例如：

- 組織是否就數位化技術將如何支援商務策略和組織開展業務的方法制定了一個明確的策略和願景？
- 高級管理層人員是否瞭解旅程的重要性，以及他們是否有志在必得的決心？
- 清楚誰負責數位化旅程的責任？──執行長、數位長、資訊長、行銷長或者可能是一個小型的經理團隊？
- 內部組織的文化是否能支援創新和變革的文化？
- 組織的業務流程是否是靈活的？
- 組織中的員工是否具備應對數位化挑戰的合適技能？

數位化旅程的成功取決於對這些問題的解答，而不僅僅是組織選擇實施的數位化技術。

這是因為數位化變革首先是一個業務、一個管理和一個組織性的挑戰，而不僅僅是一項技術性的挑戰。

　　通常，數位化旅程中最艱難的挑戰是與人相關的。這包括員工們的反對，他們認為他們可能會受到組織即將發生變化的傷害，或者他們的職位職責會發生變化，以及組織結構的變化和招聘有特殊數位化技能的新員工。該組織應使用組織行為領域和變更管理工具的方法來解決其問題所在。

　　小結：每個開始數位化旅程的組織，都應該首先瞭解這次旅程與組織中任何其他普通資訊技術專案之間的巨大差異。數位化旅程是一個綜合專案，包括組織隨時間的推移採用的大量數位化措施。旅程進行中；它沒有提前設定目標日期或定義目的地。首先，組織必須瞭解它的起點和數位化成熟度，並努力解決其弱點並強化其優勢。這裡包括組建一個數位化團隊，團隊在接受適當培訓後繼續指導整個旅程。數位化團隊的職責是持續監控外部商業環境，仔細地檢查創新商業模式和新型數位化技術，並根據技術和業務創新領域的最新趨勢和發展方向制定出一個最佳的行動計畫。

組織是否定義了一個願景及商業策略？

　　數位化旅程啟航之前，有必要確定一個適合數位化時代的願景和商業策略。在此期間，組織應解決問題如：什麼是組織的整體目標？什麼是它在追求數位化變革方面的主要目的？重要的是需要強調數位化願景和商業策略不能獨立存在，而是必須成為組織整體願景和業務策略的一部分。因此，組織必須定義這些數位化技術將如何提升組織對其客戶的價值感。願景應規劃出路徑及方向，並確定優先事項。數位化技術可以透過大量方法被運作起來，與此同時，每個組織必須決定其優先事項和它所尋求提升的領域。願景就好像數位化旅程中的一個指南針。所以，每個組織在開始旅程之前找到其相對於北極星的方位是重中之重。所有員工們都應該明確並理解這個願景。

　　定義願景需要在管理層面進行有見地的思考和深層次的討論。定

義一個不太籠統的清晰願景是至關重要的。願景可以用一個句子或更多的句子來表達，但它的精確度和詳細表述非常重要。在定義願景時不應使用捷徑，它應該能反映出組織的核心信念和優先事項，並以組織的語言「說話」。也就是說，願景應該足夠地清晰，以便每個員工都瞭解組織可望達到的目標和動機。

願景應表達組織在數位化計畫方面的獨特性 —— 無論目標是提高客戶體驗、滿足與組織對數位化介面的期望，又無論其目的是改善業務流程或產品，還是實施創新商務模式。例如，合理地假設組織的願景是創造差異化產品和服務，將表達進一步區分其產品的願望，以及增強客戶體驗。另一方面，組織的願景更有可能是讓製造消費的產品集中於改善內部環節，以提高效率和為客戶降低價格，同時透過增加購買的便利性來增強客戶體驗。零售連鎖店將表達其數位化技術願景、提高供應鏈效率，為其客戶提供一個優質的線上購物體驗，與此同時，電信公司的願景將表達出數位化技術的使用，是為了增強購物流程、計費及服務。

小結：數位化願景將定義出組織的獨特原因、重點和優先事項。有時，旅程出發前嘗試節省定義願景所需的時間——這很誘人，但節省這段時間可能會造成一個錯誤，因為該組織可能會在數位化旅程中迷失方向，同時一直要問自己為什麼開啟這段旅程和它到底想要去哪裡。

誰在指引數位化變革？

或許管理旅程中最重要的問題是它的領導能力。組織應事先選擇一位數位化領導者／數位長。選擇一位能承擔這一責任的人非常重要，因為這個角色的職責是與組織的內部決策、組織結構以及組織管理者的個人能力和技能相關。

小結：為領導數位化變革定出明確的責任對於旅程的成功至關重

要。選擇一個人來領導旅程最終是執行長來決定。這有很多可能性：自己領導這個過程、從組織外部招聘一個人並聘請他作為數位長、任命一位組織中適合這類任務的高級管理人員之一——通常是資訊長或行銷長或者組建一個高級經理組成的團隊。確定和任命適合的領導者是數位化旅程成功的關鍵。

組織是否定義了董事會的職責？

正如本書所討論的那樣，應該清楚的是，數位化變革是一項重要的戰略性嘗試與探索，因此它必須是組織的一個自上而下範圍的變革；而自下而上的方式是不正確的。如果是這樣，那麼應該清楚的是董事會以及執行管理層應該從一開始就引導這一旅程。他們應該明白這是一個戰略性的旅程，瞭解其機遇和風險，並堅定的致力於組織的這一重要轉型。

挑戰之一是董事會成員以及執行管理團隊的一些成員，他們要從風險角度探究數位化世界。他們聽聞有關網路攻擊、數據和身分盜竊以及駭客入侵、IT 系統當機、為客戶提供服務的組織網站問題、影響客戶的故障和錯誤等等。董事會和執行管理層主要是在發生嚴重受損和業務中斷時收到資訊長的報告，並提供有關止損的解決方案。當要求得不到滿足的客戶對他們收到的產品或服務的體驗和問題表達出負面回饋時，他們會反應到社群網路上。負面的回饋、發文或推文，病毒般散播，有時甚至達到成千甚至數百萬客戶。董事會和執行管理團隊也面臨著新進入者和新商務模式顛覆的風險，以及關於組織停業或不得不透過企業破產來恢復的壞消息。另一方面，他們也探究到一些新的數位化技術所提供的新機會。

從這點開始，董事會和執行管理團隊必須為數位化變革的新挑戰做決定。我們注意到董事會和執行經理需要採取一些措施來提高他們的準備程度。在此我們將提供一些提示並計畫一些可行的專案，以提

高董事會準備度,來領導組織應對這一最具挑戰性的轉型。

- **招聘精通數位化的董事們和經理們**:董事會成員普遍的教育和背景主要是財務、會計、行銷和法律。新的挑戰需要一些精通數位化的成員們,他們具備數位化相關的職業經驗和教育背景。這些成員擁有面對新挑戰、技術和商業模式所需的知識技能。他們可以評估管理層建議的專案,而且有時也會提出大膽的問題。
- **董事會成員的數位化培訓**:新的商業環境引入了許多新的概念、術語、範本和工具。董事會成員們應該對一些概念有基本瞭解,如:數位化變革、數位化成熟度、轉型種類、數位化商業模式、顛覆性創新、數位化變革旅程的方法、靈活性、藍海策略、數位化路線圖等等。最佳方法之一是讓董事會和執行管理層就這一新主題與這些新概念的專家們組建一個研討會來共同探討。
- **任命一個數位化領導者**:董事會應該參與執行長關於如何管理數位化變革的決定,包括問題如:誰將領導這一旅程?數位化領導的責任是什麼?數位化領導者與其他高管的工作關係是什麼?作為討論,這裡有不同的人選來引領旅程:執行長、數位長、資訊長、團隊領導層等等。董事會應該有能力提出問題並理解不同的選擇。
- **數位化路線圖討論**:理事會成員們應該瞭解組織的數位化路線圖、如何將它納入策略和願景、分配哪些資源以及不同的新項目的進展程度。除了有關財務問題,行銷和治理的定期討論之外,季度會議應一如既往的對此類議題進行討論。
- **來自外部持續不斷的思潮**:董事會自身應與管理層一起強調外部知識的價值。這裡有幾個可以支持它的活動,如下:
- **創新實驗室**(Inno Lab):許多組織們正在開辦創新實驗室,

去推動一些創新生態系統和內部創業並深入瞭解行業發展方向以及正在開發的新技術和商業模式。組織們可以為內部創業提供及使用他們的基礎架構來進行測試和瞭解其新產品和服務的有效性。這對內部創業項目來說是一個非常有價值的建議。董事會成員應該提問並參與其中，並確保管理層採取適當的方法，去接近新的發展和預見未來可能的遇到的阻礙。

· **駭客松**（Hackathon）：在過去幾年中一個相對較新的概念橫空出世，即駭客松。這是一項集中的短期活動，為組織展示創業者們正在研發的一些新想法和概念，這些有可能成為新產品和服務的基礎。董事會成員們參與此類活動，可以增強他們對未來趨勢的瞭解和探究。

· **併購活動**（M&A）：透過併購活動可以獲取新技術和商務理念，這樣可能帶來外部新人才和想法，而不是僅僅局限於內部人才和研發活動。董事會應鼓勵管理層運用此類方法，去加快創新速度。

小結：董事會成員和執行管理層對新數位化商務環境的認知與理解，包括新的機會和風險的瞭解，是組織在成功數位化變革過程中至關重要的。

總結：數位化變革過程中的十大風險

我們將透過闡述可以幫助任何組織進行數位化變革過程的警告標記來結束本章。這些警告重點強調這一過程中的主要風險。

（1）**數位化變革將轉變你的業務，聚焦在正確的變革水準是關鍵**。組織應將數位化技術視為支援技術——也就是說，它是使企業能夠高效且有效地運作，並與數位化時代同步的一項技術。只有在組織認定了它對實現其利益最大化的重要屬性之後，才能開始實現數位化

變革。組織不應該偏激地抨擊每一項新技術或商業創意。一些變化所產生的是相對短暫的結果，而另一些變化是意義更為深遠的。後者需要更多的時間和資源。可以合理地假設客戶體驗及完善客戶的旅程將是組織選擇投資的首要方面之一。

（２）**投資新技術對成長至關重要，但僅僅只因為技術是新的，並不意味著它一定適合你。**組織應仔細考慮哪些技術適合其商務目標和它所面臨的挑戰，而不是盲目地追求每項新技術。另一方面，大膽和開放是組織所需的兩個特點，組織需要便明智地採用可能改變其商務方法的新技術。在創新的過程中，失敗有時是無法避免的。所以，儘快從失敗中恢復並繼續前行是關鍵。

（３）**思考組織在數位化變革之旅中的位置。**在數位化旅程的任何特定時間點上，每個組織都處於數位成熟度的一個特定位置和水準。擴大組織使用的技術池將不會自動產生普遍業務的增長。有時，引領的原則應該是「少即是多」。新的可能性——例如銷售和私人服務的行動應用程式、複雜自動化倉庫的網站和行動應用程式、人工智慧和機器學習的使用以及數據分析應用程式——重要的是它們有助於增強客戶體驗和提升組織的效率。並且組織必須意識到其數位成熟度和影響旅程成功的因素，包括組織文化、管理團隊和員工們的準備、運用和鼓勵創新的準備度、業務品質流程以及 IT 部門的準備情況。所有這些方面的重要性並不比技術方面少。

（４）**並非組織的每個人都對數位化變革感到滿意。**技術變化的速度比組織快。從企業資源計畫（ERP）系統到機器學習、數據分析、3D 列印等領域的驚人技術——數位化時代正在提供新工具、先進的平台和新的客戶管道。所有這些都在為組織提供、創建高品質使用者體驗和增強業務流程的重要機會。但是，這些機會要求組織們保持靈活並時時準備適應數位化時代。不管怎樣，組織的員工隊伍是變革過程中的一個重要組成部分，與此同時，並非所有員工都渴望擁抱變化。組織絕不能忽視這一挑戰。相反，它應該將轉變企業管理作為

數位化旅程的一個組成部分進行投資，儘早推動員工進行轉型這一過程，並確保他們對變革流程產生的變化持開放態度。

（5）**如果你不知道它意味著什麼，那麼使用數據並不是個好事。**從事數位化變革的組織將數據放於他們商業模式的中心。他們中的一些人驚訝地發現，如果數據不能即時為組織服務，它們會被數據淹沒。新工具讓組織能夠從其數據庫中獲取並創造商機。透過數據得出深刻理解，是推動數位化變革的動力，為即時提升決策過程提供了新的方法，甚至能將數據變成新的收入來源。

（6）**數位化變革不會在一夜之間增加利潤。將轉變視為具有可預見目標的、可實現的、廣泛增長的戰略部分。**客戶的期望是投資創新的主要推動力。然而，組織對短期內可實現的變化發展成為合理的期望；它應該將這些變化視為數位化變革的長途旅程的一部分，記住在當今數位化時代背景下，變化是現實中持續不斷發生的。當累積達到一定的條件時，變革就可能發生了。本書作者之一張曉泉教授創立的一家金融科技公司（鈦鋒智慧有限公司 techfin.ai）一直在累積金融市場數據並訓練機器學習演算法，在團隊終於找到在中國股市做資產管理回報最高的演算法時，整個基金的回報有了飛躍式的成長，看上去是一夜之間做到的，然而在此之前團隊用了兩年的時間做各種數位化的累積。

（7）**數位化變革應該使業務更具適應性，但並不意味著能使其免受競爭的影響。**數位化技術的實施使組織能夠覆蓋到一群廣泛的客戶，更容易地進入新的地方，並且更高速、靈活地滿足客戶的需求。所有這些都是相對較低地對資源的投資。然而，最後組織的管理者必須確保將其數位化變革的潛力轉化為真正的競爭優勢——數位化技術可提高其業務靈活性，並增強組織開展業務和客戶聯繫的建立。

（8）**鼓勵各部門和各部門之間的協作所需要的不僅僅是技術。**組織必須促進其業務部門之間的協作，並利用數位化技術讓部門與部門之間的邊界更加靈活，即使它們位於不同的地區或國家。有時，

對特定部門的投資有可能會成功，但成功是局部的。新技術應改善和促進各單位新業務流程的發展、培養合作文化、鼓勵和授權知識型員工。這些努力的目的都是在增強客戶體驗並提高組織效率。在數位化時代，組織員工們之間的協作尤為重要。

（9）**客戶不會考慮到你的數位化變革，但他們的確希望這種轉變發生**。客戶在他們的生活中迅速而積極地運用數位化技術。組織應該假設客戶希望其做出相應的回應，甚至率先引入先進的數位化技術。並且，從組織的角度來看，重要的是要始終認識到數位化變革事實上會影響組織的每個部分。競爭對手也明白這一點，創業公司對每個組織都構成一種威脅，無論是大或是小。

（10）**可以紙上談兵，但要確保落實行動**。紙上談兵不足以確保數位化變革能夠滲透並在組織中扎根。組織們必須將這一現象的重要性內化，並準備將必要的資源投入到技術和創新中，從而實現真正的數位化。

● **EPILOGUE** 結語

融合高端策略和基礎戰術所帶來的挑戰

能活下來的物種，並不是最強的，也不是最聰明的，而是最能適應變化的。

——查爾斯·達爾文（Charles Darwin），英國博物學家和地質學家

我們必須瞭解逐步發展起來的數位化工具並在全面數位化的競爭中做營運。數位化時代提供了大量的商業機會和風險。「坐在那什麼都不幹」的選擇不會給你更多的時間。在你不知道的某個地方，已經有人在想新的商業模式、新的數位化技術或兩者兼而有之的商業理念了，然而這些發展會破壞你的組織當前的商業營運模式。所以在這種情況下，做個數位化理念的偏執狂是有價值的。

人們有時使用術語「數位化變革」僅僅是因為它很時髦並且能喚起一個創新的組織形象。組織會有掉入一個「**巨大的數位化幻覺**」的陷阱。有些宣稱正在追求數位化變革的組織是在自欺欺人，他們的數位專案實際上是在利用和改進現有商業模式範疇下做出的，而且他們還沒做好準備去更加雄心勃勃的從根本上做改變。

組織應該認識到事實上這樣的專案不會轉變組織的經營方式。它們最多只能實現部分和局部的改善。「**改變只能修復過去，而變革才能創造一個新的未來。**」啟動簡單項目是開始培養能力的好方法，但卻不能提供能承受競爭壓力或未來繁榮昌盛的基礎設施。小型專案提高了組織當前的數位化情況——例如，增強網站，添加行動應用程式或啟動一個新的數位管道讓使用者聯繫服務中心。這些專案當然是值得的，並且可以提高組織當前的商業模式。但是，它們不能被定義為數位化變革項目。

如前面章節所講，最好將數位專案透過一個漸變範圍從「開發」（exploit），提高當前商業模式再到「探索」（explore），實現組織的多樣化。只靠投資「開發」專案將不足以抵擋數位化渦漩襲擊你組織營運部門所帶來的衝擊。關於商業模式變革的創造性和一致性思考，以及創新的數位解決方案、產品和服務的開發，必須被納入公司最高的戰略思考中。當然，組織還必須做好應對這個過程中失敗的準備。「數位躍升力」（digital quantum leap）的核心目標就是組織能

夠利用數位化帶來的機遇，有意識的對組織本身做數位化變革，從而在新的軌道上運轉。

我們嘗試在這本書裡探討與數位化變革相關的一些觀點和挑戰，以確保讀者熟悉轉型行動所需的背景及理論，並給出了指導實際戰略的實用框架。伴隨而來的，也是巨大的挑戰：同時掌握數位化時代的高端戰略和基礎戰術──這是進行數位化變革而實現數位躍升力的關鍵。

數位航行，一路順風！

● **INDEX**

註釋

CHAPTER 1

1   業界期刊和廣受歡迎的雜誌都對這一個主題進行了探討，如《哈佛商業評論》、《麻省理工斯隆管理學院商業評論》。IMD 全球數位商業轉型中心、麻省理工學院數位經濟研究所、哈佛商學院數位研究所、達特茅斯塔克數位戰略中心等研究機構對此進行了大量的實證研究。全球知名的諮詢公司，如麥肯錫公司、德勤數位、埃森哲、安永、普華永道、波士頓諮詢集團、貝恩公司等，正在撰寫關於數位化變革的出版物、實證研究和案例研究。加特納、IDC、Forrester 等全球研究公司發佈了關於數位化變革的數據和預測。《富比士》、《經濟學人》、《赫芬頓郵報》（*Huffington Post*）、《財星》（*Fortune*）等為專業人士和普通讀者提供一系列讀物的新聞媒體定期發表關於數位化變革的刊物。

2   Leading from the Front – CEO Perspectives on Business Transformation, a Survey by Economist Intelligence Unit for British Telecom. April 2017

3   World Economic Forum. *100 Trillion $ by 2025: The Digital Dividend for Society and Business*, January 2016

4   Michael Wade. *Digital Business Transformation – A Conceptual Framework*, Global Center for Business Transformation, An IMD and Cisco Initiative, June 2015

5   George Westerman, Didier Bonnet, Andrew McAfee. *Leading Digital: Turning Technology into Business Transformation*, October 2014

6   Mark Raskino, Graham Waller. *Digital to the Core: Remastering Leadership For Your Industry, Your Enterprise and Yourself*, Bibliomotion, 2015

7   Erik Brynjolfsson, Andrew McAfee. *The Second Machine Age: Work, Progress, and Prosperity in a Time of Brilliant Technologies*, W.W. Norton & Company, January 2016

8   Brian Solis. *The End of Business as Usual*, December 2011

9   Innosight. *Creative Destruction Whips through Corporate America – S&P 500 Lifespans Are Shrinking*, 2016 Updated Report

10 Andrew Grove. *Only Paranoids Survive: How to Exploit the Crisis Points That Challenge Every Company*, Crown Business, March 1999

11　Mark Raskino, Graham Waller. *Digital to the Core: Remastering Leadership for Your Industry, Your Enterprise and Yourself*, Bibliomotion, 2015

12　*Volvo CEO: We will Accept all Liability when our Cars are in Autonomous Mode*, Fortune, October 7, 2015

13　Michael Wade. *Digital Business Transformation – A Conceptual Framework*, Global Center for Business Transformation, An IMD and Cisco Initiative, June 2015

14　Venkat Venkatraman. *The Digital Matrix: New Rules for Business Transformation Trough Technology*, LifeTree Media Book, 2017

15　MIT Center for Digital Business, Capgemini Consulting. Digital Transformation: A Roadmap for Billion – Dollar Organizations, 2011

16　George Westerman, Didier Bonnet, Andrew McAfee. *The Nine Elements of Digital Transformation, MIT Sloan Management Review*, January 2014

17　Peter Weill, Stephanie Worener. *Is Your Company Ready for a Digital Future*, MIT Sloan Management Review, December 2017

18　George Westerman. *Your Company Doesn't Need a Digital Strategy*, MIT Sloan Management Review, October 2017

CHAPTER 2

1　Gordon Moore. *Cramming More Components onto Integrated Circuits*, Electronics, Vol.38/9, April 1965

2　Nicholas Negroponte. *Being Digital*, Vintage, January 1996

3　Klaus Schwab. *The Fourth Industrial Revolution*, January 2016

4　Louis Lamoureux. *Doing Digital Right: How Companies Can Thrive in the Next Digital Era*, 2017

5　Marc Andersen. *Why Software is Eating the World, The Wall Street Journal*, August 2011

CHAPTER 4

1　Yesha Sivan, Raz Heiferman. *The Digital Leader: Master of Six Digital Transformations, Cutter Consortium, Business Technologies Strategies*, Vol. 17/2, 2014

2　Peter Weill, Michael Vitale. *Place to Space: Migrating to eBusiness Models*, Harvard Business Review Press, June 2001 MIT Sloan Management Review, March 2013

3　Michael Porter. *Competitive Advantage: Techniques for Analyzing Industries and Competitors*, Free Press, 1998

4　Thomas Friedman. *The World is Flat: A Brief History of the Twenty – First Century, Farrar, Straus and Giroux*, April 2005

5 Rita McGrath. *The End of Competitive Advantage: How to Keep Your Strategy Moving as Fast as Your Business*, Harvard Business Review Press, June 2013

6 Clayton Christensen. *The Innovator's Dilemma, The Revolutionary Book That Will Change the Way You Do Business*, Harper Business, Reprint October 2011

7 Larry Downes, Paul Nunes. *Big Bang Disruption: Strategy in the Age of Devastating Innovation*, Portfolio, January 2014

8 Larry Downes and Paul Nunes, *Big Bang Disruption*, Harward Buiness Review, March 2013

9 Alexander Osterwalder, Yves Pigneur. *Business Model Generation: A Handbook for Visionaries, Game Changers, and Challengers*, John Wiley & Sons, July 2010

10 Charles O'Reilly, Michael Tushman. *Lead and Disrupt: How to Solve the Innovator's Dilemma*, Brilliance Audio, September 2016

CHAPTER 5

1 Alexander Osterwalder, Yves Pigneur. *Business Model Generation: A Handbook for Visionaries, Game Changers, and Challengers*, John Wiley & Sons, July 2010

2 Peter Weill, Stephanie Woerner. *Optimizing Your Digital Business Model*, MIT Sloan Management Review, March 2013

3 N=1 來自於密西根大學的兩位教授普拉哈拉德（C.K. Prahalad）和（M.S. Krishnan）所著《新創新時代》（The New Age of Innovation）一書。N=1：即便公司服務於數百萬顧客，仍旨在為單個獨特的顧客（N=1）和用戶體驗（個性化）帶來價值上的創新。R=G：利用全球資源和人才（資源＝全球），來應對創造獨特客戶體驗的挑戰。後文會有詳細介紹。

4 Peter Weill, Stephanie Woerner. *Thriving in an Increasingly Digital Ecosystem*, MIT Sloan Management Review, June 2015

5 Peter Weill, Stephanie Woerner. *What's Your Digital Business Model? Six Questions to Help you Build the Next – Generation Enterprise*, Harvard Business Review Press, 2018

6 James Macaulay. Jeff Loucks, Andy Noronha, Michael Wade. *Digital Vortex: How Today's Market Leaders Can Beat Disruptive Competitors at Their Own Game*, IMD 2016

7 Oliver Gassmann, Karolin Frankenberger, Michaela Csik. *The Business Model Navigator: 55 Models That Will Revolutionize Your Business*, FT Press, January 2015

8 Alexander Osterwalder, Yves Pigneur. *Assess & Design Your Innovation Portfolio*, Strategyzer blog, June 2017

CHAPTER 6

1 McKinsey Quarterly. *Interview with Don Callahan, CITI's leader*, Technology, 2016

2 Roberto Baldwin. *Shipshape: Tracking 40 Years of FedEx Tech*, Wired, April 2014

3 John Naisbitt. *Megatrends 2000*, Avon, February 1991

4 Peter Sondergaard, Gartner Inc. *Big Data Fades to the Algorithm Economy*, Forbes Tech. August 2015

5 Tom Davenport. *Analytics 3.0*, Harvard Business Review, December 2013

6 World Economic Forum. $100 Trillion by 2025: The Digital Dividend for Society and Business, January 2016

CHAPTER 8

1 Clayton Christensen. *The Innovator's Dilemma, The Revolutionary Book That Will Change the Way You Do Business*, Harper Business, Reprint October 2011

2 Nathan Bennett, James Lemoine. *What VUCA Really Means for You*, Harvard Business Review, January – February 2014 Issue

3 Theodore Levitt. *Marketing Myopia*, Harvard Business Review, 1960

4 Michael Porter. *Competitive Advantage: Techniques for Analyzing Industries and Competitors*, Free Press, 1998

5 埃弗雷特・羅傑斯（Everett Rogers）教授曾研究過創新擴散這一現象，他在 20 世紀 60 年代推出如下曲線，該曲線主要透過百分比來展示人們在接納新事物的速度和意願 方面之間的差異。Rogers, Everett（16 August 2003）. Diffusion of Innovations, 5th Edition. Simon and Schuster. ISBN 978-0-7432-5823-4.

6 Richard D'Aveni. *Hypercompetition: Managing the Dynamics of Strategic Maneuvering*, Free Press, March 1994

7 C.K. Prahalad, M.S. Krishnan. *The New Age of Innovation: Driving Concreted Value Through Global Networks*. McGraw-Hill Education, April 2008

8 Erik Brynjolfsson. *The Ways IT is Revolutionizing Innovation*, MIT Sloan Management Review, April 2010

9 Clayton Christensen. *The Innovator's Dilemma, The Revolutionary Book That Will Change the Way You Do Business*, Harper Business, Reprint October 2011

10 Clayton Christensen, Michael Raynor. *The Innovator's Solution: Creating and Sustaining Successful Growth*, Harvard Business Review Press, November 2013

11 Clayton Christensen, Jeff Dyer, Hal Gregsen. *The Innovator's DNA: Mastering the Five Skills of Disruptive Innovators*, Brilliance Audio, May 2014

12 Charles O'Reilly, Michael Tushman. *Lead and Disrupt: How to solve the Innovator's Dilemma*, Brilliance Audio, September 2016

13   James McQuivey. *Digital Disruption: Unleashing the Next Wave of Innovation*, Amazon Publishing, February 2013

14   Frederic Frery, Xavier Lecocq, Vanessa Warnier. *Competing with Ordinary Resources*, MIT Sloan Management Review, March 2015

15   George Westerman. *Your Company Doesn't Need a Digital Strategy*, MIT Sloan Management Review. October 2017

CHAPTER 9

1   R. Mauborgne, W. Chan Kim. *Blue Ocean Strategy*, HBS Press, 2004

2   Howard Smith, Peter Fingar. *IT Doesn't Matter – Business Processes Do*, Meghan-Kiffer Press, 2003

3   Eric Brynjolfsson , Andrew McAfee. *Investing in the IT that Makes a Competitive Difference*, Harvard Business Review, 2008

4   Charles Leadbeater. *We-Think, Mass Innovation, Not Mass Production*, Profile Books, 2009

5   Andrew McAfee, *Enterprise 2.0 – New Collaborative Tools for Your Organization's Toughest Challenges*, Harvard Business School Press, 2009

6   Thomas H. Davenport and Jeanne G. Harris. *Competing on Analytics – The New Science of Winning*, Harvard Business School Press, 2007

7   SAP Hana（www.saphana.com）

8   Anti Mann, George Watt and Peter Matthews. *The Innovative CIO: How IT Leaders Can Drive Business*.

9   Nicholas G. Carr. *IT Doesn't Matter*, Harvard Business Review, May 2003

CHAPTER 10

1   Strategy+Business. *7 Surprising Disruptions*, 2017 Industry Trends

2   Joseph Bradley et al. Digital Vortex: *How Digital Disruption is Redefining Industries*, Global Center for Digital Business Transformation, an IMD and Cisco Initiative, June 2015

3   Michael Wade. *The Digital Vortex in 2017: It's not a Question of "When,"* IMD Center Research, October 2017

4   Megan Beck, Barry Libert. *Three Signals Your Industry is About to Be Disrupted*, MIT Sloan Management Review, June 2018

CHAPTER 11

1   McKinsey & Company. *Raise your Digital Quotient*, December 2015

2　Meredith Whalen. *A Digital Transformation Maturity Model & Your Digital Roadmap*, 2014

3　George Westerman, Didier Bonnet, Andrew McAfee. *Leading Digital: Turning Technology into Business Transformation*, October 2014

4　Axel Uhl, Lars Alexander Gollenia. *Digital Enterprise Transformation: A Business – Driven Approach to Leveraging Innovative IT*, 2014

CHAPTER 12

1　Nicholas G. Carr. "IT Doesn't Matter," Harvard Business Review, May 2003

2　www.nicholasgcarr.com

3　Nicholas G. Carr. "Does IT Matter – Information Technology and the Corrosion of Competitive Advantage," Harvard Business Review Press, April 2004

4　Michael Schrage. "Why IT Really Does Matter," CIO Magazine, August 2003

5　James C. Collins, Jerry I. Porras. *Built to Last*, Harper Business, 1997

6　James C. Collins. *Good to Great*, Harper Collins, 2001

7　Michael Porter. *Competitive Advantage: Techniques for Analyzing Industries and Competitors*, Free Press, 1998

8　Peter Coy. *The 21st Century Corporation, the Creative Economy*, Business Week, August 2000

9　Gary Loveman. *Diamonds in the Data Mine*, Harvard Business Review, May 2003

10　Diana Farrell. *IT Investments That Pay Off*, Harvard Business Review, Vol 81, No 10, October 2003

11　James C. Collins. Jerry I. Porras, *Built to Last*, Harper Business, 1997

12　Peter Coy. *The 21st Century Corporation, the Creative Economy*, Business Week, August 2000

13　Gary Hamel. *Leading the Revolution*, Harvard School Press, 2000

CHAPTER 13

1　Yesha Sivan, Raz Heiferman. *The PIE Model: How CIOs Can Plan, Implement, and Evaluate Business – Driven "Innovating Innovating,"* Cutter Consortium, The Journal of Information Technology Management, Vol. 29, No. 8/9 August/September 2016

2　Axel Uhl, Lars Alexander Gollenia, *Digital Enterprise Transformation: A Business – Driven Approach to Leveraging Innovative IT*, 2014

3　MIT Center for Digital Business, Capgemini Consulting, Digital Transformation: A Roadmap for Billion – Dollar Organizations, 2011

CHAPTER 14

1 Pierre Peladeau, Mathias Herzog, Diaf Acker. *The New Class of Digital Leaders*, PWC Strategy+Business, June 2017

2 Leading from the Front – CEO Perspectives on Business Transformation, A Survey by Economist Intelligence Unit for British Telecom. April 2017

3 Gartner Executive Programs, Taming the Digital Dragon: The 2014 CIO Agenda, 2014

4 EY. *Born to Be Digital: How Leading CIOs Are Preparing for a Digital Transformation*, Performance, Volume 6, Issue 1, 2014

CHAPTER 15

1 Hospitalitynet, Accor Launches its Digital Transformation – Leading Digital Hospitality, October 2014

2 Capgemini Consulting. *Domino's Pizza: Writing the Recipe for Digital Mastery*, Capgemini Consulting, 2017

數位躍升力：建立敏捷組織與商業創新的數位新戰略 / 拉茲．海飛門 (Raz Heiferman), 習移山（Yesha Sivan）, 張曉泉作 .-- 初版 .-- 臺北市：時報文化, 2020.06

面； 公分 .--(Big；330)

ISBN 978-957-13-8228-9(平裝)

1. 數位化 2. 企業經營

494   1099007127

ISBN 978-957-13-8228-9

Printed in Taiwan

BIG 330

數位躍升力：建立敏捷組織與商業創新的數位新戰略

作者　拉茲・海飛門（Raz Heiferman）、習移山（Yesha Sivan）、張曉泉 **｜插畫、圖表提供**　張曉泉 **｜特約編輯**　劉綺文 **｜副主編**　謝翠鈺 **｜行銷企劃**　江季勳 **｜封面設計**　陳恩安 **｜美術編輯**　SHRTING WU **｜董事長**　趙政岷 **｜出版者**　時報文化出版企業股份有限公司　108019 台北市和平西路三段 240 號 7 樓　**發行專線**—(02)2306-6842　**讀者服務專線**—0800-231-705‧(02)2304-7103　**讀者服務傳真**—(02)2304-6858　**郵撥**—19344724 時報文化出版公司　**信箱**—10899 台北華江橋郵局第九九信箱 **時報悅讀網**—http://www.readingtimes.com.tw **｜法律顧問**　理律法律事務所　陳長文律師、李念祖律師 **｜印刷**　勁達印刷有限公司 **｜初版一刷**　2020 年 6 月 12 日 **｜定價**　新台幣 450 元 **｜**缺頁或破損的書，請寄回更換

時報文化出版公司成立於 1975 年，並於 1999 年股票上櫃公開發行，
於 2008 年脫離中時集團非屬旺中，以「尊重智慧與創意的文化事業」為信念。